职业教育新形态系列教材

工业机器人虚拟仿真技术应用

主　编　蔡基锋　姚　屏　田　冰
副主编　曾宝莹　赵锡恒　张文杰
参　编　叶健滨　林远胜　王朝辉

华中科技大学出版社
中国·武汉

内 容 简 介

本书为工业机器人技术应用专业核心课程配套教材。本书共设计了五个项目，分别为认识工业机器人离线编程与仿真技术、工业机器人雕刻仿真工作站、工业机器人打磨仿真工作站、工业机器人涂胶仿真工作站、工业机器人码垛仿真工作站。本书不但涵盖了工业机器人虚拟仿真技术应用的基本内容，而且让学生通过不同类型的仿真工作站，能够完成创建自动路径、创建输送带、添加事件管理器、配置 Smart 组件等典型工业任务。

本书结构设计体现了“教学做合一”，将思政内容融入教学过程中，体现教材立德树人的根本目标。每个项目设有不同的任务，每个任务设有任务分析，以问题形式引导学生自主学习，并加入“协作探究，实施展示”和“检查评价，总结反思”两大环节。本书配有相应的数字化教学资源，帮助学校快速建课、老师高效上课、学生自主学习。

本书可作为职业院校工业机器人技术应用及相关专业教学用书，以及职业技能大赛、1＋X 证书考试等参考用书，也可作为相关工程技术人员的参考用书。

图书在版编目(CIP)数据

工业机器人虚拟仿真技术应用/蔡基锋，姚屏，田冰主编. —武汉：华中科技大学出版社，2024. 1
ISBN 978-7-5772-0377-5

Ⅰ. ①工…　Ⅱ. ①蔡…　②姚…　③田…　Ⅲ. ①工业机器人-计算机仿真　Ⅳ. ①TP242. 2

中国国家版本馆 CIP 数据核字(2024)第 019921 号

工业机器人虚拟仿真技术应用
Gongye Jiqiren Xuni Fangzhen Jishu Yingyong

蔡基锋　姚　屏　田　冰　主编

策划编辑：张少奇　　责任编辑：李梦阳
封面设计：廖亚萍　　责任监印：周治超
责任校对：李　弋
出版发行：华中科技大学出版社(中国·武汉)　　电话：(027)81321913
武汉市东湖新技术开发区华工科技园　　邮编：430223
录　排：华中科技大学惠友文印中心
印　刷：武汉科源印刷设计有限公司
开　本：787mm×1092mm　1/16
印　张：17.75
字　数：386 千字
版　次：2024 年 1 月第 1 版第 1 次印刷
定　价：49.80 元

华中出版

本书若有印装质量问题，请向出版社营销中心调换
全国免费服务热线：400-6679-118　竭诚为您服务

二维码资源使用说明

本书配套数字资源以二维码的形式在书中呈现，读者用智能手机在微信端扫码成功后提示微信登录，授权后进入注册页面，填写注册信息。按照提示输入手机号后点击获取手机验证码，在提示位置输入验证码，按要求设置密码，点击“立即注册”，注册成功（若手机已经注册，则在“注册”页面底部选择“已有账号？马上登录”，进入“用户登录”页面，然后输入手机号和密码，提示登录成功）。接着提示输入学习码，需刮开教材封底防伪涂层，输入 13 位学习码（正版图书拥有的一次性使用学习码），输入正确后提示绑定成功，即可查看二维码数字资源。手机第一次登录查看资源成功，以后便可直接在微信端扫码登录，重复查看本书所有的数字资源。

友好提示：如果读者忘记登录密码，请在 PC 端输入以下链接 http://jixie.hustp.com/index.php? m=Login，先输入自己的手机号，再单击“忘记密码”，通过短信验证码重新设置密码即可。

教学大纲　　　　教学课件

前　　言

随着“工业4.0”概念的提出，世界各国都在大力推进智能制造，传统制造业正在转型升级，逐渐朝着数字化、智能化方向转变，虚拟仿真技术正是制造业转型升级的关键技术之一。党的二十大报告提出，到2035年基本实现新型工业化，坚持把发展经济的着力点放在实体经济上，推进新型工业化，加快建设制造强国，推动制造业高端化、智能化、绿色化发展。相对于传统工业现场调试，虚拟仿真技术可以验证方案设计与工艺规划的合理性，预测生产过程中可能存在的问题，降低企业将设计转换为产品的风险，节省现场调试时间和成本。

在先进的制造业中，工业机器人作为发展的重要手段，具有不可替代性，其研发、制造、应用是衡量一个国家高端制造业水平与科技水平的重要标志。工业机器人应用范围涉及工业、农业、国防等众多领域，是现代工业技术的支柱之一，是高新技术产业的重要组成部分，在国民经济中发挥着越来越重要的作用。工业机器人虚拟仿真技术通过虚拟仿真实验教学资源，在减少实训室建设的经费投入、减小实训过程带来的危险性的条件下，可以实现一些大型综合性训练。在虚拟仿真的实用场景工作站，学生能获得一定的学习效果，而且这种虚实结合、相互辅助的实训教学形式能够激发学生的学习兴趣，有效提升实训教学质量。

本书面向“工业机器人仿真技术应用”课程编写。该课程是工业机器人技术应用专业的核心课程，也可面向人工智能、机电、电气、数控等装备制造类专业开设。课程内容涵盖的知识点和能力点可满足从事工业机器人虚拟仿真、离线编程等工作所必须掌握的核心岗位能力要求。为了适应工业机器人及人工智能行业的发展形势，满足学生和从业人员学习机器人技术相关知识的需求，广东省“双师型”名教师蔡基锋工作室牵头，联合装备制造类、机器人行业的企业以及多所院校共同开发和编写了本书。

本书根据工业机器人系统操作员岗位职业能力要求设计了五个项目。第一个项目为认识工业机器人离线编程与仿真技术，让学生了解离线编程与仿真技术的概念及其在实际应用中的作用。后面四个项目分别为工业机器人雕刻仿真工作站、工业机器人打磨仿真工作站、工业机器人涂胶仿真工作站、工业机器人码垛仿真工作站，通过模拟不同的真实场景让学生掌握工业机器人虚拟工作站的搭建、运行，并最终在实际工作站中验证，从而能够完成工业机器人虚拟仿真技术的典型工业任务。

除此之外，本书还具有以下特色。

(1)适应智能制造新形势下制造业的转型升级，满足社会发展和区域经济建设的需求。在虚拟仿真环境中把课程实训资源转化为育人育德资源，让“虚拟实训”和“价值引领”同向同行、内容有机统一，将社会主义核心价值观、中华传统美德、职业道德、工匠精神等与教学相融合，落实立德树人和“三全育人”的根本任务，培养学生的爱国精神、敬业精神和社会责任感。

(2)依据国际标准和产业发展需求，聚焦书证衔接融通。将专业教学标准、课程标准、技能证书标准、职业岗位标准、新工艺、新规范、新技术融入本书，为职业技能大赛、1+X证书考试提供虚拟仿真资源和训练平台。本书还可供职业院校和行业企业用于技能培训。

(3)每个任务分为“情景导入，任务发布”“问题引导，自主学习”“协作探究，实施展示”“检查评价，总结反思”四个环节。通过“情景导入，任务发布”这种提纲挈领的方式，学生可以准确定位本任务的学习内容；在“问题引导，自主学习”环节，采用提问方式引导学生自主学习，避免填鸭式学习；在“协作探究，实施展示”环节，采用小组讨论、组员展示的方式，培养学生的团队协作能力和总结表达能力。“检查评价，总结反思”环节包括学生自评、小组互评、教师评价、总结反思，构建了多方参与的评价体系。

(4)丰富而真实的“虚拟+实践”操作环境，带给学生更真实的体验。实践过程不受实体设备数量和实验环境限制，学生自行掌控学习进度，虚拟仿真不必担心出错，可反复尝试，增加学生自主学习的空间。

(5)通过虚拟仿真实训，可以切实提高教师在教学过程中信息化运用能力，激励教师主动适应人工智能等新技术变革，培养教学与开发能力强、工程经验丰富、年龄结构合理的虚实结合实训教师队伍，为工业机器人专业群提供有力保障。

本书结合中高本衔接培养需要，符合从业人员职业能力养成规律，可作为职业院校工业机器人技术应用及相关专业教学用书，以及职业技能大赛、1+X证书考试等参考用书，也可作为相关工程技术人员的参考用书。

本书由广州市轻工职业学校蔡基锋、广东技术师范大学姚屏、广州市轻工职业学校田冰担任主编，广州市轻工职业学校曾宝莹、赵锡恒和张文杰担任副主编。具体撰写分工如下：项目一由广东技术师范大学姚屏和广州市轻工职业学校叶健滨编写，项目二由广州市轻工职业学校张文杰编写，项目三由广州市轻工职业学校曾宝莹和林远胜编写，项目四由广州市轻工职业学校蔡基锋和田冰编写，项目五由广州市轻工职业学校赵锡恒编写；全书由蔡基锋和田冰统稿，由ABB(中国)有限公司资深技术工程师叶晖审稿。广州市轻工职业学校水沁、王朝辉、郭楠，广东埃华路机器人工程有限公司陈兴富，珠海市博仁智能科技有限公司技术总监李成伟参与教材资源建设。广州市教育研究院职业教育与终身教育研究所所长陈凯、广东科学技术职业学院朱秀丽、广州市轻工职业学校赵雅红在本书编写过程中提出了宝贵的意见和建议，在此一并表示感谢。

由于编者水平有限，书中难免存在不妥之处，恳请广大读者批评指正。

编　者
2023年6月

目录

CONTENTS

项目一　认识工业机器人离线编程与仿真技术 …… 1

任务一　了解工业机器人离线编程与仿真技术 …… 2

任务二　安装及介绍 RobotStudio 软件 …… 16

项目二　工业机器人雕刻仿真工作站 …… 36

任务一　工作站基本布局及手动操作 …… 38

任务二　创建工具 …… 57

任务三　创建空路径 …… 74

项目三　工业机器人打磨仿真工作站 …… 93

任务一　创建打磨程序 …… 95

任务二　优化与调试打磨程序 …… 116

项目四　工业机器人涂胶仿真工作站 …… 135

任务一　创建机械装置 …… 137

任务二　配置 I/O …… 152

任务三　添加事件管理器 …… 167

任务四　创建输送带 …… 179

项目五　工业机器人码垛仿真工作站 …… 191

任务一　搭建工业机器人码垛实训工作站 …… 193
任务二　配置动态夹具 Smart 组件 …… 204
任务三　配置动态传送带 Smart 组件 …… 228
任务四　码垛工作站的离线编程与仿真调试 …… 248
任务五　码垛工作站的在线调试 …… 262

参考文献 …… 275

项目一
认识工业机器人离线编程与仿真技术

项目描述

工业机器人仿真技术通过计算机运行软件对实际的机器人系统进行仿真模拟。通过仿真软件可以在虚拟环境中设计和训练工业机器人的各种典型应用，包括机器人的抛光、打磨、搬运、喷涂、涂胶、上下料、切割等应用，同时也可以充分发挥学生的创新能力。

学习情境

工业机器人离线编程是在离线情况下进行机器人轨迹规划的一种方法。在工业机器人切割、涂胶、焊接等应用中，对于大量不规则曲线轨迹，示教编程难以实现，而离线编程可基于模型快速生成轨迹程序。离线编程要在相应的离线编程软件中进行，通过向软件中导入现场工况模型，以及生成离线编程程序，实现对工作过程的仿真，用于设备布局或方案验证。

学习提纲

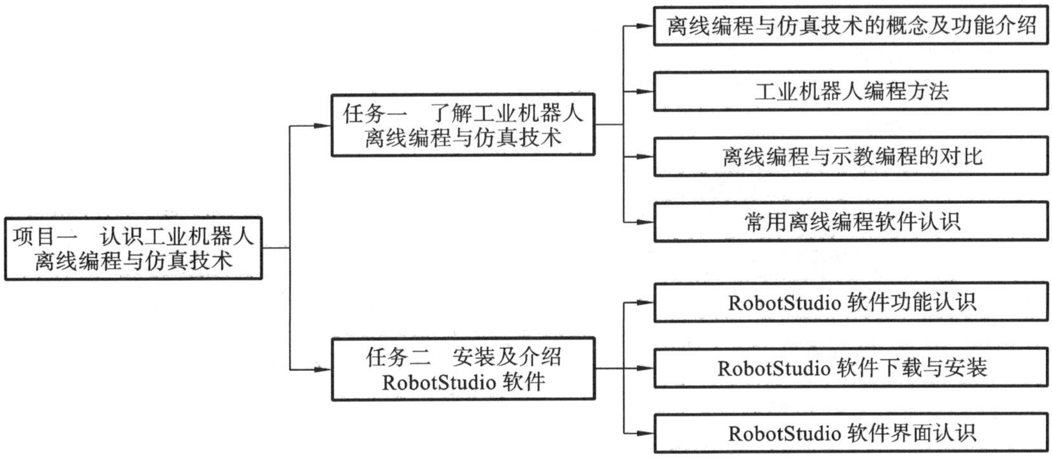

任务一　了解工业机器人离线编程与仿真技术

情景导入，任务发布

1. 任务发布

本任务介绍工业机器人离线编程与仿真技术的概念及其在实际应用中的作用，以及常用的离线编程与仿真软件的特点。

2. 任务分析

任务分析	
任务名称	了解工业机器人离线编程与仿真技术。
任务地位	正确认识工业机器人离线编程与仿真技术，是工业机器人离线编程软件应用的基础。
任务流程	(1)了解离线编程与仿真技术的概念。 (2)了解离线编程技术在实际应用中的作用。 (3)熟悉仿真技术在实际应用中的作用。 (4)了解常用离线编程与仿真软件的特点。 (5)小组讨论，得出在不同场景应用示教编程和离线编程的结论。

3. 目标要求

任务目标要求	
岗位要求	本任务要求工业机器人相关技术操作人员能了解离线编程与仿真技术的概念、能了解离线编程与仿真技术在实际应用中的作用。

续表

任务目标要求	
课程目标	知识目标 (1)了解离线编程与仿真技术的概念。 (2)了解离线编程与仿真技术的应用。 技能目标 能根据应用场景和技术的要求,选择使用不同的工业机器人编程方法。 情感目标 (1)通过小组合作学习,培养学生的团队精神和爱岗敬业精神。 (2)通过自主探究式学习,培养学生的钻研精神。 (3)通过8S管理,提升学生的职业素养和培养学生的工匠精神。
大赛要求	能够按照给定场景要求,选择不同编程方法。
证书技能要求	对应工业机器人系统操作员国家职业技能标准技能点 能使用离线编程软件创建机器人系统作业场景。

问题引导,自主学习

1-1-1　离线编程与仿真技术认识

1. 引导问题

引导问题1:工业机器人离线编程与仿真的概念是什么?

引导问题2:工业机器人仿真技术主要应用于哪些方面?

引导问题3:工业机器人离线编程技术的应用领域有哪些?

引导问题4:工业机器人示教编程和离线编程的特点是什么?

引导问题5:常见的工业机器人离线编程与仿真软件有哪些?

2. 任务知识点

(1)工业机器人离线编程与仿真的概念。

机器人离线编程是使用软件在计算机中构建整个工作场景的三维虚拟环境,根据要加工零件的大小、形状,同时配合一些操作,自动生成机器人的运动轨迹,即控制指令,然后在软件中仿真与调整轨迹,最后生成机器人程序传输给机器人。

(2)离线编程与仿真技术在实际应用中的作用。

①仿真技术的应用。

在实际应用中,工业机器人仿真技术主要应用于方案仿真、结构与空间验证、工艺节拍验证以及机器人技术研究等，具体分析如下。

a. 方案仿真。工业机器人应用到自动化生产线中时，为了更直观地展现方案的整个工作流程，需要做出整体的仿真效果，这样就能更好地与客户进行沟通和交流。

b. 结构与空间验证。工业机器人自动化应用中，设备的相对布局、机械结构尺寸、夹具尺寸等往往需要通过仿真验证才能投入实际生产。如果未经验证就盲目地投入生产，可能会造成人力和材料的浪费。

c. 工艺节拍验证。有些项目在实施之前，需要估算工作站或生产线的生产效率，最好的方式是通过仿真软件对工艺节拍进行验证分析。

d. 机器人技术研究。随着机器人研究的不断深入和机器人领域的不断发展，机器人仿真软件作为机器人设计和研究过程中安全可靠、灵活方便的工具，发挥着越来越重要的作用。机器人仿真软件一方面可以进行机器人的结构设计分析和运动分析仿真，此仿真与机器人的结构设计相关，如机器人动力学系统的运动分析仿真、控制系统设计仿真；另一方面支持机器人编程的仿真，此仿真与机器人的软件编程相关，如计算机环境建模与图形显示、基于模型的机器人动作程序仿真。

②离线编程技术的应用。

工业机器人离线编程技术主要用于机器人复杂轨迹的生成，广泛应用在打磨、喷涂、激光切割、去毛刺等行业，具体分析如下。

a. 打磨领域。图 1-1-1(a)所示为在离线编程软件中，通过模型的外部轮廓直接生成机器人切割程序；图 1-1-1(b)所示为把程序下载到机器人控制器后，机器人对工件进行打磨。

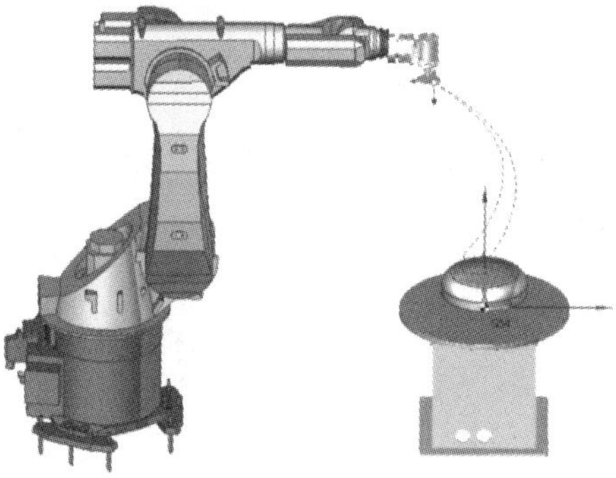

(a) 打磨（离线编程）

(b) 打磨（实体机器人）

图 1-1-1　打磨工作站

b. 喷涂领域。图 1-1-2(a)所示为在离线编程软件中进行机器人喷涂轨迹的规划，生成对应程序；图 1-1-2(b)所示为把程序下载到机器人控制器后，机器人进行喷涂。

c. 激光切割领域。图 1-1-3(a)所示为在离线编程软件中，通过模型的外部轮廓生成机器人切割程序；图 1-1-3(b)所示为把程序下载到机器人控制器后，机器人对工件进行激光切割。

d. 去毛刺领域。图 1-1-4(a)所示为在离线编程软件中，通过对模型的操作直接生成去毛刺的轨迹程序；图 1-1-4(b)所示为把程序下载到机器人控制器后，机器人按照软件编写的程序对工件的毛刺进行处理。

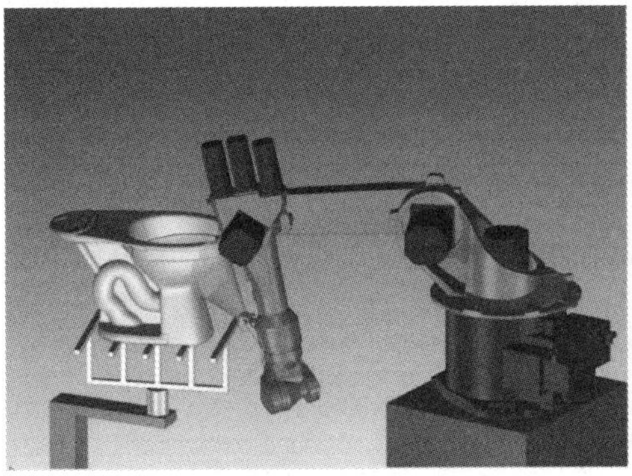

(a) 喷涂（离线编程）

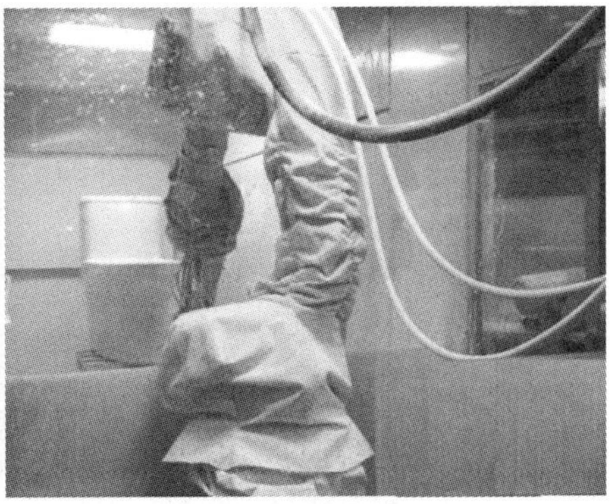

(b) 喷涂（实体机器人）

图 1-1-2　喷涂工作站

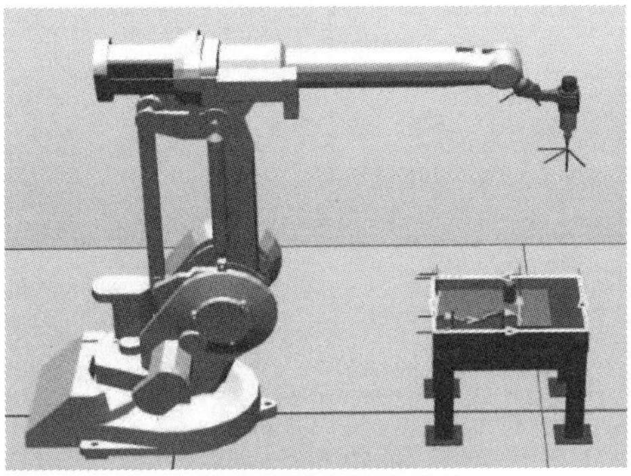

(a) 激光切割（离线编程）

(b) 激光切割（实体机器人）

图 1-1-3　激光切割工作站

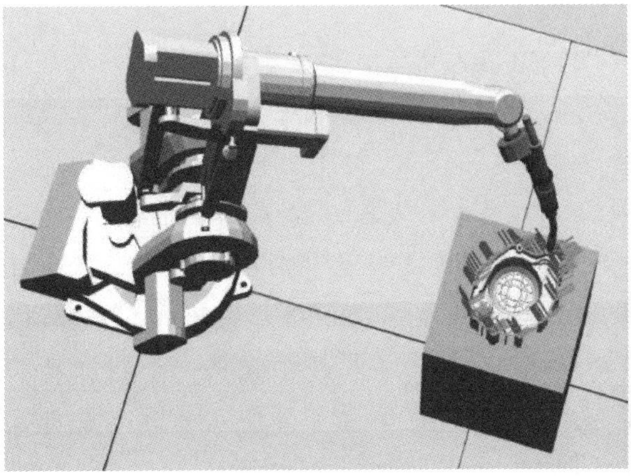

(a) 去毛刺（离线编程）

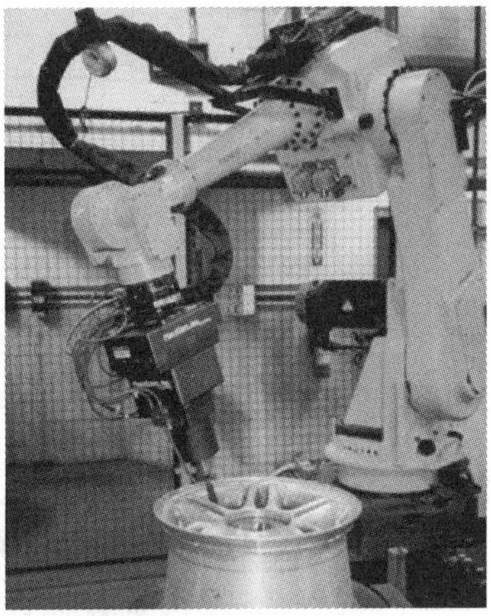

(b) 去毛刺（实体机器人）

图 1-1-4　去毛刺工作站

3. 掌握新知

问题 1：工业机器人离线编程与仿真的概念是什么？

问题 2：工业机器人仿真技术主要应用于哪些方面？

问题 3：工业机器人离线编程技术的应用领域有哪些？

知识库

※工业机器人编程方法

目前，应用于工业机器人的编程方法主要有 3 种。

1. 示教编程

示教编程是一项成熟的技术，它是目前大多数工业机器人的编程方法。采用这种方法时，程序编制是在机器人现场进行的。示教编程也称为在线示教编程。

2. 机器人语言编程

机器人语言编程是指采用专用的机器人语言来描述机器人的运动轨迹。目前应用于工业中的机器人语言是动作级语言和对象级语言。

3. 离线编程

离线编程是在专门的软件环境下，用专用或通用程序在离线情况下进行机器人轨迹规划的一种方法。离线编程程序通过支持软件的解释或编译产生目标程序代码，最后生成机器人轨迹规划数据。一些离线编程系统带有仿真功能，可以在不接触实际机器人工作环境的情况下，在三维软件中提供一个和机器人进行交互作用的虚拟环境。为机器人编程时，离线编程可与建立机器人应用系统同时进行。

※离线编程与示教编程的对比

工业机器人离线编程与示教编程各具特点，如表 1-1-1 所示。

表 1-1-1　工业机器人离线编程与示教编程的对比

示教编程	离线编程
需要实际机器人系统和工作环境	需要机器人系统和工作环境的图形模型
编程时机器人停止工作	编程时不影响机器人工作
在实际系统上调试程序	通过仿真调试程序
编程的质量取决于编程者的经验	可用 CAD 方法进行最佳轨迹规划
难以实现复杂的机器人运行轨迹	可实现复杂的机器人运行轨迹

离线编程的优点如下。

(1)缩短机器人不工作时间。当对机器人下一个任务进行编程时，机器人仍可在生产线上工作，不占用机器人的工作时间。

(2)使用范围广。离线编程系统可对机器人的各种工作对象进行编程。

(3)便于和 CAD/CAM 系统结合，实现 CAD/CAM/Robotics 一体化。

(4)可使用高级计算机编程语言对复杂任务进行编程。

(5)便于修改机器人程序。

(6)使编程者远离危险的编程环境。

在工业机器人的实际应用中，系统集成商(对工业机器人以及外围非标设备进行设计，完成项目设计调试的工作团队或者公司)需要用仿真技术做方案、对方案进行验证。对于复杂零件，也要用离线编程技术完成加工程序的创建。所以，仿真技术和离线编程技术的应用都比较广泛和重要。

在工业机器人的实际应用中，终端用户主要为生产产品服务，在产品更新时对机器人程序进行相应修改，满足生产要求，所以主要以机器人离线编程为主。

工业机器人离线编程与仿真软件是工业机器人应用与研究不可或缺的工具，常用离线编程软件主要有专用型和通用型两种类型。专用型离线编程软件是机器人公司针对自身产品开发的软件，如 ABB 公司的 RobotStudio、发那科(FANUC)公司的 RoboGuide、安川(YASKAWA)电机公司的 MotoSimEG、库卡(KUKA)机器人公司的 KUKA Sim 等。通用型离线编程软件可以兼容市场主流品牌的机器人，国外的软件有 Rabotmaster、ROBCAD、RobotWorks、Robotmove 等；国内也有企业推出了具有自主知识产权的通用型离线编程软件，如华航唯实公司的 RobotArt、汇博机器人公司的 RoboDK、华数机器人公司的 iNCRobot 等。

问题 4：工业机器人示教编程和离线编程的特点是什么？

知识库

结合离线编程软件研究的内容特点，下面详细介绍主流的离线编程软件。

※Robotmaster 离线编程软件

Robotmaster 是加拿大的离线编程软件，支持市场上绝大多数机器人品牌，如库卡（KUKA）、ABB、发那科（FANUC）、史陶比尔（Staubli）、柯马（COMAU）、三菱、DENSO、松下等。Robotmaster 在 Mastercam 中无缝集成了机器人编程、仿真和代码生成功能，提高了机器人的编程速度。Robotmaster 软件界面如图 1-1-5 所示。

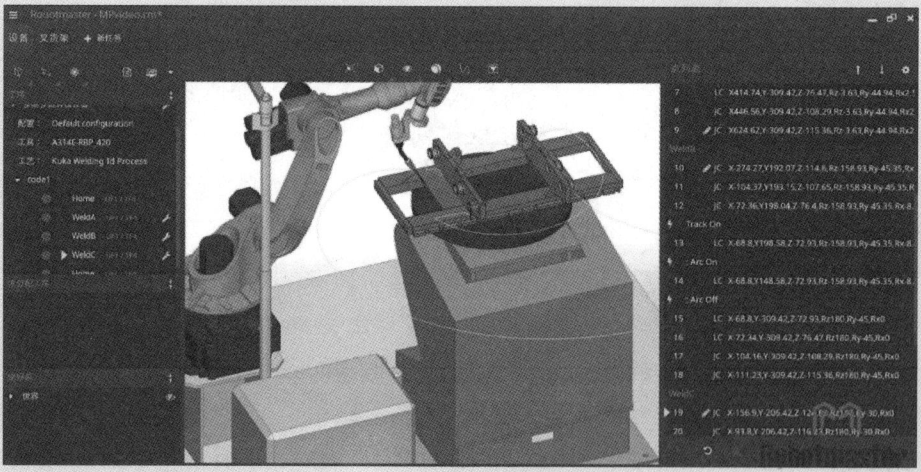

图 1-1-5　Robotmaster 软件界面

技术特点及优势:按照产品数模生成程序,优化功能独特,运动学规划和碰撞检测非常精确,并支持复合外部轴组合系统。

应用领域:切割、铣削、焊接、喷涂等领域。

※DELMIA 离线编程软件

DELMIA 是达索旗下的 CAM 软件。DELMIA/IGRIP 是专业机器人仿真软件,利用 IGRIP 可以快速和图形化地构造各种应用工作单元作业,同时,能很容易地导入 CAD 数据,具有自动碰撞侦测功能,可以避免破坏、减小风险。DELMIA 软件界面如图 1-1-6 所示。

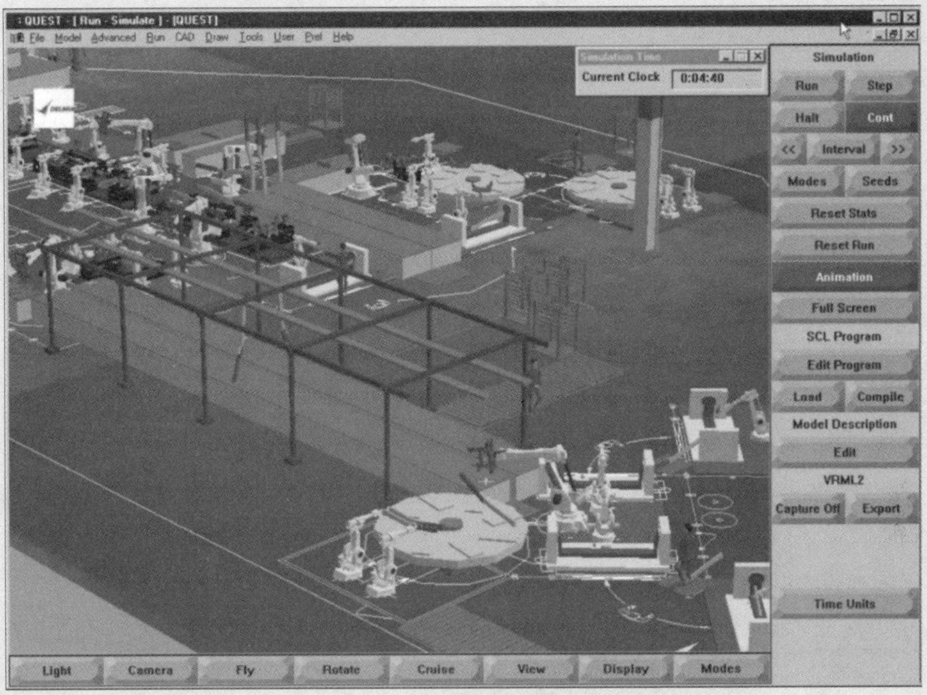

图 1-1-6 DELMIA 软件界面

技术特点及优势:DELMIA 向随需应变(on-demand)和准时生产(just-in-time)的制造流程提供完整的数字解决方案,令制造厂商缩短产品上市时间,同时降低生产成本、促进创新。DELMIA 数字制造解决方案可以使制造部门在部署任何实际材料和机器之前虚拟演示、设计数字化产品的全部生产流程。其与 CATIA 设计解决方案、ENOVIA 和 SmarTeam 的数据管理和协同工作解决方案紧密结合,给产品生命周期管理(PLM)的客户带来实实在在的益处。结合这些解决方案,使用 DELMIA 的企业能够获得更多贯穿产品生命周期的协同、重用和集体创新的机会。

应用领域：汽车领域的总装，航空领域的机身装配、维修维护等。

※RobotStudio 离线编程软件

RobotStudio 是与瑞士 ABB 公司工业机器人设备配套的，基于 Windows 操作系统开发的仿真软件，具有强大的离线编程和仿真功能以及友好的操作界面。

RobotStudio 软件界面如图 1-1-7 所示。

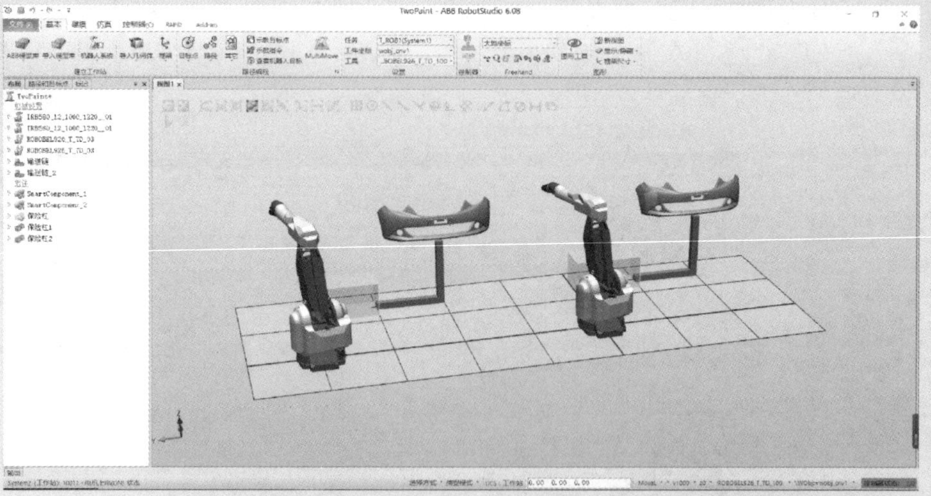

图 1-1-7　RobotStudio 软件界面

技术特点及优势：RobotStudio 支持 ABB 机器人的整个生命周期，使用图形化编程、编辑和调试机器人系统来创建机器人的运行程序，并模拟优化现有的机器人程序。

应用领域：激光切割、打磨、喷涂等领域。

※RobotArt 离线编程软件

RobotArt 是目前国内品牌离线编程软件中较好的一款软件。该软件根据几何数模的拓扑信息生成机器人运动轨迹，之后进行轨迹仿真、路径优化、后置代码等，同时集碰撞检测、场景渲染、动画输出功能于一体，可快速生成效果逼真的模拟动画。RobotArt 软件界面如图 1-1-8 所示。

技术特点及优势：支持多种格式的三维 CAD 模型；支持多种品牌工业机器人离线编程操作，如 ABB、KUKA、FANUC、YASKAWA、Staubli、KEBA、新时达、广州数控等；拥有大量航空航天高端应用经验；能自动识别与搜索 CAD 模型的点、

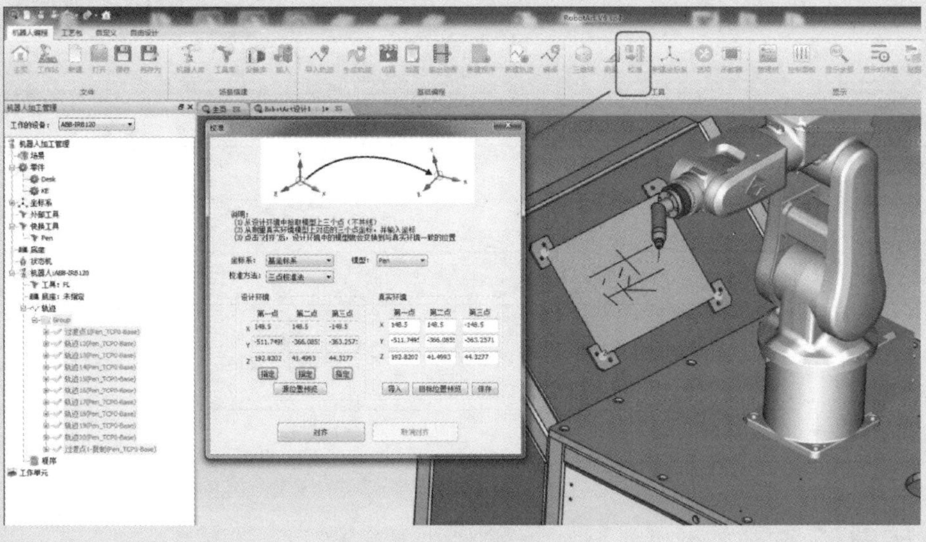

图 1-1-8　RobotArt 软件界面

线、面信息并生成轨迹；轨迹与 CAD 模型特征关联，模型移动或变形时轨迹自动变化；支持多种工艺包，如切割、焊接、喷涂、去毛刺、数控加工。

应用领域：打磨、去毛刺、焊接、激光切割、数控加工等领域。

问题 5：常见的工业机器人离线编程与仿真软件有哪些？

协作探究，实施展示

任务指引：开展小组内讨论，每个同学对任务一进行分析，组长综合每位同学的意见，确定小组讨论后最终答案，每组派 1 位同学展示或陈述小组结论。

1. 小组组建

小组分工表见表 1-1-2。

表 1-1-2 小组分工表

班级		组名	
组长		学号	
组员	姓名	学号	分工

2. 基础任务

任务一:根据所学工业机器人编程方法的知识,完成以下目标。

目标 1:根据所学工业机器人编程方法的知识填空。

(1)示教编程的程序编制是在________进行的。示教编程也称为________示教编程。

(2)机器人语言编程是指采用________来描述机器人的运动轨迹。

(3)离线编程是在专门的软件环境下,用________或________在离线情况下进行机器人轨迹规划的一种方法。

(4)离线编程程序通过________或________,最后生成机器人轨迹规划数据。

目标 2:请简单描述工业机器人离线编程的优点。

知识拓展卡

离线编程关键技术

机器人离线编程系统正朝着集成化的方向前进,其涉及多个领域中的多个学科,为推动这项技术的进一步发展,以下几个方面是关键。

(1)多传感器融合技术的建模与仿真。随着机器人智能化程度的提高,传感器技术对机器人系统的作用越来越重要。因此,需要在离线编程系统中对多传感器进行建模,实现多传感器的通信,执行基于多传感器的操作。

(2)错误检测和修复技术。系统在执行过程中发生错误是难免的，应对系统的运行状态进行检测以监视错误的发生，并采用相应的修复技术。

(3)各种规划算法的进一步研究，包括路径规划、放置规划和微动规划等。规划时一方面要考虑环境的复杂性、连续性和不确定性，另一方面要充分注意计算的复杂性。

(4)通用有效的误差标定技术，以用于各种实际应用场合下机器人的标定。

(5)具体应用的工艺支持。例如弧焊，作为离线编程应用比较困难的领域，不只是姿态、轨迹方面的问题，还需要更多的工艺方面的研究以及相应的专家系统。

3. 提高任务

岗位任务：工业机器人编程方法包括示教编程与离线编程，什么场合适合用示教编程，什么场合适合用离线编程？

示教编程适用场合有：

____

____

____

离线编程适用场合有：

____

____

____

4. 决策评估

方案决策单见表 1-1-3。

表 1-1-3　方案决策单

方案决策					
组别		组长		日期	
学习任务	了解工业机器人离线编程与仿真技术				
岗位情景	了解工业机器人离线编程与仿真技术的特点				
方案 1 描述					
方案 2 描述					
方案 3 描述					

续表

评估决策					
序号	可行性	经济性	操作性	实施难度	方案等级评价
方案 1	□高　□低	□好　□差	□强　□弱	□高　□低	□优　□良　□中　□差
方案 2	□高　□低	□好　□差	□强　□弱	□高　□低	□优　□良　□中　□差
方案 3	□高　□低	□好　□差	□强　□弱	□高　□低	□优　□良　□中　□差
评价决策	综合评价				
	终选方案	□方案 1　□方案 2　□方案 3			

检查评价，总结反思

1. 学生自评

活动过程自评表见表 1-1-4。

表 1-1-4　活动过程自评表

班级		组名		日期	
序号	评价要素			分值	分数
1	能了解并熟知离线编程的应用			10	
2	能了解并熟知仿真技术在实际应用中的作用			10	
3	能认识并分辨工业机器人示教编程与离线编程两种方法适用的场合			20	
4	能够简单描述示教编程的优、缺点			25	
5	能够简单描述离线编程的优、缺点			25	
6	能够认识不同品牌的离线编程软件的特点			10	
自评分数					
自我总结与反思					

2. 小组互评

活动过程评价小组互评表见表 1-1-5。

表 1-1-5　活动过程评价小组互评表

班级		被评组名		日期	
序号	评价要素			分值	分数
1	与教师、同学之间能够保持多向、丰富、适宜的信息交流			10	
2	与教师、同学之间相互尊重、理解			10	
3	能处理好合作学习和独立思考之间的关系，做到有效学习			10	
4	能提出有意义的问题或能发表个人见解			20	
5	能按要点正确操作，能够倾听、协作、分享			20	
6	能发现问题、提出问题、分析问题、解决问题、创新问题			20	
7	能严肃、认真地对待自评，并能独立完成自测试题			10	
自评分数					
简要评述					

3. 教师评价

教师评价表见表 1-1-6。

表 1-1-6　教师评价表

姓名		组别		日期	
序号	评分点	分值	评分标准		得分
1	(1)表述仪态自然，吐字清晰	10	表述仪态不自然或吐字模糊酌情扣分		
	(2)表述思路清晰、层次分明、准确		表述思路模糊或层次不清酌情扣分		
2	(1)分析关键点准确	10	分析不准确酌情扣分		
	(2)理论知识回顾完整、分组分工明确		回顾不完整、分工不明确酌情扣分		
3	(1)描述仿真技术作用	10	每漏一项扣 1 分，扣完为止		
	(2)选择合适的编程方法	20	选择不正确扣 2 分，扣完为止		
	(3)正确描述示教编程的优、缺点	20	每错一项扣 2 分，扣完为止		
	(4)正确描述离线编程的优、缺点	20	每错一项扣 2 分，扣完为止		

续表

序号	评分点	分值	评分标准	得分
4	(1)依据自评分数	5		
	(2)依据个人总结评价报告	5		
	满分	100	得分	

4. 总结反思

任务实施完成后，学生需要根据实际情况，通过指导老师对实施情况的点评来分析自身的不足之处，寻找三个关键问题进行思考，填写表 1-1-7，做到及时的自查自省和总结。

表 1-1-7　总结反思问题记录表

序号	任务目标	存在的问题	解决的方法
1			
2			
3			

任务二　安装及介绍 RobotStudio 软件

情景导入，任务发布

1. 任务发布

本任务以 RobotStudio 6.08 版本的软件为例讲解软件的下载和安装流程，详细介绍软件的功能特点，通过一个打包好的工作站了解软件的界面，并对工作站进行仿真运行。通过本任务的练习，读者可以了解软件的下载和安装流程，并对软件界面和功能有一定的认识。

2. 任务分析

任务分析	
任务名称	安装及介绍 RobotStudio 软件。
任务地位	正确安装和熟知 RobotStudio 工业机器人离线编程软件，是工业机器人离线编程软件应用的基础。
任务流程	(1)了解 RobotStudio 离线编程与仿真技术的概念。 (2)了解 RobotStudio 离线编程技术在实际应用中的作用。 (3)熟悉 RobotStudio 仿真技术在实际应用中的作用。 (4)了解常用 RobotStudio 离线编程与仿真软件的特点。 (5)小组讨论，得出在不同场景应用示教编程和离线编程的结论。

3. 目标要求

任务目标要求	
岗位要求	本任务要求工业机器人相关技术操作人员能了解 RobotStudio 离线编程与仿真技术的概念、能了解离线编程技术在实际应用中的作用。
课程目标	知识目标 (1)了解离线编程软件构建工作站模型支持的文件格式。 (2)了解离线编程软件常用功能。 (3)了解安装离线编程软件注意事项。 (4)熟知离线编程软件界面常用功能。 技能目标 (1)能下载和安装 RobotStudio 软件。 (2)能使用 RobotStudio 软件打开打包文件。 情感目标 (1)通过小组合作学习，培养学生的团队精神和爱岗敬业精神。 (2)通过自主探究式学习，培养学生的钻研精神。 (3)通过 8S 管理，提升学生的职业素养和培养学生的工匠精神。
大赛要求	能够按照给定场景要求，选择不同编程方法。
证书技能要求	对应工业机器人系统操作员国家职业技能标准技能点 能使用离线编程软件创建机器人系统作业场景。

问题引导，自主学习

1. 引导问题

引导问题 1:RobotStudio 离线编程软件构建工作站模型支持什么格式文件?

1-2-1 RobotStudio 软件介绍

引导问题 2:RobotStudio 离线编程软件常用功能有哪些?

引导问题 3:安装 RobotStudio 离线编程软件有什么注意事项?

引导问题 4:RobotStudio 软件的主要功能有哪些?

2. 任务知识点

RobotStudio 软件是 ABB 公司专门开发的工业机器人离线编程软件，顾名思义，借助 RobotStudio 离线编程软件，可在不影响生产的前提下执行培训、编程和优化等任务，如同将真实的机器人搬到了个人计算机中。在实际生产中，其还有降低生产风险，使投产更迅速、换线更快捷，提高生产效率等作用。图 1-2-1 为根据某一实际工作站用 RobotStudio 软件建立的模拟工作站。

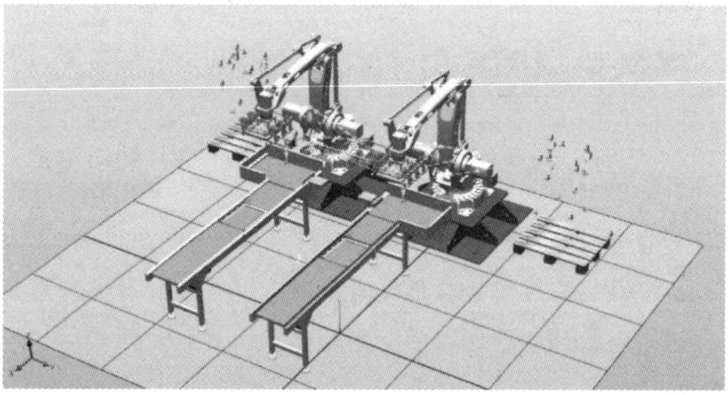

图 1-2-1　模拟工作站

RobotStudio 离线编程软件不仅具有动画仿真的作用，还有很多不为人知的功用。下面我们介绍 RobotStudio 离线编程软件的常用功能。

软件功能 1:编程。如图 1-2-2 所示，RobotStudio 软件既是仿真软件，又是编程软件(可以把编好的程序下载到真实机器人中)。

软件功能 2:构建工作站。如图 1-2-3 所示，RobotStudio 软件可以创建工作站，并且模拟真实场景，测量节拍时间，这样工作人员就可以在办公室完成整个工作站流水线生产测试。构建工作站时，RobotStudio 软件支持 CAD、UG、SolidWorks 等软件模型，可以导入 IGES、VRML、CATIA、SAT、VDAFS 等格式的文件。

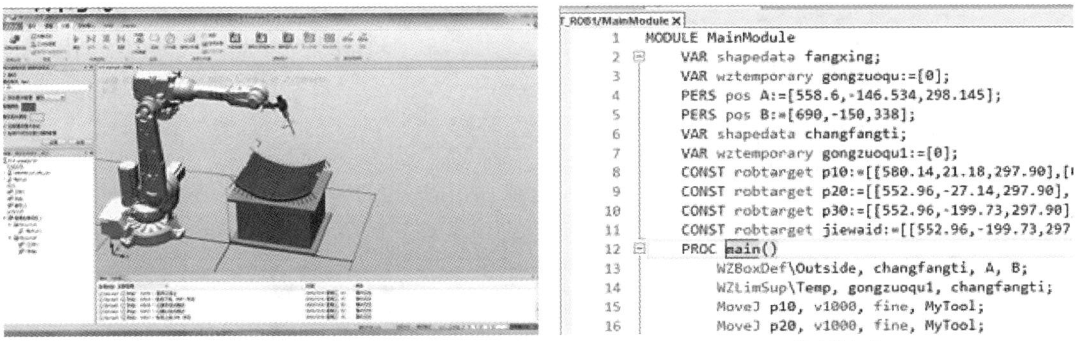

(a) 仿真界面　　　　(b) 编程界面

图 1-2-2　软件功能 1

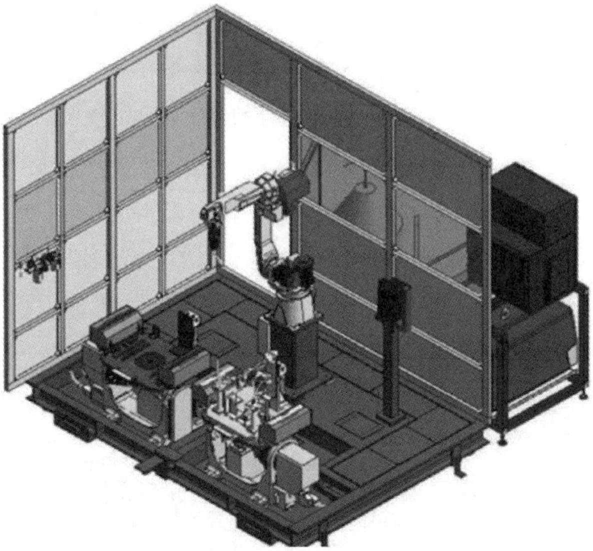

图 1-2-3　软件功能 2

软件功能 3：自动生成路径。如图 1-2-4 所示，对于一些不规则的轨迹，人为示教通常比较麻烦，并且效率低。我们可以使用自动生成路径功能，把生成好的路径下载到真实机器人中，从而大大提高效率。

软件功能 4：自动分析伸展。如图 1-2-5 所示，此功能可以测量机器人能够到达哪些位置，从而优化工作站单元布局。图中阴影部分就是机器人可到达的区域。

软件功能 5：碰撞监测。如图 1-2-6 所示，碰撞监测功能可以监测机器人与周边设备是否会碰撞，确保机器人离线编程得出的程序的可用性。

软件功能 6：在线作业。如图 1-2-7 所示，使用 RobotStudio 软件与真实的机器人进行连接通信，对机器人进行便捷的监控、程序修改、参数设定、文件传输及备份恢复等操作。

软件功能 7：二次开发。如图 1-2-8 所示，RobotStudio 软件提供二次开发功能，使工作人员能更方便地调试机器人以及更加直观地观察机器人生产状态。

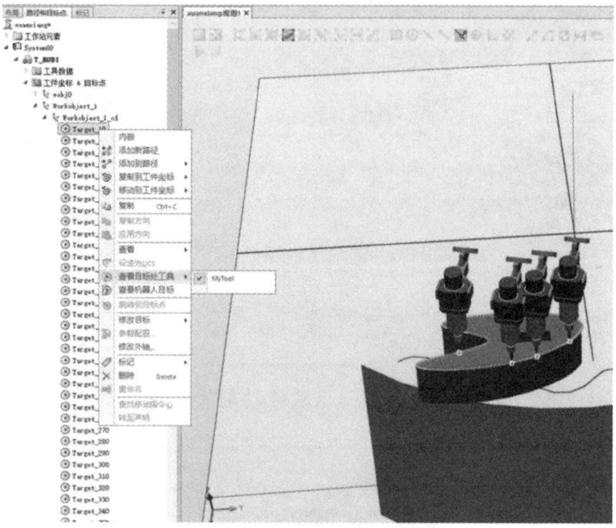

图 1-2-4　软件功能 3

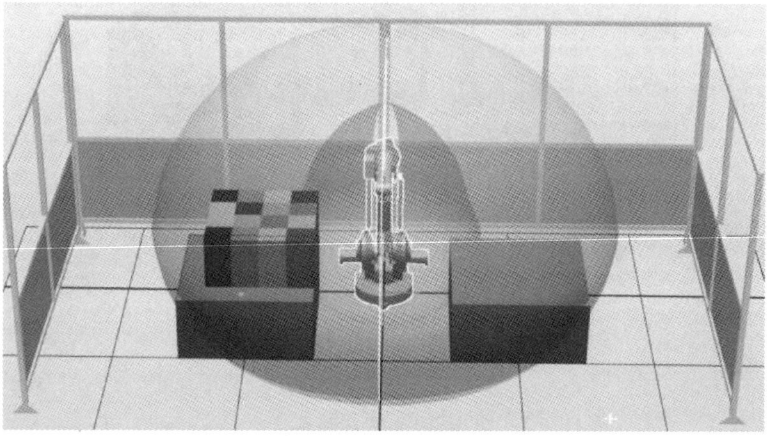

图 1-2-5　软件功能 4

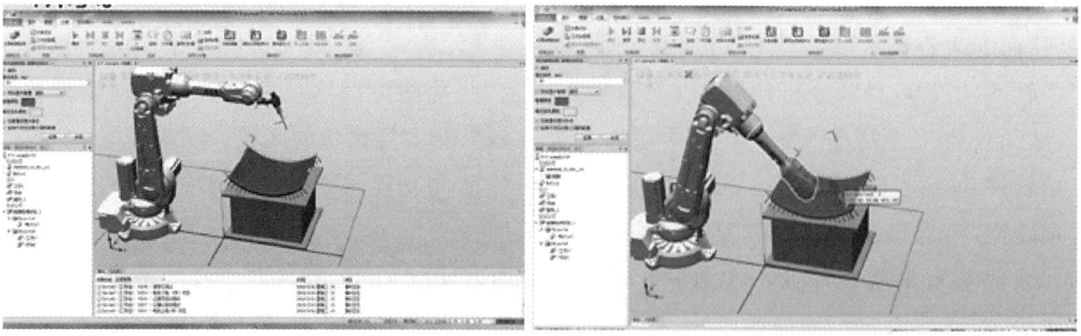

图 1-2-6　软件功能 5

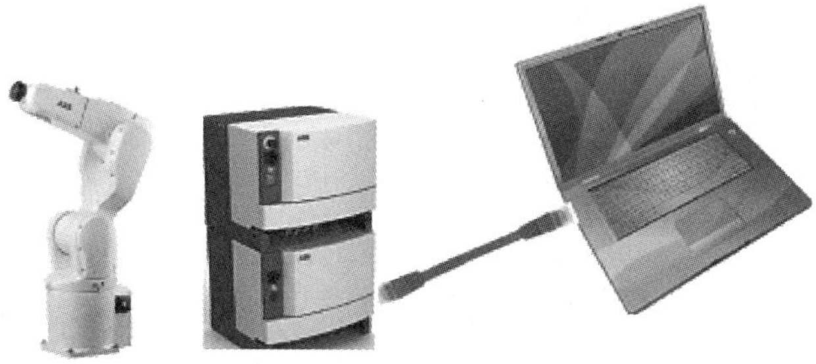

图 1-2-7 软件功能 6

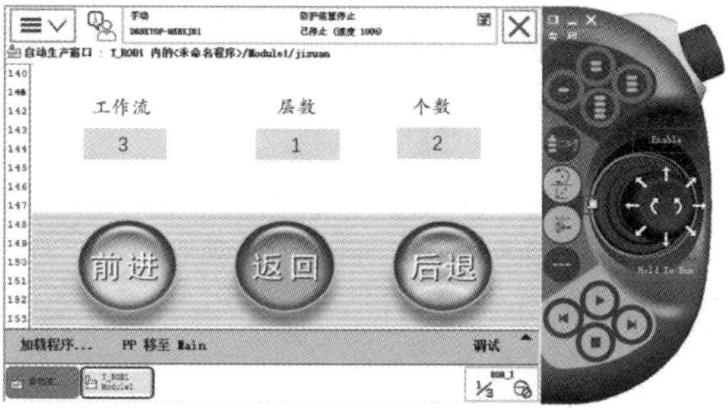

图 1-2-8 软件功能 7

3. 掌握新知

问题 1：RobotStudio 离线编程软件构建工作站模型支持什么格式的文件？

问题 2：RobotStudio 离线编程软件常用功能有哪些？

知识库

※RobotStudio 软件下载

RobotStudio 软件可以从 ABB 官网下载，操作步骤如下。

在浏览器中输入下载地址，单击“Downloads”进入下载页面，如图 1-2-9、图 1-2-10 所示。此时，在弹出的界面中单击“Download RobotStudio&RobotWare”便可以下载最新版本的软件。

图 1-2-9　RobotStudio 软件下载界面 1

图 1-2-10　RobotStudio 软件下载界面 2

※RobotStudio 软件安装

1-2-2　RobotStudio 软件安装

RobotStudio 软件的安装过程如图 1-2-11～图 1-2-13 所示。为了确保 RobotStudio 软件能够正确安装，请注意以下事项。

(1)计算机的系统配置见表 1-2-1。

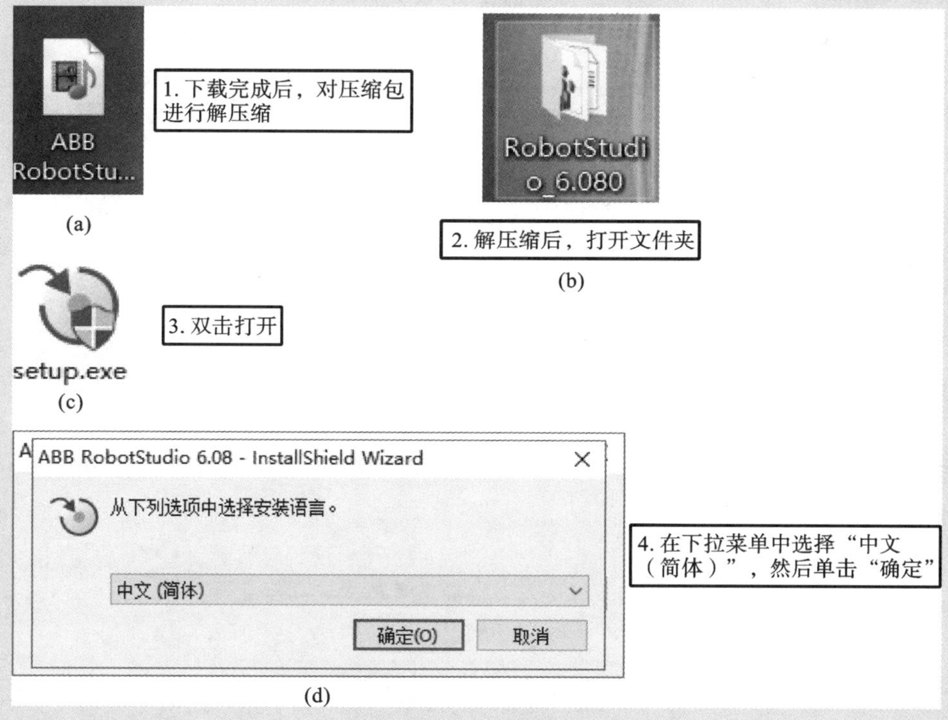
ABB RobotStu...
1. 下载完成后，对压缩包进行解压缩
(a)
RobotStudio_6.080
2. 解压缩后，打开文件夹
(b)
setup.exe
3. 双击打开
(c)
ABB RobotStudio 6.08 - InstallShield Wizard
从下列选项中选择安装语言。
中文 (简体)
确定(O)
取消
4. 在下拉菜单中选择“中文（简体）”，然后单击“确定”
(d)

图 1-2-11　打开安装文件

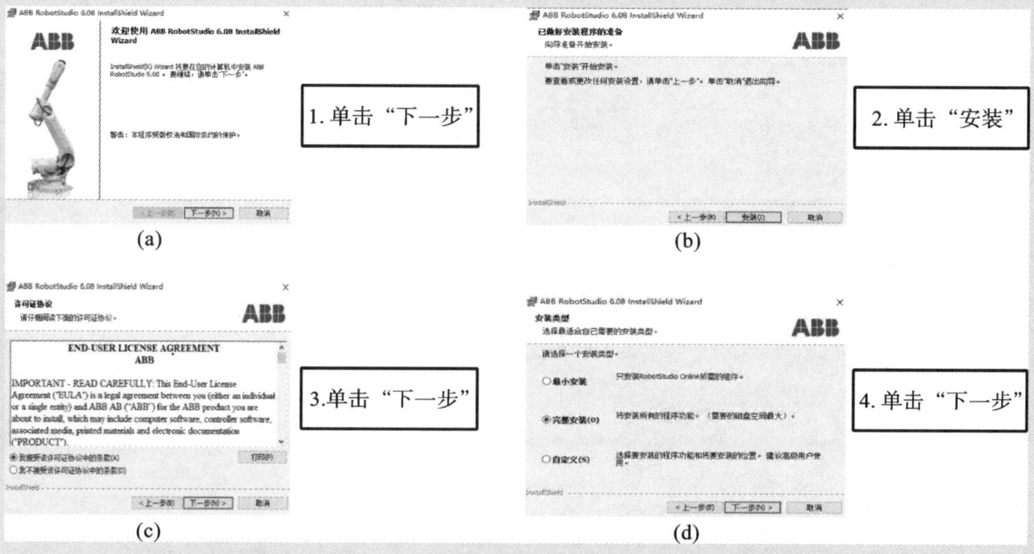
ABB
1. 单击“下一步”
(a)
ABB
2. 单击“安装”
(b)
ABB
END-USER LICENSE AGREEMENT
3.单击“下一步”
(c)
ABB
4. 单击“下一步”
(d)

图 1-2-12　安装步骤

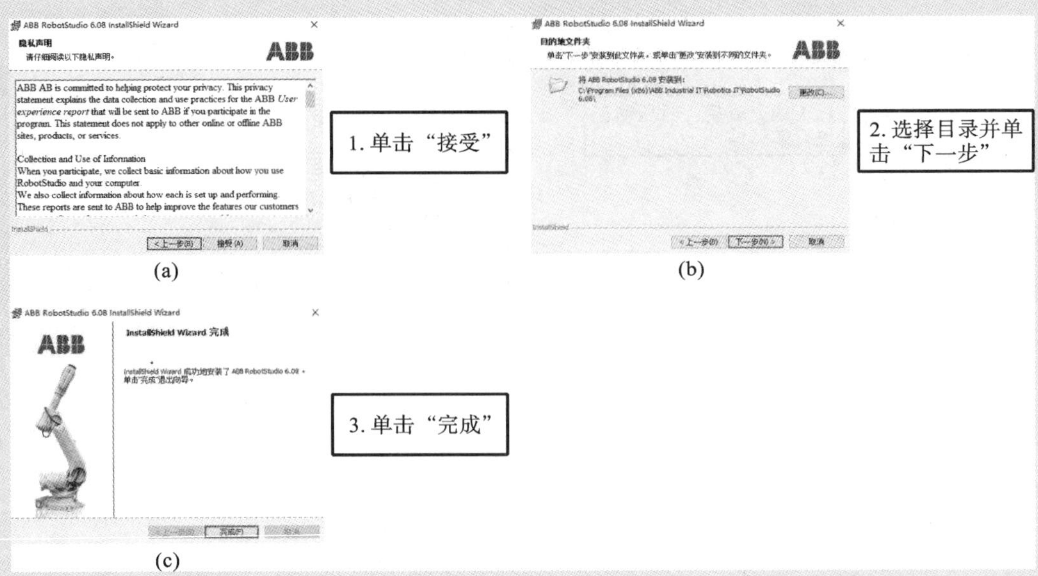

图 1-2-13　选择安装路径

表 1-2-1　计算机的系统配置

硬件	要求
CPU	i5 或以上
内存	2 GB 以上
硬盘	空闲 20 GB 以上
显卡	独立显卡
操作系统	Windows7 或以上

(2)操作系统中的防火墙可能会导致 RobotStudio 软件无法正常运行，例如无法连接虚拟控制器。因此，建议关闭防火墙或进行适当的设置来解决此问题。

本书中的任务是基于 RobotStudio 6.08 版本开展的，随着版本的升级，会出现软件菜单有所变化情况。

问题 3：安装 RobotStudio 离线编程软件有什么注意事项？

问题 4：RobotStudio 软件的主要功能有哪些？

知识库

※RobotStudio 软件功能与界面认识

1. 软件功能

RobotStudio 软件具有强大的工业机器人离线编程和仿真功能。

(1)模型导入。可方便地导入各种主流 CAD 格式的数据，包括 IGES、STEP、VRML、VDAFS、ACIS 及 CATIA 等格式。通过使用此类非常精确的三维模型数据，可以生成更为精确的机器人程序，从而提高产品质量。

(2)自动路径。通过使用待加工零件的 CAD 模型，仅在几分钟之内便可自动生成跟踪加工曲线所需要的机器人位置(路径)，而这项任务以往通常需要数小时甚至数天。图 1-2-14(a)所示为待加工零件模型，图 1-2-14(b)所示为根据零件模型自动生成的加工路径。

(a) 待加工零件模型

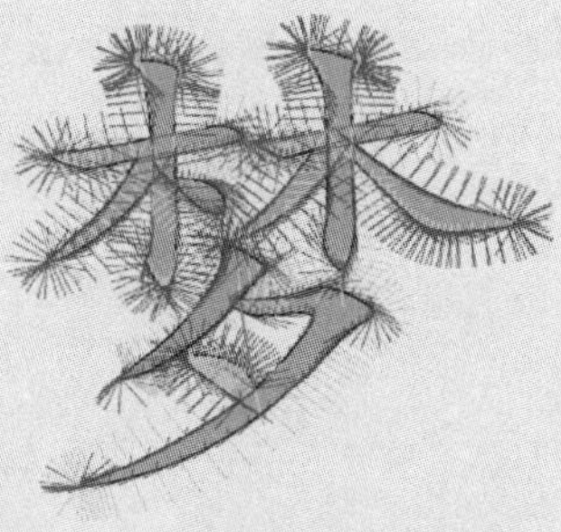

(b) 加工路径

图 1-2-14　自动路径功能

(3)程序编辑器。可生成机器人程序，使用户能够在 Windows 环境中离线开发或维护机器人程序，以显著缩短编程时间、改进程序结构。

(4)路径优化。如果程序包含接近奇异点的机器人动作，RobotStudio 软件可自动检测出来并报警，从而防止机器人在实际运行中出现这种现象。仿真监视器是一种用于机器人运动优化的可视化工具，其用红色线条显示可改进之处，以使机器人按照最有效的方式运行。

(5)可达性分析。通过 Autoreach 可自动进行可达性分析，使用十分方便，用户可通过该功能任意移动机器人或工件，直到所有位置均可到达，在数分钟之内便可完成工作单元平面布置验证和优化。图 1-2-15 所示为工作站可达性分析。

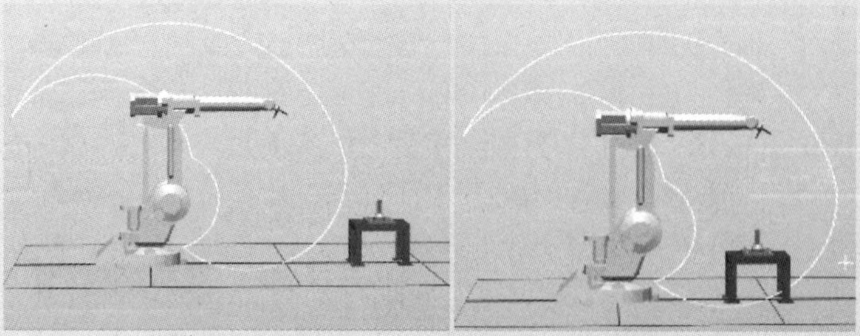
(a) 位置不可达　　(b) 位置可达

图 1-2-15　工作站可达性分析

(6)在线作业。使用 RobotStudio 软件与真实的机器人进行连接通信,对机器人进行便捷的监控、程序修改、参数设定、文件传输及备份恢复等操作,可使调试与维护工作更轻松。

(7)模拟仿真。根据设计,可在 RobotStudio 软件中进行工业机器人工作站的动作模拟仿真以及节拍验证,为工程实施提供真实验证。

(8)碰撞检测。碰撞检测功能可避免设备碰撞造成的严重损失。选定检测对象后,RobotStudio 软件可自动检测并显示程序执行时这些对象是否会发生碰撞。图 1-2-16 所示为碰撞检测对比。

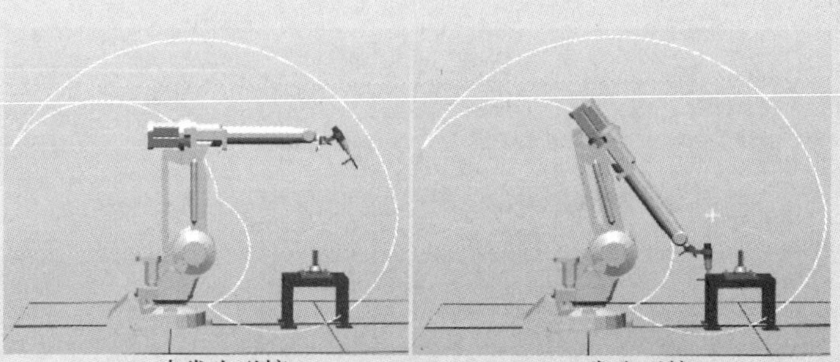
(a) 未发生碰撞　　(b) 发生碰撞

图 1-2-16　碰撞检测对比

(9)应用功能包。针对不同的应用提供功能强大的功能包,将机器人更好地与工艺应用进行有效的融合。

(10)二次开发。RobotStudio 软件提供了功能强大的二次开发平台,使机器人应用可以实现更多的可能,以满足机器人科研需要。

2. 界面认识

下面通过一个打包好的工作站来了解 RobotStudio 软件界面,并对工作站进行仿真运行,操作步骤如下。

步骤1:双击软件图标,启动软件。软件打开后,选择"文件"→"打开",如图1-2-17所示。

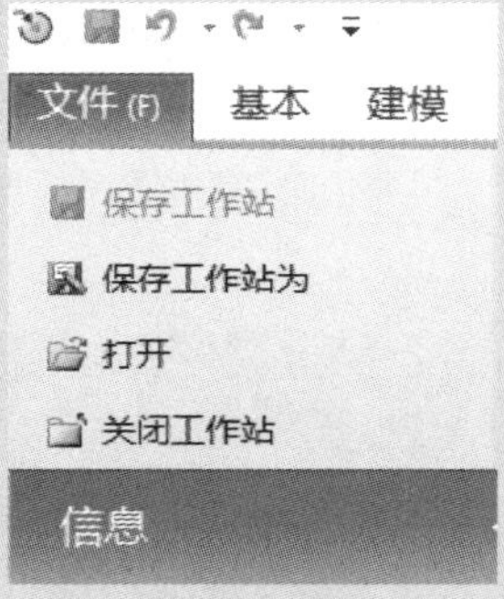

1-2-3 RobotStudio 文件打包、解包操作步骤

图 1-2-17 选择"文件"→"打开"

步骤2:在弹出的"打开"对话框中选择打包文件"test. rspag",单击"打开"按钮,如图1-2-18所示。

图 1-2-18 打开打包文件

步骤3:进入解包向导,单击"下一个"按钮,如图1-2-19(a)所示。进入"选择打包文件"界面,选择目标文件存放位置,单击"下一个"按钮,如图1-2-19(b)所示。

步骤4:进入"控制器系统"界面,选择RobotWare的版本,单击"下一个"按钮,如图1-2-20(a)所示。进入"解包已准备就绪"界面,单击"完成"按钮,如图1-2-20(b)所示。

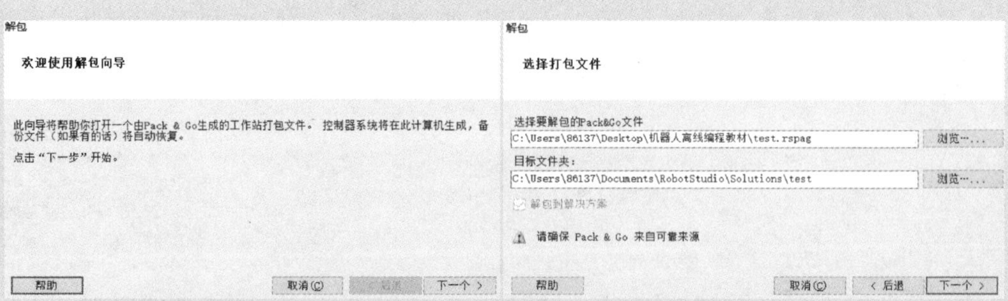

(a) 解包向导　　(b) 选择目标文件存放位置

图 1-2-19　选择解压位置

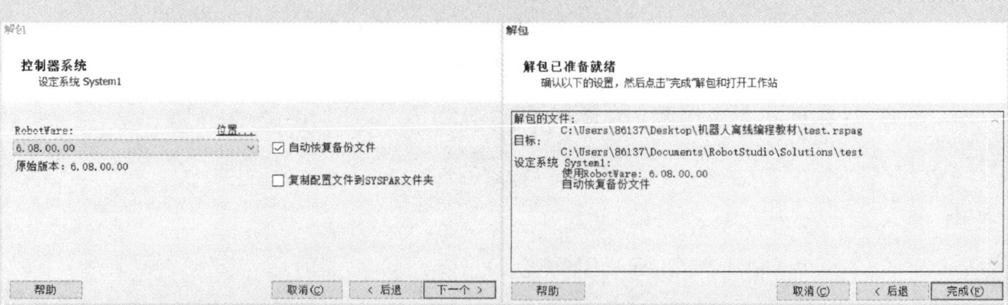

(a) 选择 RobotWare 的版本　　(b) 完成解包

图 1-2-20　选择 RobotWare 的版本并完成解包

解包完成后的软件界面如图 1-2-21 所示。

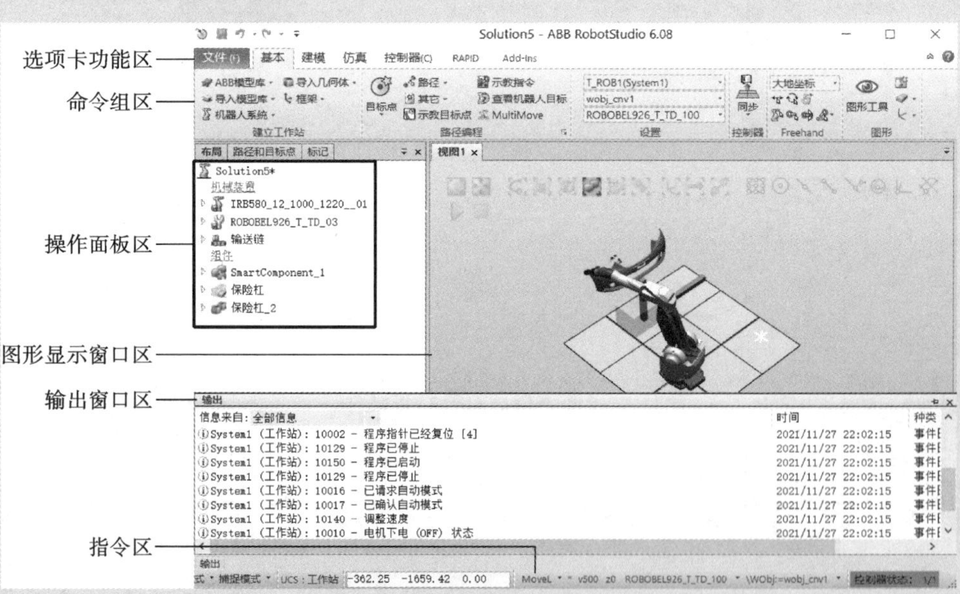

图 1-2-21　软件界面

RobotStudio 软件界面可以分成 6 个主要区域：选项卡功能区、命令组区、操作面板区、图形显示窗口区、输出窗口区、指令区。详细介绍如下。

(1)选项卡功能区：包含“文件”“基本”“建模”“仿真”“控制器”“RAPID”“Add-Ins”选项卡，每个选项卡对应不同的功能和命令组。

(2)命令组区：显示在不同选项卡下的不同命令组。

(3)操作面板区：包含“布局”“路径和目标点”“标记”3 个面板。在“布局”面板下，可以对导入的模型进行选择。在“路径和目标点”面板下，可以对目标点和程序进行操作。

(4)图形显示窗口区：软件中的模型显示窗口。

(5)输出窗口区：显示软件操作的输出信息和提示信息。

(6)指令区：可以对指令进行修改。

对于软件界面的详细介绍，可参考 RobotStudio 软件帮助文档的“RobotStudio 简介—用户界面”单元。

下面对工作站进行仿真运行。

步骤 1：选择“仿真”→“仿真设定”，然后在“仿真设定”面板中单击“T_ROB1”，程序的进入点选择“Path_10”，如图 1-2-22 所示。

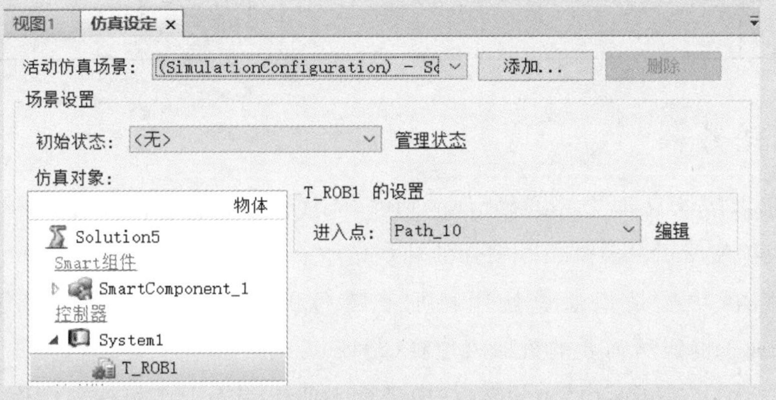

图 1-2-22　仿真设定

步骤 2：选择“仿真”→“播放”，机器人按照创建的轨迹运动，如图 1-2-23 所示。

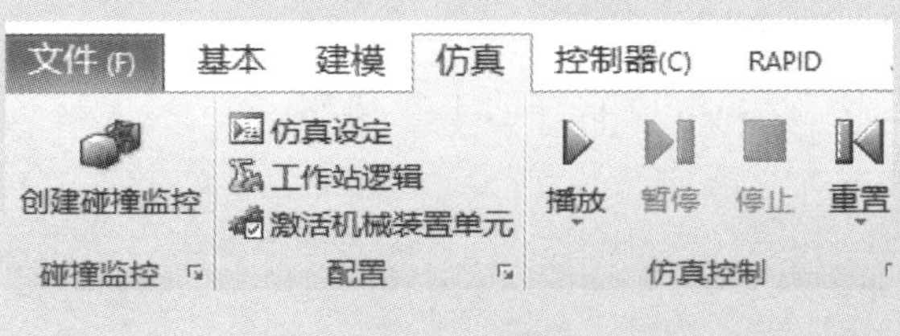

图 1-2-23　播放

协作探究，实施展示

任务指引：开展小组内讨论，每个同学对任务二进行分析，组长综合每位同学的意见，确定小组讨论后最终答案，每组派 1 位同学展示或陈述小组结论。

1. 小组组建

小组分工表见表 1-2-2。

表 1-2-2 小组分工表

<table>
<tr><td>班级</td><td></td><td>组名</td><td></td></tr>
<tr><td>组长</td><td></td><td>学号</td><td></td></tr>
<tr><td rowspan="6">组员</td><td>姓名</td><td>学号</td><td>分工</td></tr>
<tr><td></td><td></td><td></td></tr>
<tr><td></td><td></td><td></td></tr>
<tr><td></td><td></td><td></td></tr>
<tr><td></td><td></td><td></td></tr>
<tr><td></td><td></td><td></td></tr>
</table>

2. 基础任务

任务二：根据所学 RobotStudio 软件的功能，完成以下目标。

目标 1：根据所学 RobotStudio 软件的功能填空。

（1）自动路径功能是指通过使用待加工零件的 CAD 模型，仅在几分钟之内便可________跟踪加工曲线所需要的机器人位置（路径）。

（2）根据设计，可在 RobotStudio 软件中进行工业机器人工作站的动作模拟仿真以及节拍验证，为工程实施提供真实验证，称之为________。

（3）________是一种用于机器人运动优化的可视化工具，其用红色线条显示可改进之处，以使机器人按照最有效的方式运行。

目标 2：请简单描述 RobotStudio 软件的主要功能。

知识拓展卡

ABB RobotStudio 软件拓展功能

通过仿真和离线编程软件 RobotStudio，用户能够在电脑上对机器人进行调试和控制，从而使 ABB SCARA 机器人的使用变得更加简单。

Robot Control Mate 是 RobotStudio 软件的新增插件，让用户能够通过电脑操控、示教和校准机器人，使 SCARA 机器人的动作控制变得更加简便。Robot Control Mate 插件使 RobotStudio 软件首次可用于实时操控机器人的真实动作。该插件还能让用户在没有 FlexPendant 示教器的情况下进行机器人编程。

Robot Control Mate 首先应用于 IRB 910INV 倒装机器人，并逐渐覆盖 ABB 其他机器人产品。

RobotStudio 软件是业内领先的电脑端软件，用于机器人安装前的编程、配置和虚拟调试。该软件可完整构建生产线的实体资产或系统的数字孪生模型，让用户能够在虚拟的 3D 场景中创造、模拟和测试机器人安装全过程，不会干扰到实际生产线。这意味着新的生产线能够更快安装就位，并在调试过程中避免意外，顺利达到全速运行。在当今的大规模定制和产品生命周期缩短的趋势下，这对制造商至关重要。

“简化机器人的安装、编程和操作能为客户创造许多价值，包括缓解人才短缺、帮助中小企业成为机器人用户。”ABB 全球小型机器人产品经理 Darren Huang 说：“RobotStudio 软件新增 Robot Control Mate 功能插件，让机器人自动化方案的实施变得更加简单，用户通过笔记本电脑就能操控机器人，更加灵活方便。”

RobotStudio 软件拓展功能展示如图 1-2-24 所示。

图 1-2-24　RobotStudio 软件拓展功能展示

3. 提高任务

岗位任务：ABB RobotStudio 软件拓展的新功能是什么？

4. 决策评估

方案决策单见表 1-2-3。

表 1-2-3 方案决策单

<table>
<tr><th colspan="9">方案决策</th></tr>
<tr><td>组别</td><td colspan="2"></td><td>组长</td><td colspan="2"></td><td>日期</td><td colspan="2"></td></tr>
<tr><td>学习任务</td><td colspan="8">安装及介绍 RobotStudio 软件</td></tr>
<tr><td>岗位情景</td><td colspan="8">完成 RobotStudio 软件的安装</td></tr>
<tr><td>方案 1 描述</td><td colspan="8"></td></tr>
<tr><td>方案 2 描述</td><td colspan="8"></td></tr>
<tr><td>方案 3 描述</td><td colspan="8"></td></tr>
<tr><th colspan="9">评估决策</th></tr>
<tr><td>序号</td><td>可行性</td><td>经济性</td><td>操作性</td><td>实施难度</td><td colspan="4">方案等级评价</td></tr>
<tr><td>方案 1</td><td>□高 □低</td><td>□好 □差</td><td>□强 □弱</td><td>□高 □低</td><td>□优</td><td>□良</td><td>□中</td><td>□差</td></tr>
<tr><td>方案 2</td><td>□高 □低</td><td>□好 □差</td><td>□强 □弱</td><td>□高 □低</td><td>□优</td><td>□良</td><td>□中</td><td>□差</td></tr>
<tr><td>方案 3</td><td>□高 □低</td><td>□好 □差</td><td>□强 □弱</td><td>□高 □低</td><td>□优</td><td>□良</td><td>□中</td><td>□差</td></tr>
<tr><td rowspan="2">评价决策</td><td>综合评价</td><td colspan="7"></td></tr>
<tr><td>终选方案</td><td colspan="7">□方案 1 □方案 2 □方案 3</td></tr>
</table>

检查评价，总结反思

1. 学生自评

活动过程自评表见表 1-2-4。

表 1-2-4　活动过程自评表

班级		组名		日期	
序号	评价要素			分值	分数
1	能了解并熟知离线编程软件下载及安装方法			10	
2	能了解并熟知离线编程软件功能知识			20	
3	能认识 RobotStudio 软件功能			20	
4	能熟悉安装 RobotStudio 软件注意事项			10	
5	能够简单描述离线编程软件的界面功能			30	
6	能了解 RobotStudio 软件拓展功能			10	
自评分数					
自我总结与反思					

2. 小组互评

活动过程评价小组互评表见表 1-2-5。

表 1-2-5　活动过程评价小组互评表

班级		被评组名		日期	
序号	评价要素			分值	分数
1	与教师、同学之间能够保持多向、丰富、适宜的信息交流			10	
2	与教师、同学之间相互尊重、理解			10	
3	能处理好合作学习和独立思考之间的关系，做到有效学习			10	
4	能提出有意义的问题或能发表个人见解			20	
5	能按要点正确操作，能够倾听、协作、分享			20	
6	能发现问题、提出问题、分析问题、解决问题、创新问题			20	
7	能严肃、认真地对待自评，并能独立完成自测试题			10	
自评分数					
简要评述					

3. 教师评价

教师评价表见表 1-2-6。

表 1-2-6 教师评价表

姓名		组别		日期	
序号	评分点	分值	评分标准	得分	
1	(1)表述仪态自然，吐字清晰	10	表述仪态不自然或吐字模糊酌情扣分		
	(2)表述思路清晰、层次分明、准确		表述思路模糊或层次不清酌情扣分		
2	(1)分析关键点准确	10	分析不准确酌情扣分		
	(2)理论知识回顾完整、分组分工明确		回顾不完整、分工不明确酌情扣分		
3	(1)完成软件的下载和安装	10	一处步骤错误扣 1 分，扣完为止		
	(2)表述软件的下载和安装的注意事项	10	一处表述思路模糊或层次不清扣 1 分，扣完为止		
4	(1)正确表述解包、打包文件的操作步骤	20	每漏一项扣 1 分，扣完为止		
	(2)表述软件界面功能	30	每错一项扣 1 分，扣完为止		
5	(1)依据自评分数	5			
	(2)依据个人总结评价报告	5			
	满分	100	得分		

4. 总结反思

任务实施完成后，学生需要根据实际情况，通过指导老师对实施情况的点评来分析自身的不足之处，寻找三个关键问题进行思考，填写表 1-2-7，做到及时的自查自省和总结。

表 1-2-7 总结反思问题记录表

序号	任务目标	存在的问题	解决的方法
1			
2			

续表

序号	任务目标	存在的问题	解决的方法
3			

项目总结

本项目为认识工业机器人离线编程与仿真技术，包括两个任务。任务一为了解工业机器人离线编程与仿真技术，涵盖离线编程与仿真技术的概念及功能介绍、工业机器人编程方法、离线编程与示教编程的对比、常用离线编程软件认识。任务二为安装及介绍 RobotStudio 软件，涵盖 RobotStudio 软件功能认识、RobotStudio 软件下载与安装、RobotStudio 软件界面认识。

项目一　拓展升华

项目二
工业机器人雕刻仿真工作站

项目描述

工业自动化的市场竞争压力日益加剧，客户在生产中要求更高的效率，以降低价格、提高质量。如今让机器人编程在新产品生产之始花费时间检测或试运行是行不通的，因为这意味着要停止现有的产品以对新的或修改的部件进行编程。不首先验证到达距离及工作区域，而冒险制造工具和固定装置已不再是首选方法。现代生产厂家在设计阶段就对新部件的可制造性进行检查。在为机器人编程时，离线编程可与建立机器人应用系统同时进行，离线编程在实际机器安装前，通过可视化及可确认的解决方案和布局来降低风险。工业机器人系统操作员不仅需要使用离线编程软件创建机器人系统作业场景，还需要使用离线编程软件编制机器人运动轨迹，生成机器人运行程序。国家职业技能标准也对此提出了相应的要求。

在本项目中，以 ABB IRB 120 工业机器人的不规则轨迹雕刻仿真工作站为载体，学生在完成任务的过程中能够学会创建工业机器人基本工作站和工业机器人系统、使用“Freehand”功能、使用测量工具、创建工具、使用指令模板和捕捉进行仿真模拟。在任务实施部分，通过实际生产案例，学生可在实际工作中运用所学知识，将理论与实际相结合。

学习情境

中华优秀传统文化既是民族振兴的精神动力，又是建设先进文化的重要基础。在经济全球化和社会主义市场经济发展的背景下，弘扬中华优秀传统文化，并结合时代特点加以创新。中华民族有五千多年的文明历史，创造了灿烂的中华文明。在最常见的雕刻方法中，一只手拿凿子，另一只手拿木槌，然后用木槌将凿子敲入木头或石头中。在工业 4.0 背景下，传统工艺与现代技术相结合的模式越来越多。今天，我们一起探索在 RobotStudio 仿真软件中如何进行不规则图案的雕刻，创建图 2-0-1 所示的工业机器人雕刻仿真工作站。

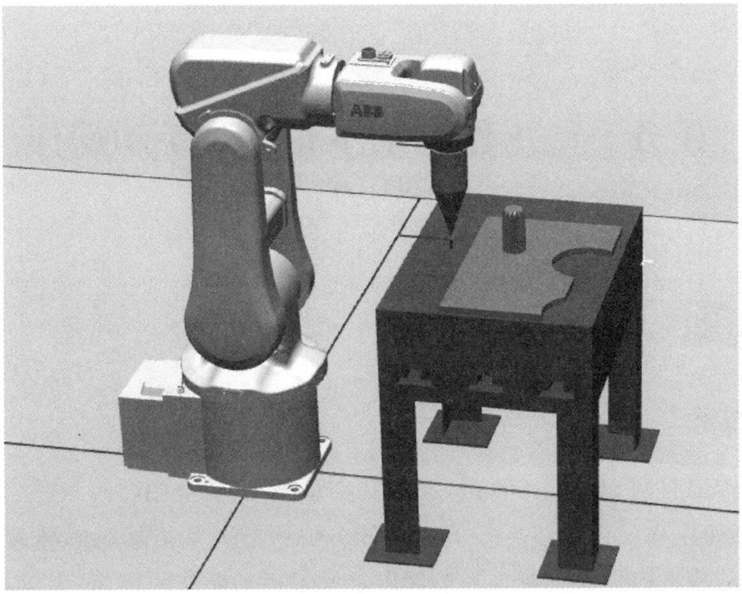

图 2-0-1　工业机器人雕刻仿真工作站

学习提纲

- 项目二　工业机器人雕刻仿真工作站
  - 任务一　工作站基本布局及手动操作
    - 创建机器人系统
    - 认识机器人库和模型库
    - 移动、旋转、视图切换、捕捉及“Freehand”功能
    - “三点法”放置工件
  - 任务二　创建工具
    - 测量工具的使用
    - 创建工具模型
    - 创建工具
  - 任务三　创建空路径
    - 认识指令模板
    - 空路径的创建
    - 配置及同步

任务一　工作站基本布局及手动操作

情景导入，任务发布

1. 任务发布

RobotStudio 软件可以创建工作站、模拟真实场景、测量节拍时间，这样工作人员就可以在办公室进行整个工作站流水线生产测试。任务一中需要从机器人库导入机器人、创建工业机器人系统、从模型库导入工作台和工件以及学习手动操作的使用，为工业机器人雕刻仿真工作站的运行搭建基本环境。

2. 任务分析

任务分析	
任务名称	工作站基本布局及手动操作。
任务地位	正确进行工作站基本布局，是搭建工业机器人雕刻仿真工作站的基础。
任务流程	(1)认识机器人库及模型库并导入需要的模型。 (2)创建机器人系统。 (3)结合 RobotStudio 软件中移动、旋转、视图切换、捕捉及“Freehand”等功能调整工作台位置。 (4)放置工件。

3. 目标要求

任务目标要求	
岗位要求	本任务要求工业机器人系统操作员能使用 RobotStudio 软件搭建工业机器人工作站。

续表

任务目标要求	
课程目标	知识目标 (1)能说出 RobotStudio 软件中移动、旋转及视图切换所使用的快捷键。 (2)能说出“Freehand”中包含哪些功能。 技能目标 (1)能正确创建机器人系统。 (2)能正确使用“三点法”放置模型。 (3)能根据任务情景和要求正确搭建工业机器人工作站。 情感目标 (1)通过小组合作学习,培养学生的团队精神和爱岗敬业精神。 (2)通过自主探究式学习,培养学生的钻研精神。 (3)通过 8S 管理,提升学生的职业素养和培养学生的工匠精神。
大赛要求	能够按照给定要求,在 RobotStudio 软件中进行工作站基本布局。
证书技能要求	对应工业机器人系统操作员国家职业技能标准技能点 能使用离线编程软件创建机器人系统作业场景。

问题引导,自主学习

2-1-1　雕刻仿真工作站的搭建

1. 引导问题

引导问题 1:工作站需要导入的机器人型号是什么?

引导问题 2:创建机器人系统有哪三种方式?

引导问题 3:采用“三点法”将工件放置到工作台时使用哪种捕获方式较为合适?

2. 任务知识点

1)机器人系统的创建方式

在 RobotStudio 软件中基本选项卡下单击“机器人系统”可以通过以下三种方式创建机器人系统。

(1)从布局:根据已有布局创建系统。

(2)新建系统:创建新系统并添加到工作站。

(3)已有系统:添加现有系统到工作站。

注意,本任务根据已有布局创建系统。

2)移动、旋转及视图切换

移动、旋转及视图切换工具说明表见表 2-1-1。

表 2-1-1　移动、旋转及视图切换工具说明表

名称	功能
移动	Ctrl+Light 进行画面的移动
旋转	Shift+Ctrl+Light 进行画面的旋转
查看全部	查看工作站中所有对象
查看中心	设置旋转视图的中心点

3)RobotStudio 软件中的捕捉功能

捕捉工具说明表见表 2-1-2。

表 2-1-2　捕捉工具说明表

名称	图标与功能
捕捉对象	捕捉对象
捕捉中心	捕捉中心点
捕捉中点	捕捉中点
捕捉末端	捕捉末端或角位
捕捉边缘	捕捉边缘点
捕捉重心	捕捉重心
捕捉本地原点	捕捉对象的本地原点
捕捉网格	捕捉工作站地板网格点

4）“Freehand” 功能介绍

“Freehand”工具表见表 2-1-3。

表 2-1-3　“Freehand”工具表

名称	功能
移动	在当前的参考坐标系中拖放对象
旋转	沿对象的各轴旋转
拖曳	拖曳取得物理支持的对象
手动关节	移动机器人的各轴
手动线性	在当前工具定义的坐标系中移动
手动重定位	旋转工具中心点
多个机器人手动操作	同时移动多个机械装置

3. 掌握新知

问题 1：工作站需要导入的机器人型号是什么？

知识库

※导入机器人和其他设备

创建空工作站，导入机器人及周边设备。

(1)创建空工作站。操作步骤如图 2-1-1 所示。

(2)导入机器人。从机器人模型库中导入 IRB 120 机器人，操作步骤如图 2-1-2 所示。

(3)导入工作台及雕刻工件。操作步骤如图 2-1-3 所示。

完成上述操作后，形成的工作站如图 2-1-4 所示。

图 2-1-1　创建空工作站

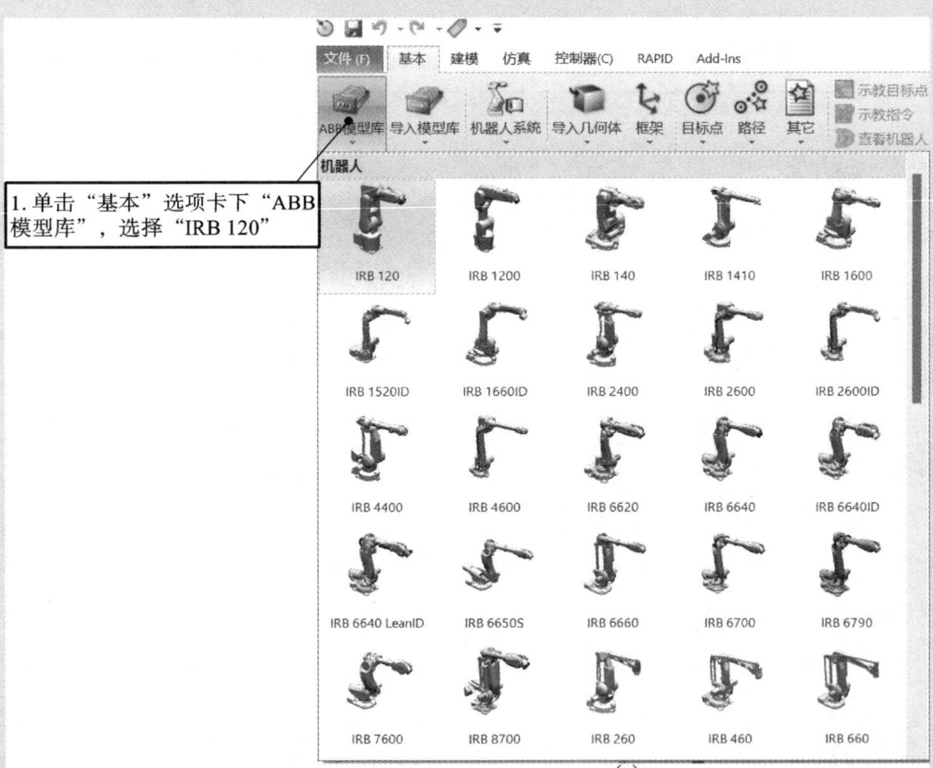

(a)

图 2-1-2　导入机器人

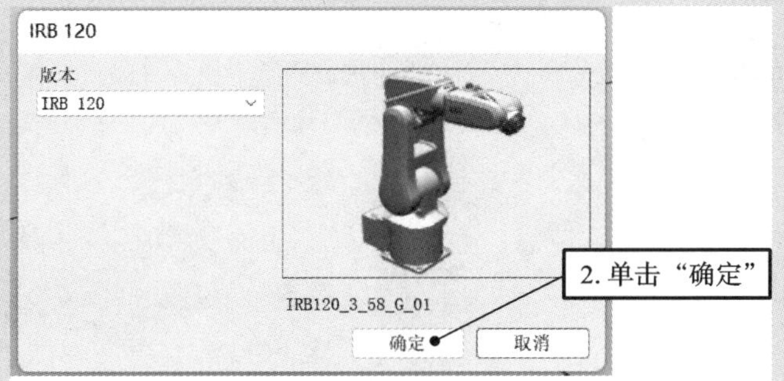

(b)

续图 2-1-2

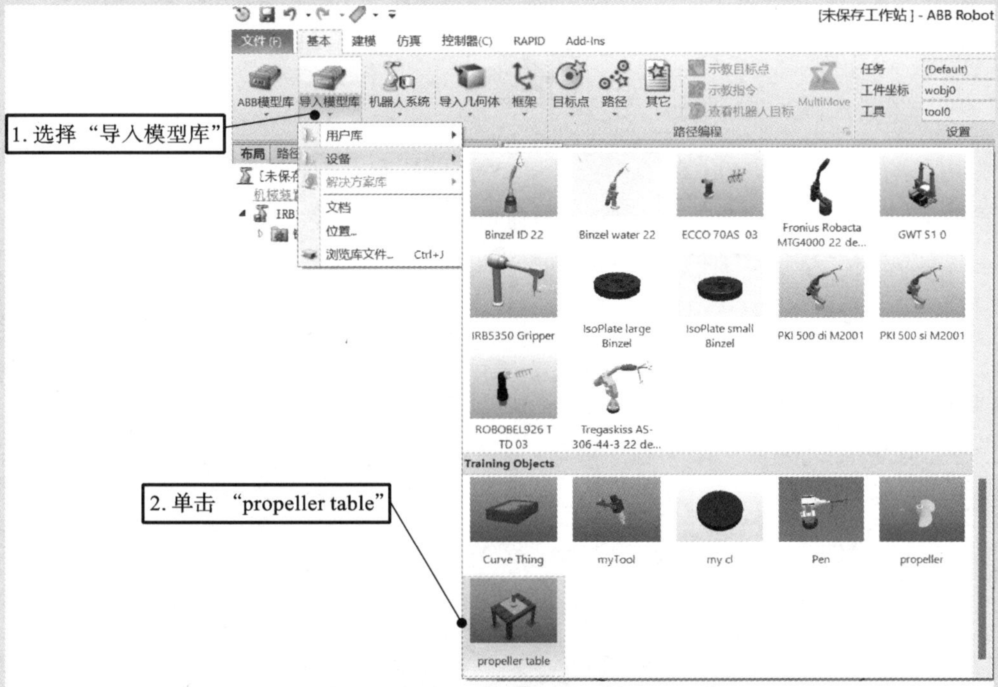

(a)

图 2-1-3　导入工作台及雕刻工件

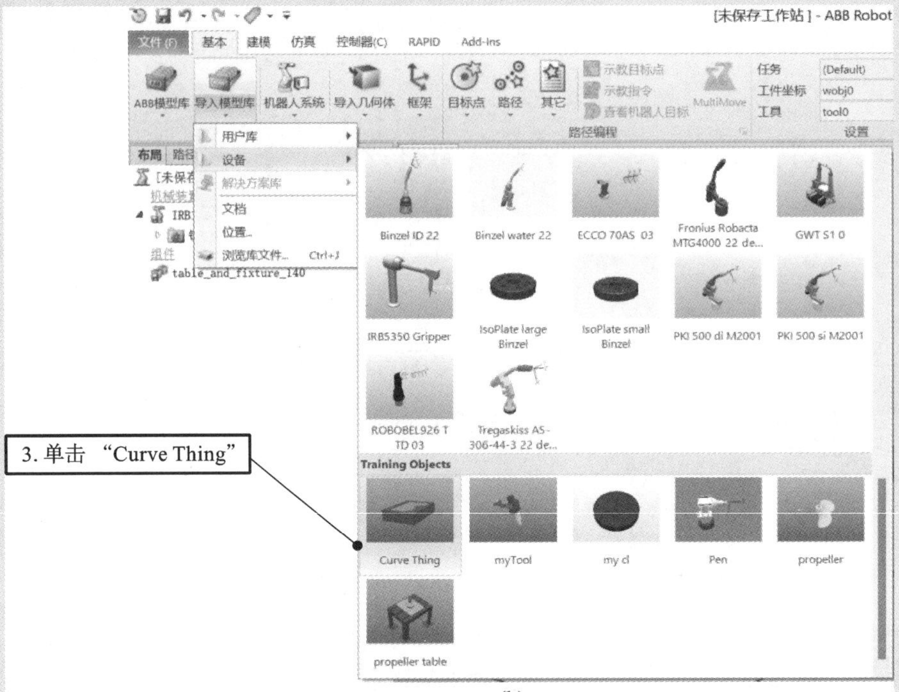

(b)

续图 2-1-3

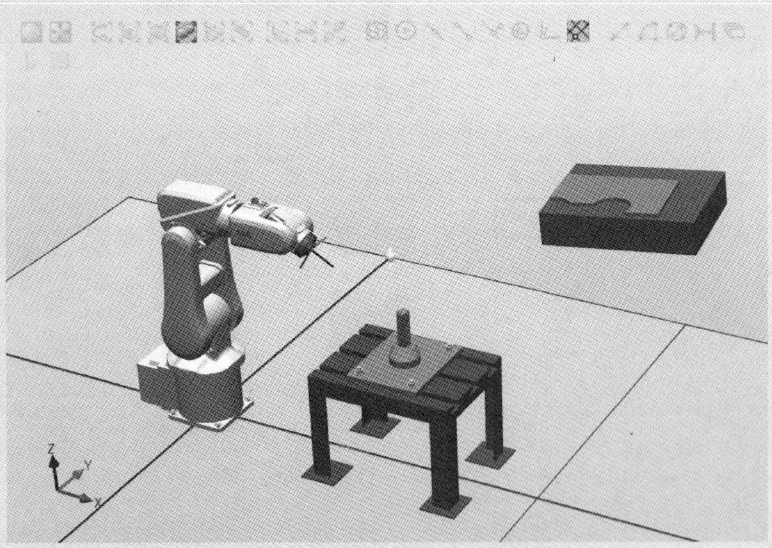

图 2-1-4　导入机器人及周边设备后的工作站

问题 2:创建机器人系统有哪三种方式?

知识库

※创建机器人系统

本任务采用“从布局”的方式创建机器人系统,操作步骤如图 2-1-5～图 2-1-7 所示。

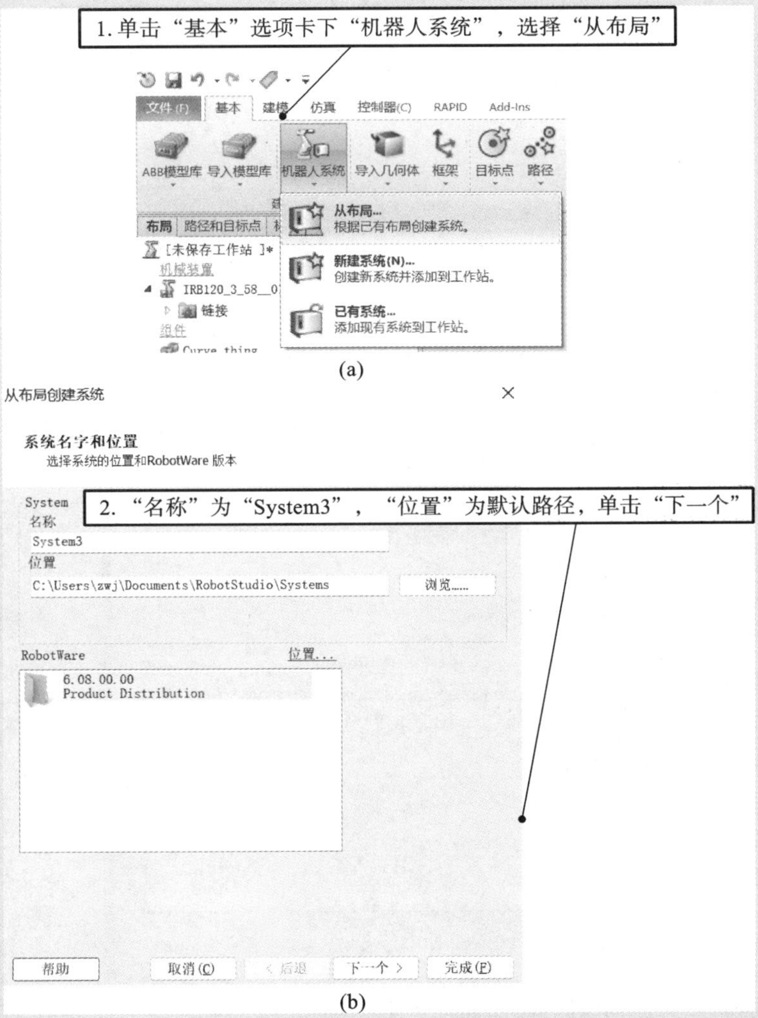

图 2-1-5　选择机器人系统的创建方式

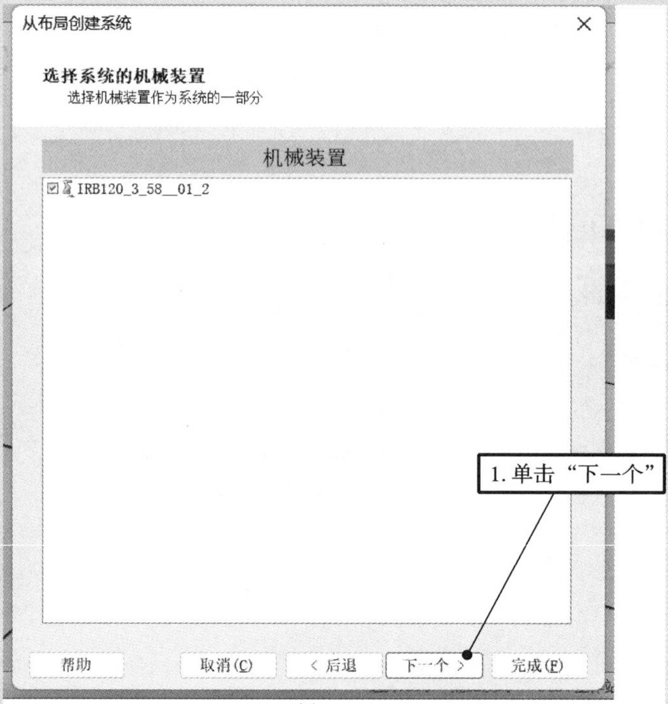

(a)

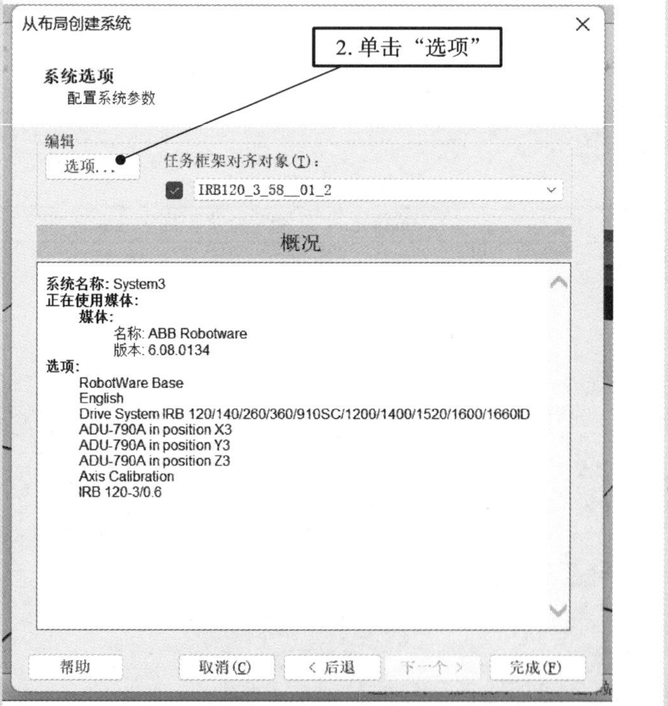

(b)

图 2-1-6　从布局创建系统

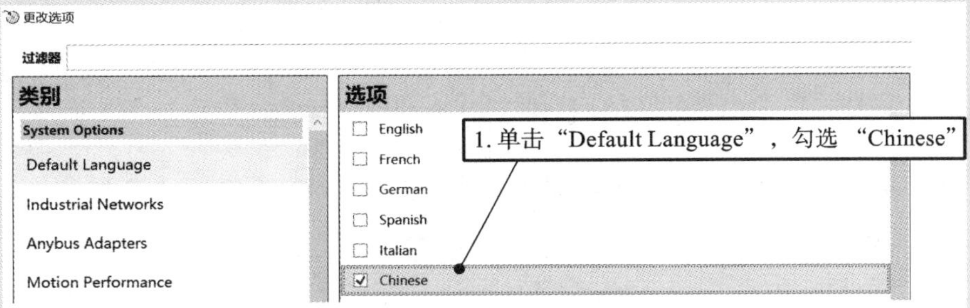

(a)

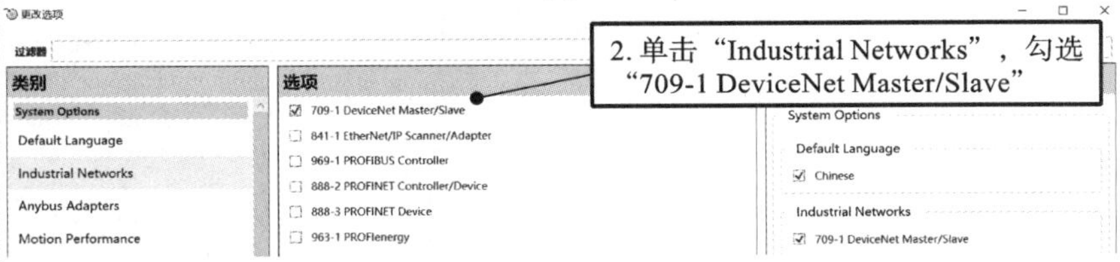

(b)

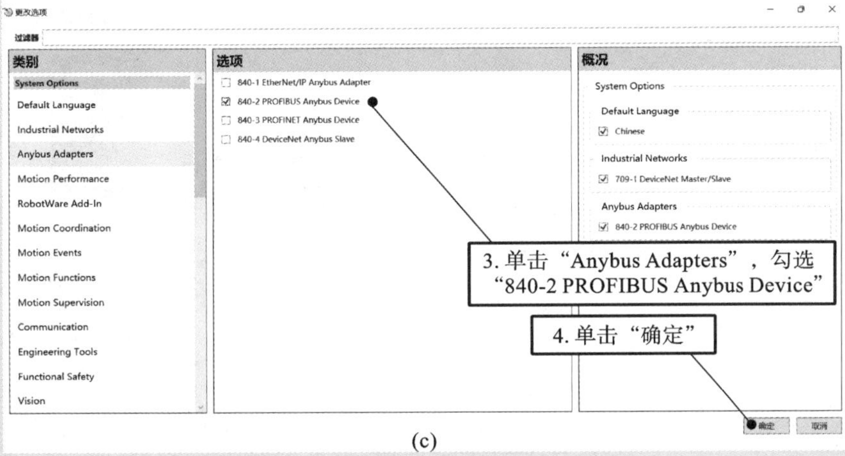

(c)

图 2-1-7　创建机器人系统

注：机器人系统已创建完毕，等待系统自行启动即可。

问题 3：采用“三点法”将工件放置到工作台时使用哪种捕获方式较为合适？

知识库

※采用“三点法”将工件放置到工作台

(1)将工作台沿 z 轴旋转 90°，显示机器人工作范围，合理调整工作台的位置为后续加工搭建环境。操作步骤如图 2-1-8 和图 2-1-9 所示。

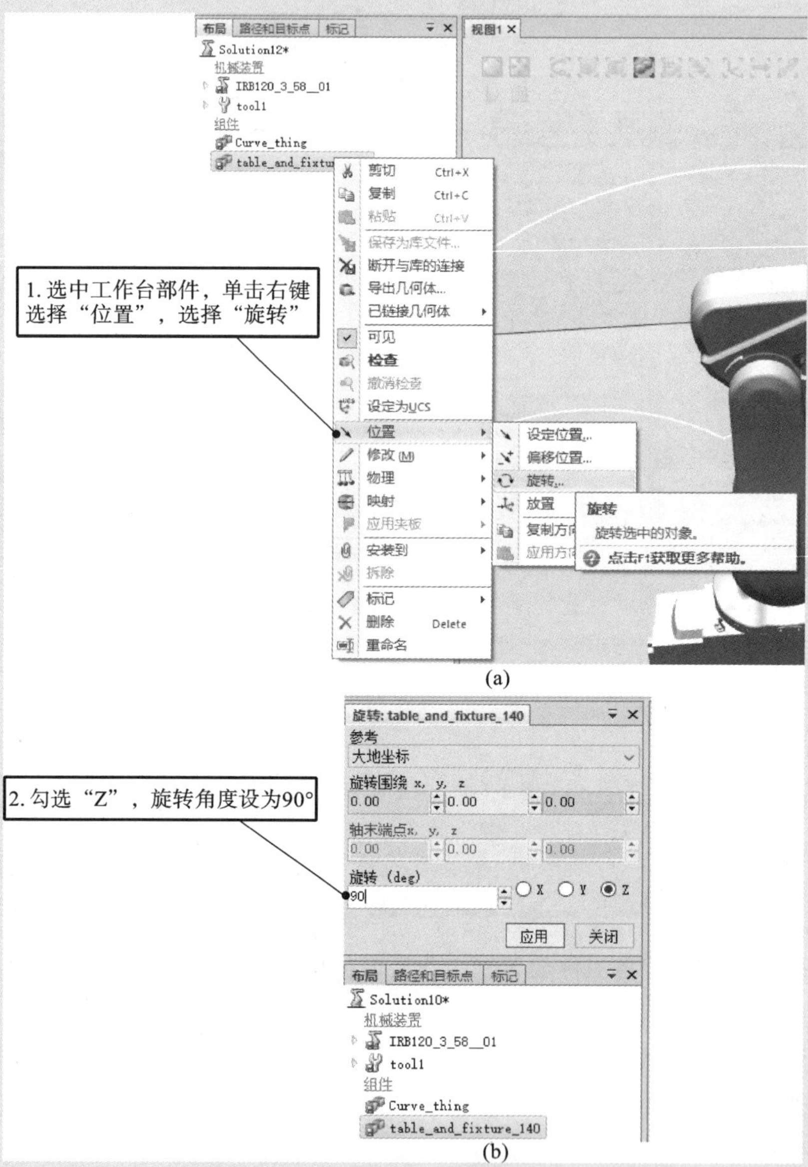
1. 选中工作台部件，单击右键选择“位置”，选择“旋转”
2. 勾选“Z”，旋转角度设为90°
(a)
(b)

图 2-1-8　旋转工作台

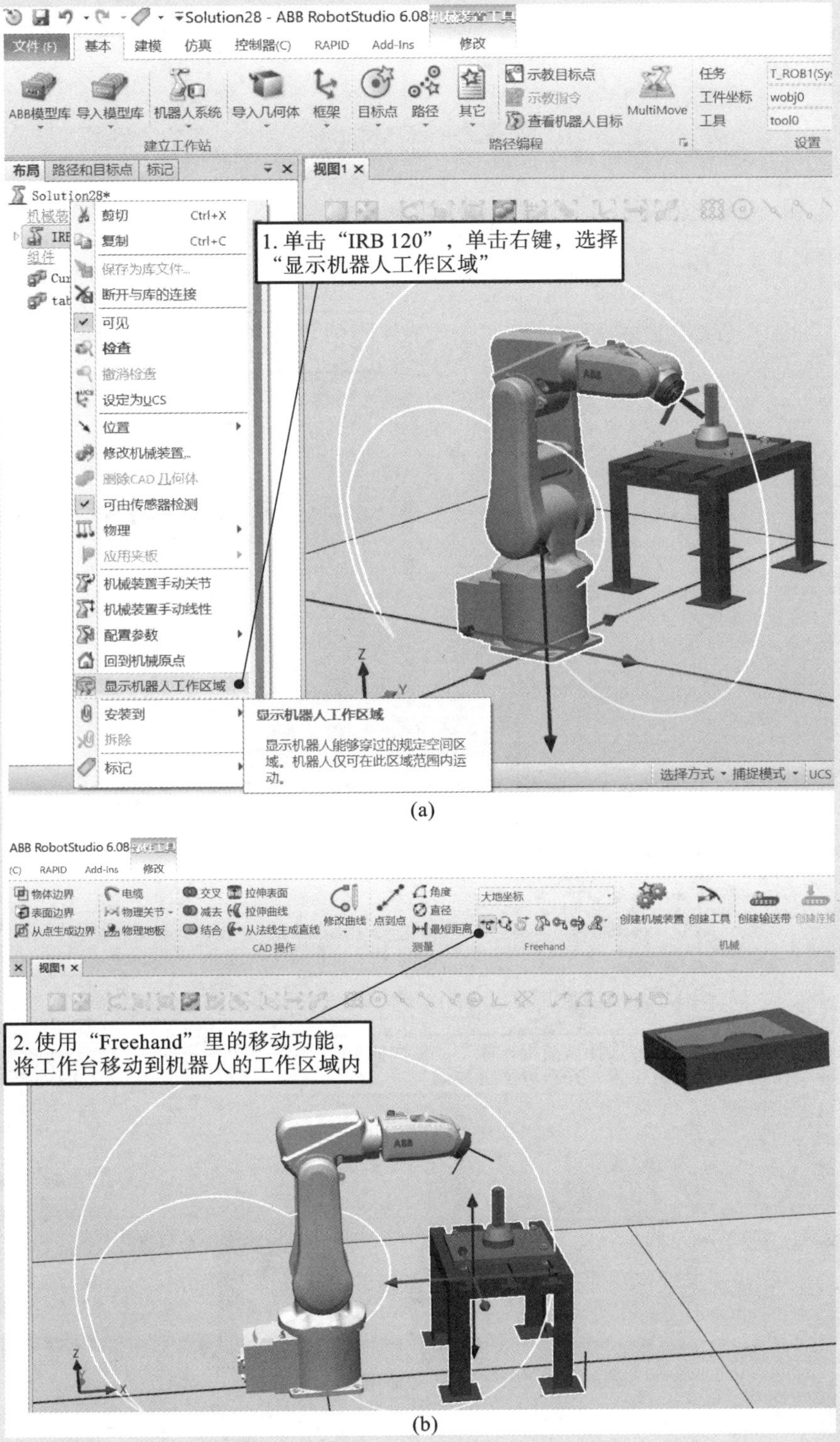

图 2-1-9　调整工作台的位置

(2)采用“三点法”将工件放置到工作台上。操作步骤如图 2-1-10 所示。

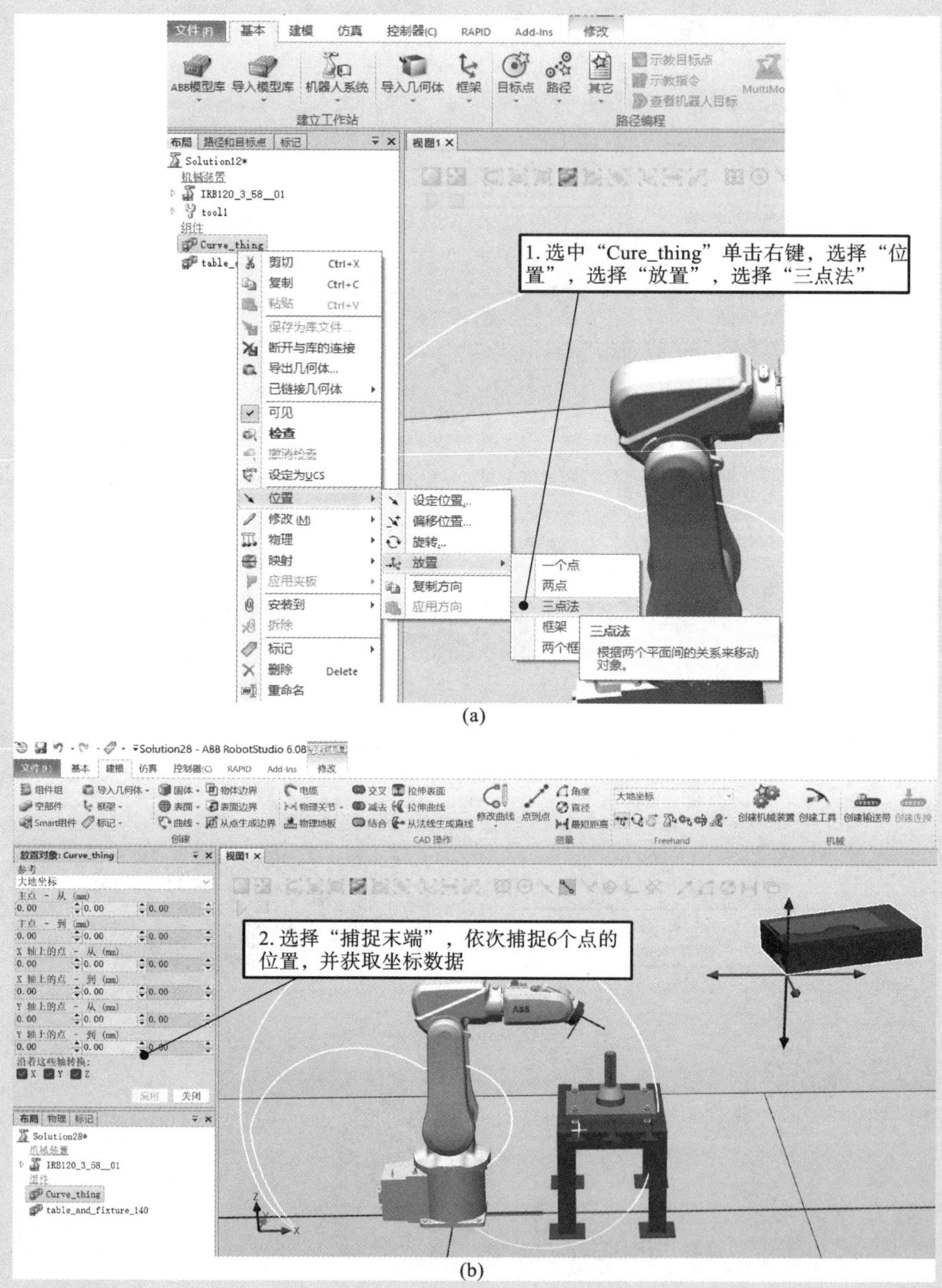
1. 选中“Cure_thing”单击右键，选择“位置”，选择“放置”，选择“三点法”
(a)
2. 选择“捕捉末端”，依次捕捉6个点的位置，并获取坐标数据
(b)

图 2-1-10　放置工件

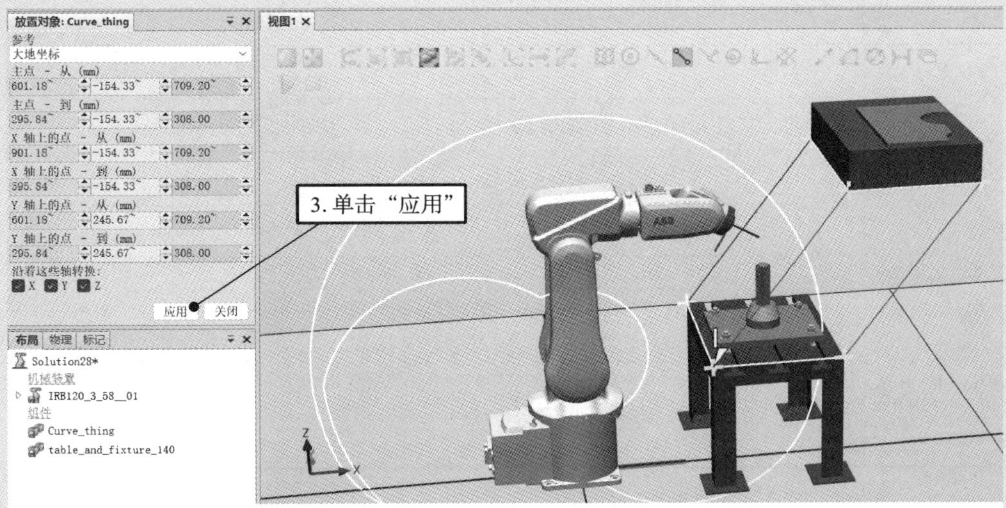

(c)

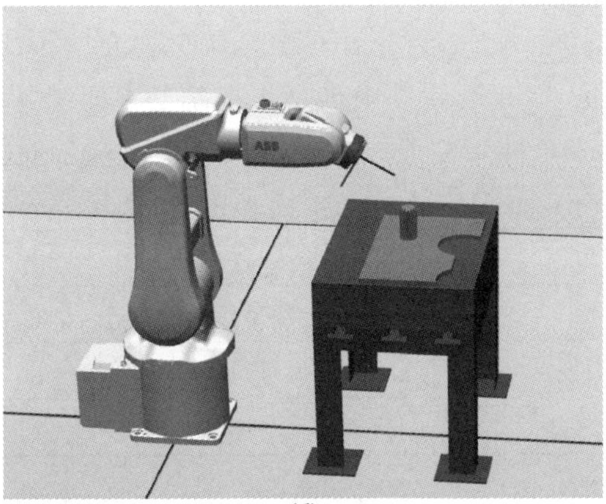

(d)

续图 2-1-10

注：不需要时可以关闭机器人工作区域。

协作探究，实施展示

任务指引：开展小组内讨论，每个同学对任务一进行分析，组长综合每位同学的意见，确定小组讨论后最终答案，每组派 1 位同学展示或陈述小组结论。

1. 小组组建

小组分工表见表 2-1-4。

表 2-1-4 小组分工表

班级		组名	
组长		学号	
	姓名	学号	分工
组员			

2. 基础任务

任务一：请自行在 RobotStudio 软件中进行工作站基本布局，并完成以下目标。

目标 1：在 RobotStudio 软件中完成工作站基本布局并填写创建步骤。

第一步：____

____。

第二步：____

____。

第三步：____

____。

第四步：____

____。

第五步：____

____。

第六步：____

____。

目标 2：根据所学知识与技能填空。

(1)创建机器人系统有________种方式。

(2)雕刻仿真工作站选用的机器人型号为________。

(3)为捕捉________。

(4)为手动________。

(5)画面旋转默认的快捷键是________。

3. 提高任务

岗位任务：如图 2-1-11 所示，请尝试采用“一点法”“两点法”放置工件。

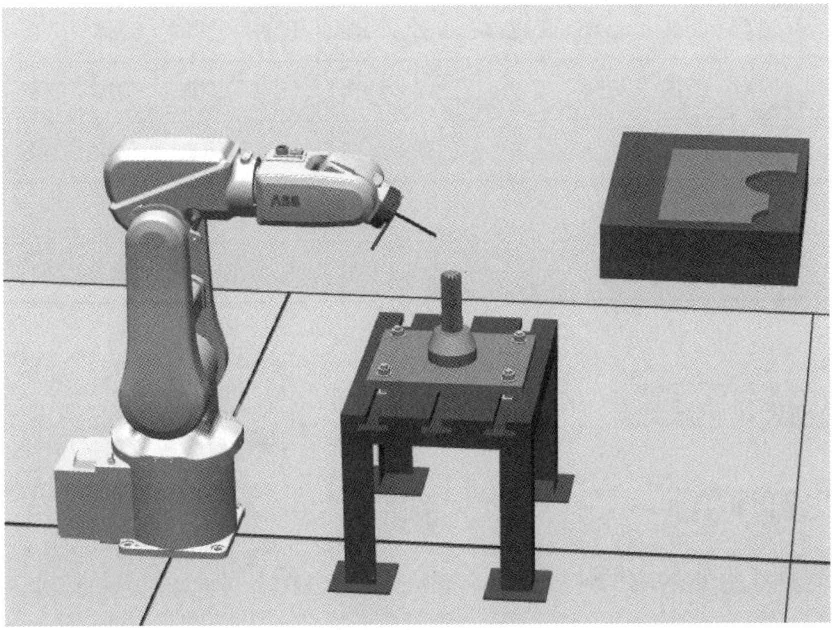

图 2-1-11　采用不同方法放置工件

4. 决策评估

方案决策单见表 2-1-5。

表 2-1-5　方案决策单

方案决策					
组别		组长		日期	
学习任务	工作站基本布局及手动操作				
岗位情景	采用“一点法”“两点法”放置工件				
方案 1 描述					
方案 2 描述					
方案 3 描述					

续表

评估决策					
序号	可行性	经济性	操作性	实施难度	方案等级评价
方案 1	□高 □低	□好 □差	□强 □弱	□高 □低	□优 □良 □中 □差
方案 2	□高 □低	□好 □差	□强 □弱	□高 □低	□优 □良 □中 □差
方案 3	□高 □低	□好 □差	□强 □弱	□高 □低	□优 □良 □中 □差
评价决策	综合评价				
	终选方案	□方案 1 □方案 2 □方案 3			

检查评价，总结反思

1. 学生自评

活动过程自评表见表 2-1-6。

表 2-1-6 活动过程自评表

班级		组名		日期	
序号	评价要素			分值	分数
1	能说出创建机器人系统的三种方式			5	
2	能根据不同的任务要求正确选用不同型号的机器人			5	
3	能说出移动、旋转等画面切换的方法			10	
4	能正确说出“Freehand”的功能			10	
5	能够正确说出捕捉图标的含义			10	
6	能够根据需要正确选择不用的捕捉方式			15	
7	能够根据任务要求完成工件的放置			20	
8	能够根据任务要求创建机器人系统			25	
自评分数					
自我总结与反思					

2. 小组互评

活动过程评价小组互评表见表 2-1-7。

表 2-1-7　活动过程评价小组互评表

班级		被评组名		日期	
序号	评价要素			分值	分数
1	与教师、同学之间能够保持多向、丰富、适宜的信息交流			10	
2	与教师、同学之间相互尊重、理解			10	
3	能处理好合作学习和独立思考之间的关系，做到有效学习			10	
4	能提出有意义的问题或能发表个人见解			20	
5	能按要点正确操作，能够倾听、协作、分享			20	
6	能发现问题、提出问题、分析问题、解决问题、创新问题			20	
7	能严肃、认真地对待自评，并能独立完成自测试题			10	
自评分数					
简要评述					

3. 教师评价

教师评价表见表 2-1-8。

表 2-1-8　教师评价表

姓名		组别		日期	
序号	评分点	分值	评分标准		得分
1	(1)表述仪态自然，吐字清晰	10	表述仪态不自然或吐字模糊酌情扣分		
	(2)表述思路清晰、层次分明、准确		表述思路模糊或层次不清酌情扣分		
2	(1)能够区分三种创建机器人系统的方式	10	分析不准确酌情扣分		
	(2)理论知识回顾完整、分组分工明确		知识不完整、分工不明确酌情扣分		

续表

序号	评分点	分值	评分标准	得分
3	(1)完成机器人及周边设备的导入	10	一个错误扣 5 分	
	(2)确定设备摆放	10	符合要求得 10 分,不符合要求得 0 分	
4	(1)正确放置工件	20	正确得 20 分,错误得 0 分	
	(2)完成基础任务的填空	10	每错一项扣 1 分,扣完为止	
	(3)完成提高任务中其他放置方法的使用	10	正确得 10 分,错误得 0 分	
	(4)在任务完成过程中纪律良好	10	根据课堂表现酌情扣分	
5	(1)依据自评分数	5		
	(2)依据个人总结评价报告	5		
	满分	100	得分	

4. 总结反思

任务实施完成后,学生需要根据实际情况,通过指导老师对实施情况的点评来分析自身的不足之处,寻找三个关键问题进行思考,填写表 2-1-9,做到及时的自查自省和总结。

表 2-1-9 总结反思问题记录表

序号	任务目标	存在的问题	解决的方法
1			
2			
3			

任务二　创建工具

情景导入，任务发布

1. 任务发布

在进行工业机器人雕刻轨迹程序设计前，选用一把“好刀”很重要，接下来将进行工具的创建。

2. 任务分析

任务分析	
任务名称	创建工具。
任务地位	按要求创建好机器人雕刻使用的工具，是完成雕刻任务的关键。
任务流程	(1)结合测量工具确定好法兰的尺寸。 (2)创建工具模型。 (3)设定本地原点和创建框架。 (4)创建工具。

3. 目标要求

任务目标要求	
岗位要求	本任务要求工业机器人系统操作员能使用 RobotStudio 软件创建工具。
课程目标	知识目标 (1)能说出各个测量图标的含义。 (2)能说出结合、交叉、减去的含义。

续表

任务目标要求	
课程目标	技能目标 (1)能根据任务要求在 RobotStudio 软件中正确测量模型的尺寸。 (2)能根据任务要求在 RobotStudio 软件中正确创建模型。 (3)能根据任务要求在 RobotStudio 软件中正确创建工具。 情感目标 (1)通过课前自主探究,提高学生查阅资料、自主学习的能力。 (2)通过组员提议与小组分享,提高学生的沟通表达能力。
证书技能要求	对应工业机器人系统操作员国家职业技能标准技能点 能创建工具。

问题引导,自主学习

2-2-1 创建工具

1. 引导问题

引导问题 1:软件中有哪几种测量工具?

引导问题 2:创建工具模型的步骤有哪些?

引导问题 3:创建框架采用的方式是什么?

引导问题 4:创建工具需要设置哪些数据?

2. 任务知识点

在 RobotStudio 软件中,有一些测量工具方便用户进行尺寸和角度的测量,如表 2-2-1 所示。

表 2-2-1 测量工具功能表

名称	图标与功能
点到点	测量视图中两点的距离
角度	测量两直线的相交角度
直径	测量圆的直径
最短距离	测量在视图中两个对象的直线距离
保持测量	对之前的测量结果进行保存

3. 掌握新知

问题 1：软件中有哪几种测量工具？

知识库

※使用测量工具测量机器人法兰直径

使用测量工具测量机器人法兰直径，为创建工具模型打下基础。

(1)选择测量工具，如图 2-2-1 所示。

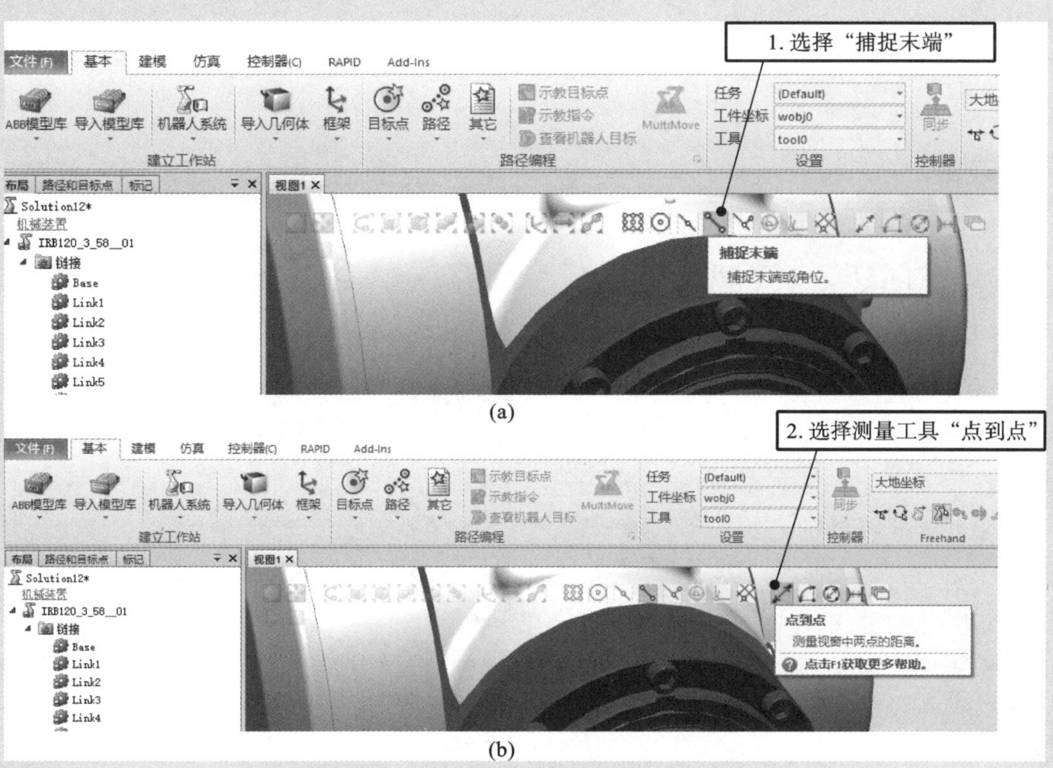

1. 选择“捕捉末端”
捕捉末端
捕捉末端或角位。
(a)
2. 选择测量工具“点到点”
点到点
测量视窗中两点的距离。
点击F1获取更多帮助。
(b)

图 2-2-1　选择测量工具

(2)测量出的数据为 35 mm 左右，如图 2-2-2 所示。

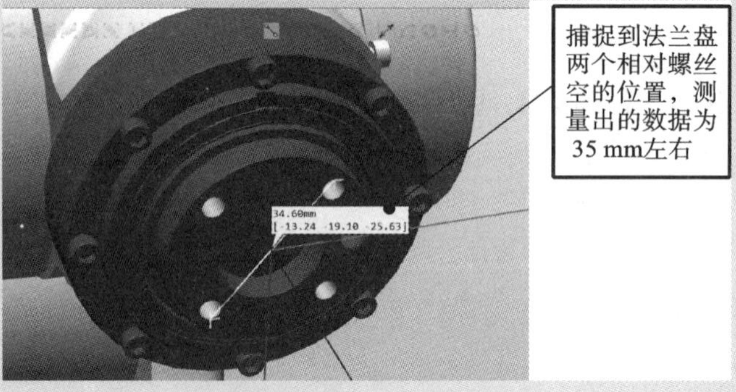

图 2-2-2　测量工具的使用

问题 2:创建工具模型的步骤有哪些?

知识库

※创建工具模型

在“建模”选项卡下创建工具模型。

(1)创建圆锥体,如图 2-2-3 所示。

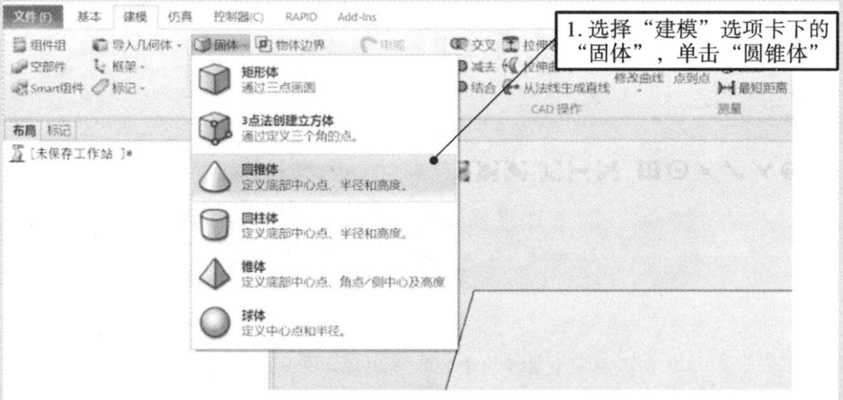

(a)

图 2-2-3　创建圆锥体

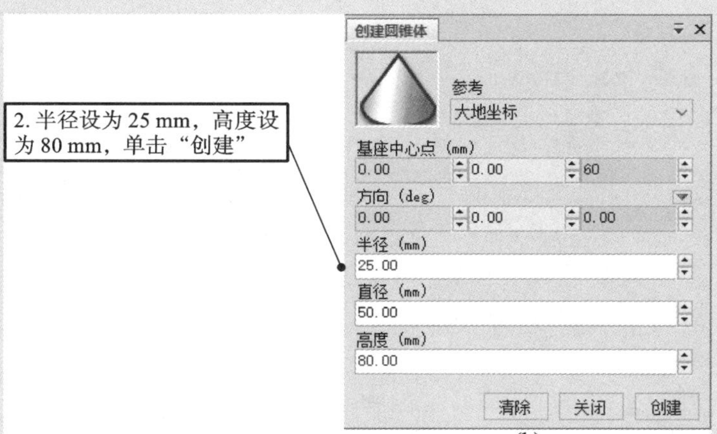

(b)

续图 2-2-3

(2)创建圆柱体，如图 2-2-4 所示。

(a)　　　　　　　　　　(b)

图 2-2-4　创建圆柱体

(3)将圆锥体放置到圆柱体上面，使用结合功能，将圆锥体与圆柱体结合起来，形成一个物体。操作步骤如图 2-2-5～图 2-2-7 所示。

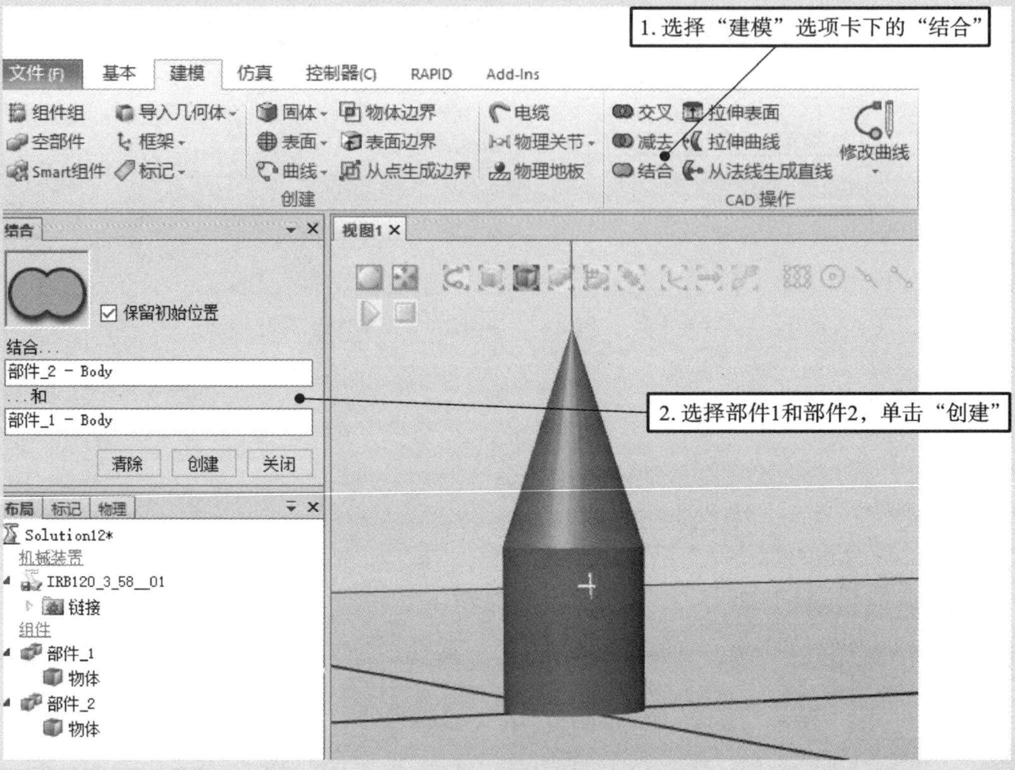

图 2-2-5　结合功能的使用 1

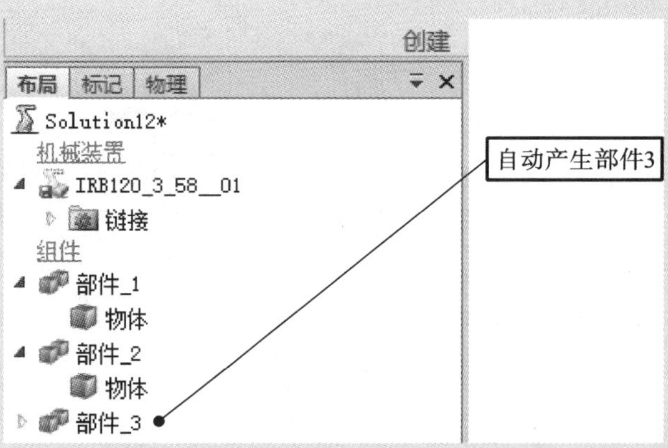

图 2-2-6　结合功能的使用 2

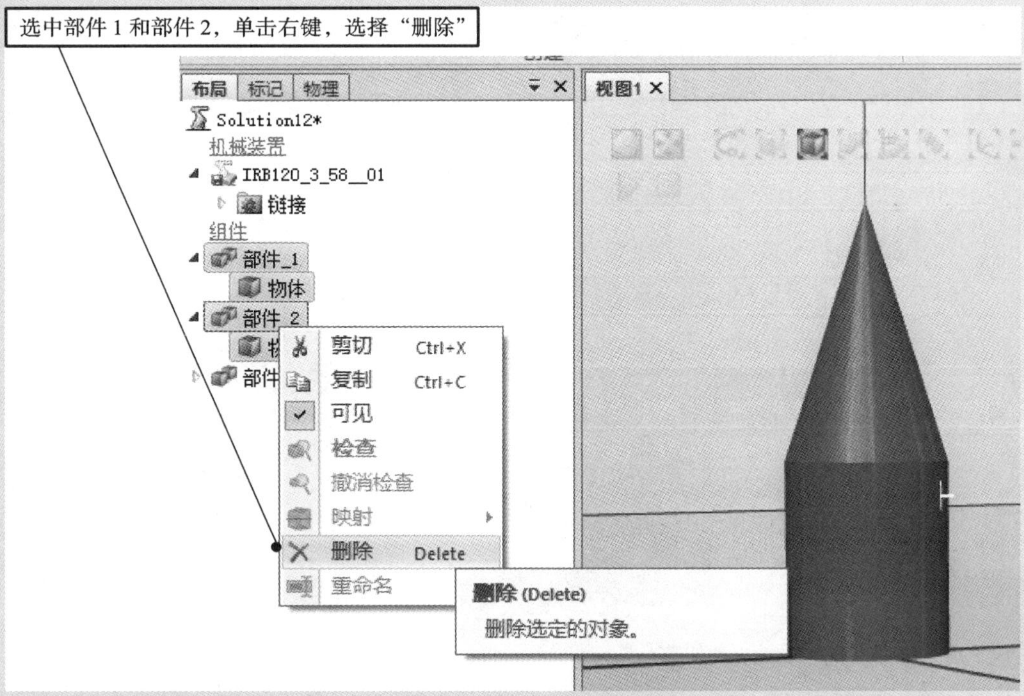

图 2-2-7　结合功能的使用 3

问题 3:创建框架采用的方式是什么?

知识库

※设定本地原点及创建框架

(1)设定本地原点。

将模型的底部圆心设定为本地原点。操作步骤如图 2-2-8 和图 2-2-9 所示。

(2)创建框架。

在创建工具前需要为工具模型创建框架。操作步骤如图 2-2-10 和图 2-2-11 所示。

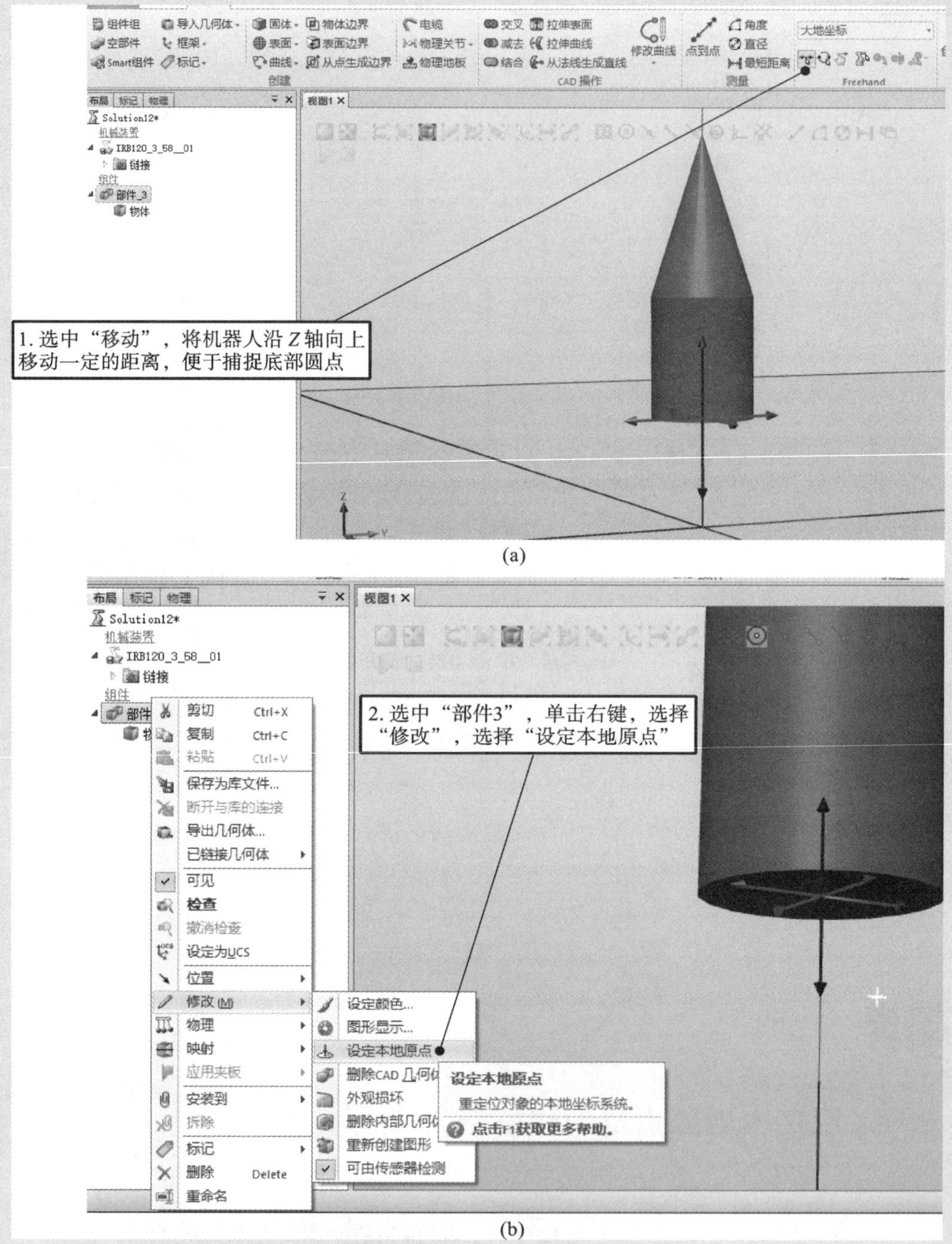

图 2-2-8　设定本地原点 1

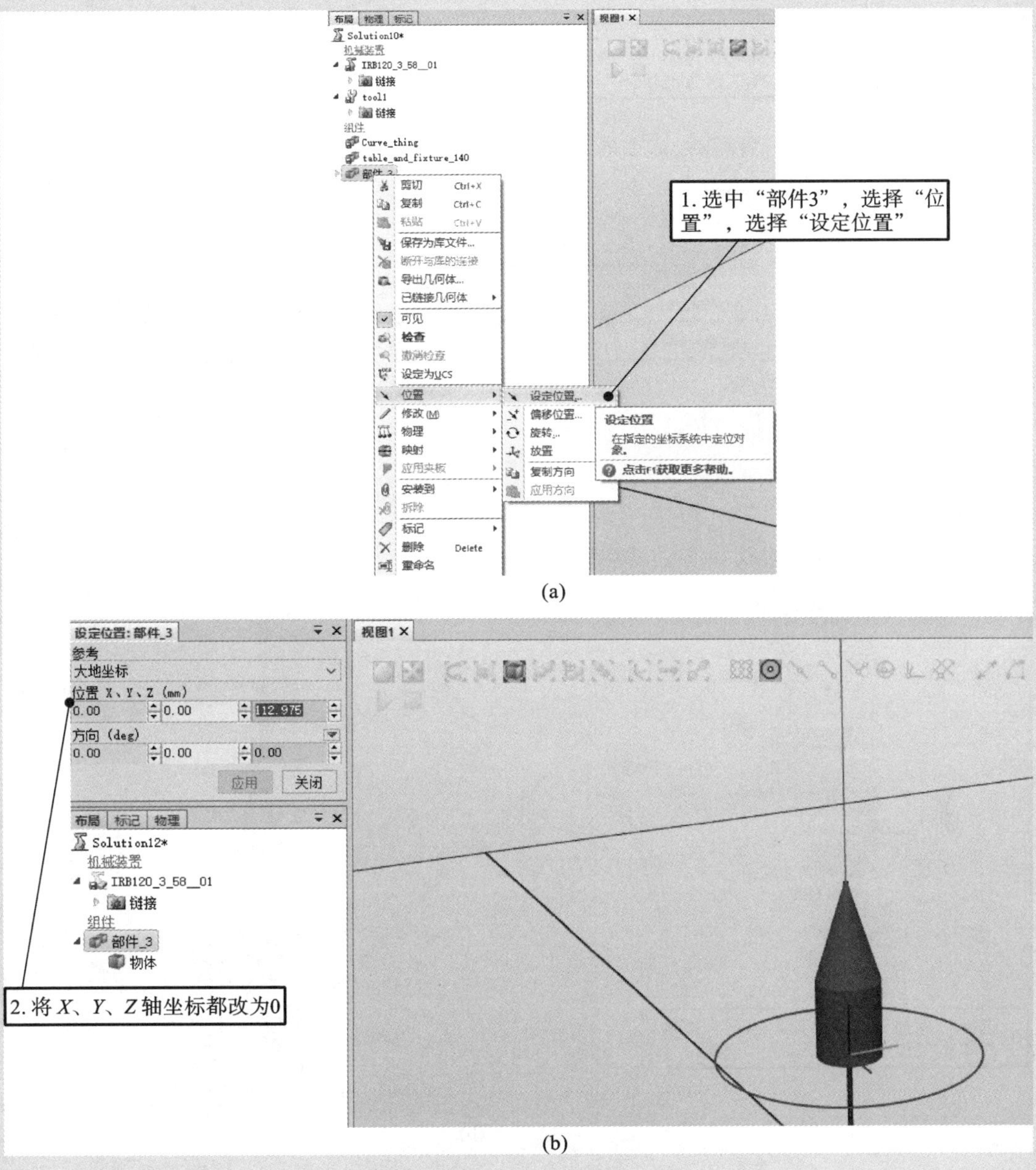

图 2-2-9　设定本地原点 2

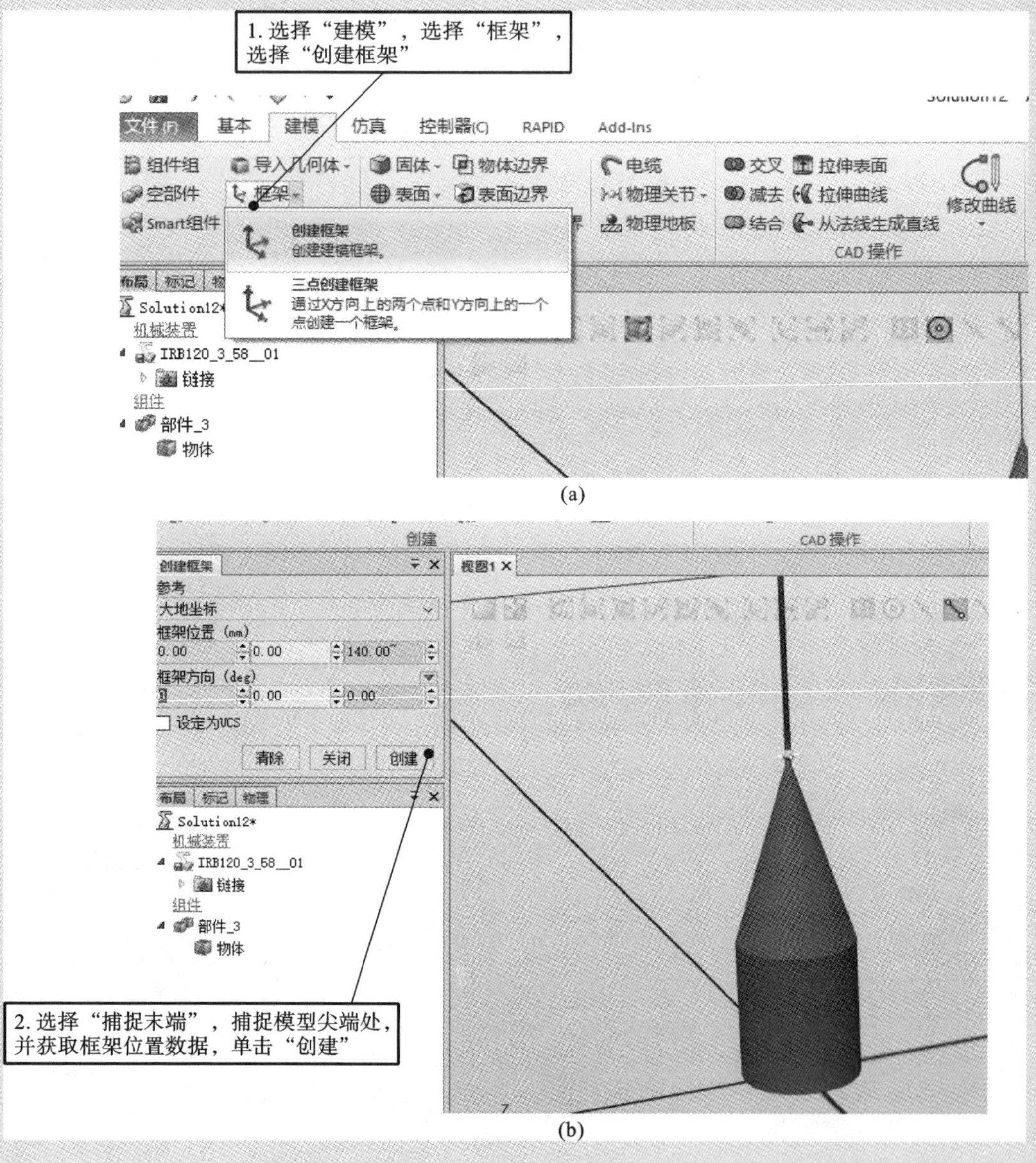
1. 选择“建模”，选择“框架”，选择“创建框架”
2. 选择“捕捉末端”，捕捉模型尖端处，并获取框架位置数据，单击“创建”
(a)
(b)

图 2-2-10　创建框架 1

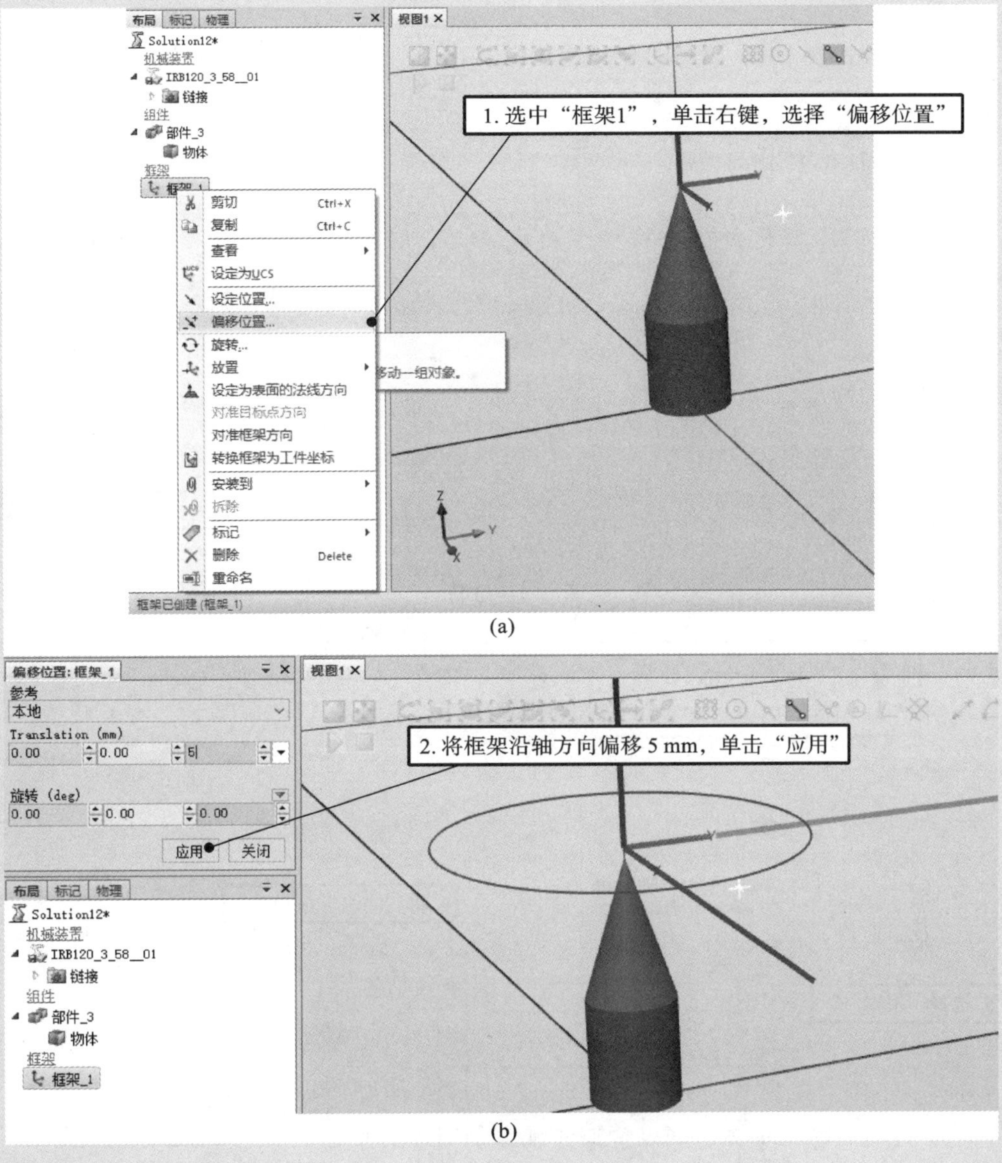

图 2-2-11　创建框架 2

问题 4：创建工具需要设置哪些数据？

知识库

※创建工具

使用创建工具的功能将模型生成工具。操作步骤如图 2-2-12 和图 2-2-13 所示。

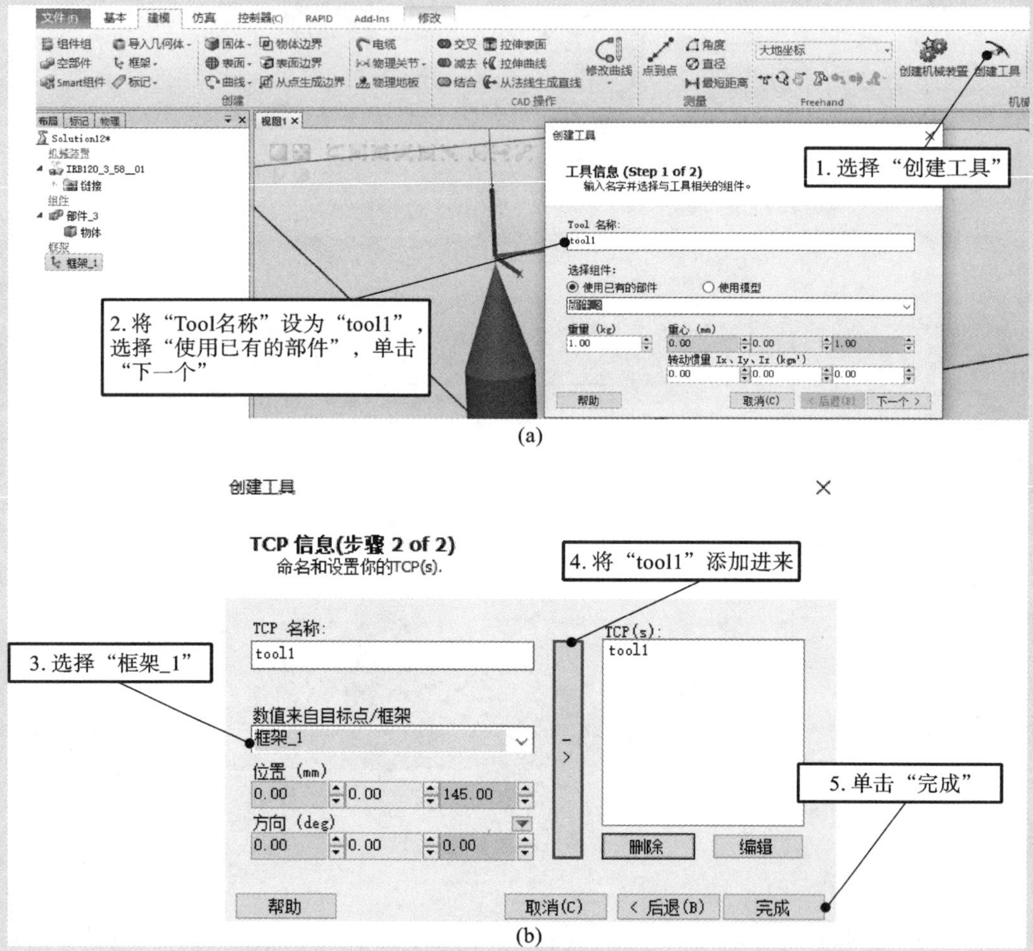

图 2-2-12 创建工具 1

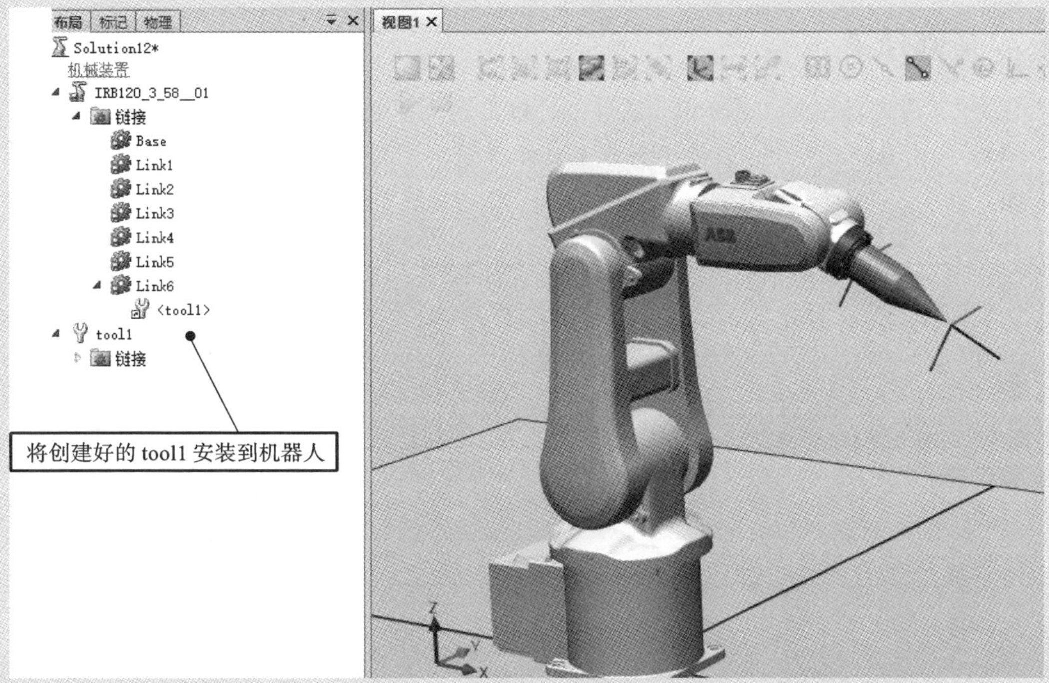

图 2-2-13 创建工具 2

协作探究，实施展示

任务指引:开展小组内讨论,每个同学对任务二进行分析,组长综合每位同学的意见,确定小组讨论后最终答案,每组派 1 位同学展示或陈述小组结论。

1. 小组组建

小组分工表见表 2-2-2。

表 2-2-2 小组分工表

班级		组名	
组长		学号	
组员	姓名	学号	分工

2. 基础任务

任务二：请自行在 RobotStudio 软件中进行工具模型创建，并完成以下目标。

目标 1：在 RobotStudio 软件中完成工具模型创建并填写创建步骤。

第一步：____

____。

第二步：____

____。

第三步：____

____。

第四步：____

____。

第五步：____

____。

第六步：____

____。

目标 2：根据所学知识与技能填空。

(1)RobotStudio 软件中有________种测量工具。

(2)表示测量________。

(3)表示测量________。

3. 提高任务

岗位任务：请尝试使用建模功能创建图 2-2-14 所示的模型。

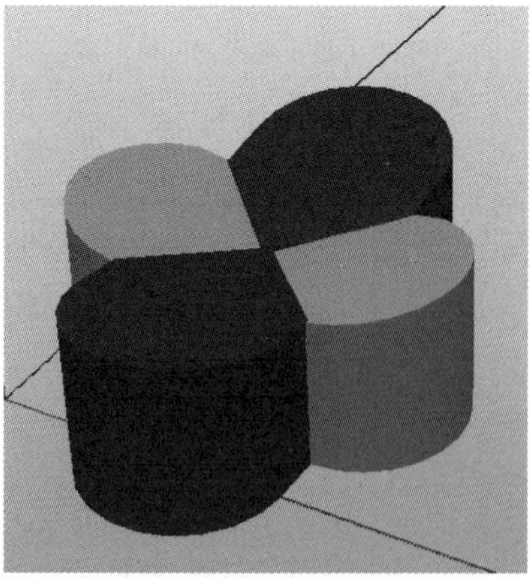

图 2-2-14　创建模型

4. 决策评估

方案决策单见表 2-2-3。

表 2-2-3　方案决策单

方案决策									
组别			组长			日期			
学习任务	创建工具								
岗位情景	使用建模功能完成新的模型制作								
方案 1 描述									
方案 2 描述									
方案 3 描述									
评估决策									
序号	可行性	经济性	操作性	实施难度	方案等级评价				
方案 1	□高　□低	□好　□差	□强　□弱	□高　□低	□优　□良　□中　□差				
方案 2	□高　□低	□好　□差	□强　□弱	□高　□低	□优　□良　□中　□差				
方案 3	□高　□低	□好　□差	□强　□弱	□高　□低	□优　□良　□中　□差				
评价决策	综合评价								
	终选方案	□方案 1　□方案 2　□方案 3							

检查评价，总结反思

1. 学生自评

活动过程自评表见表 2-2-4。

表 2-2-4　活动过程自评表

班级		组名		日期	
序号	评价要素			分值	分数
1	能说出 RobotStudio 软件中有几种测量工具			5	
2	能根据不同的任务要求正确选用不同的测量工具			5	

续表

序号	评价要素	分值	分数
3	能说出创建模型的步骤	10	
4	能正确说出设定本地原点的步骤	10	
5	能够正确说出创建框架的步骤	10	
6	能够根据需要正确选择结合、交叉、减去的工具	15	
7	能够根据任务要求完成模型的创建	20	
8	能够根据任务要求创建工具	25	
自评分数			
自我总结与反思			

2. 小组互评

活动过程评价小组互评表见表 2-2-5。

表 2-2-5　活动过程评价小组互评表

班级		被评组名		日期	
序号	评价要素			分值	分数
1	与教师、同学之间能够保持多向、丰富、适宜的信息交流			10	
2	与教师、同学之间相互尊重、理解			10	
3	能处理好合作学习和独立思考之间的关系，做到有效学习			10	
4	能提出有意义的问题或能发表个人见解			20	
5	能按要点正确操作，能够倾听、协作、分享			20	
6	能发现问题、提出问题、分析问题、解决问题、创新问题			20	
7	能严肃、认真地对待自评，并能独立完成自测试题			10	
自评分数					
简要评述					

3. 教师评价

教师评价表见表 2-2-6。

表 2-2-6　教师评价表

姓名		组别		日期	
序号	评分点	分值	评分标准	得分	
1	(1)表述仪态自然,吐字清晰	10	表述仪态不自然或吐字模糊酌情扣分		
	(2)表述思路清晰、层次分明、准确		表述思路模糊或层次不清酌情扣分		
2	(1)能够正确使用测量工具	10	分析不准确酌情扣分		
	(2)理论知识回顾完整,分组分工明确		知识不完整、分工不明确酌情扣分		
3	(1)完成本地原点的设定	10	一个错误扣 5 分		
	(2)确定设备摆放	10	符合要求得 10 分,不符合要求得 0 分		
4	(1)正确创建框架	20	正确得 20 分,错误得 0 分		
	(2)完成基础任务的填空	10	每错一项扣 1 分,扣完为止		
	(3)完成提高任务中新模型的创建	10	正确得 10 分,错误得 0 分		
	(4)在任务完成过程中纪律良好	10	根据课堂表现酌情扣分		
5	(1)依据自评分数	5			
	(2)依据个人总结评价报告	5			
	满分	100	得分		

4. 总结反思

任务实施完成后,学生需要根据实际情况,通过指导老师对实施情况的点评来分析自身的不足之处,寻找三个关键问题进行思考,填写表 2-2-7,做到及时的自查自省和总结。

表 2-2-7　总结反思问题记录表

序号	任务目标	存在的问题	解决的方法
1			

续表

序号	任务目标	存在的问题	解决的方法
2			
3			

任务三　创建空路径

情景导入，任务发布

1. 任务发布

在机器人雕刻作业场景已基本创建完成的基础上，为机器人安装创建完成的工具。最后，采用空路径的方式编制机器人雕刻轨迹，生成机器人运行程序。

2. 任务分析

任务分析	
任务名称	创建空路径。
任务地位	按要求采用空路径的方式编制机器人雕刻轨迹，是生成机器人运行程序的基础。
任务流程	(1)创建新路径。 (2)将机器人工具末端移至目标点。 (3)修改指令模板参数示教指令。 (4)同步到 RAPID 生成运行程序。

3. 目标要求

任务目标要求	
岗位要求	本任务要求工业机器人系统操作员能使用 RobotStudio 软件创建空路径。
课程目标	知识目标 (1)能说出 RobotStudio 软件有哪些指令模板。 (2)能说出指令模板中各参数的含义。 技能目标 (1)能根据任务要求创建空路径。 (2)能根据任务要求设置指令模板的参数并示教指令。 (3)能根据任务要求实现运行程序的生成。 情感目标 (1)通过课前自主探究,提高学生查阅资料、自主学习的能力。 (2)通过组员提议与小组分享,提高学生的沟通表达能力。
证书技能要求	对应工业机器人系统操作员国家职业技能标准技能点 能使用离线编程软件编制机器人雕刻轨迹,生成机器人运行程序。

问题引导,自主学习

2-3-1　创建空路径

1. 引导问题

引导问题 1:如何创建空路径?

引导问题 2:如何进行指令模板中参数的修改并示教指令?

引导问题 3:进行同步操作时应同步到 RAPID 还是同步到工作站?为什么?

2. 任务知识点

在 RobotStudio 软件中,有 4 种指令模板,如表 2-3-1 所示。

表 2-3-1　指令模板表

名称	功能
MoveAbsJ	绝对位置运动指令,示教位置点的数据类型为 jointtarget
MoveJ	关节运动指令
MoveL	直线运动指令

续表

名称	功能
MoveExtJ	移动外部关节，只用来移动线性或者旋转外部轴。该外部轴可以属于一个或者多个没有 TCP 的外部单元

3. 掌握新知

问题 1：如何创建空路径？

知识库

※创建空路径

创建空路径的操作步骤如图 2-3-1 所示。

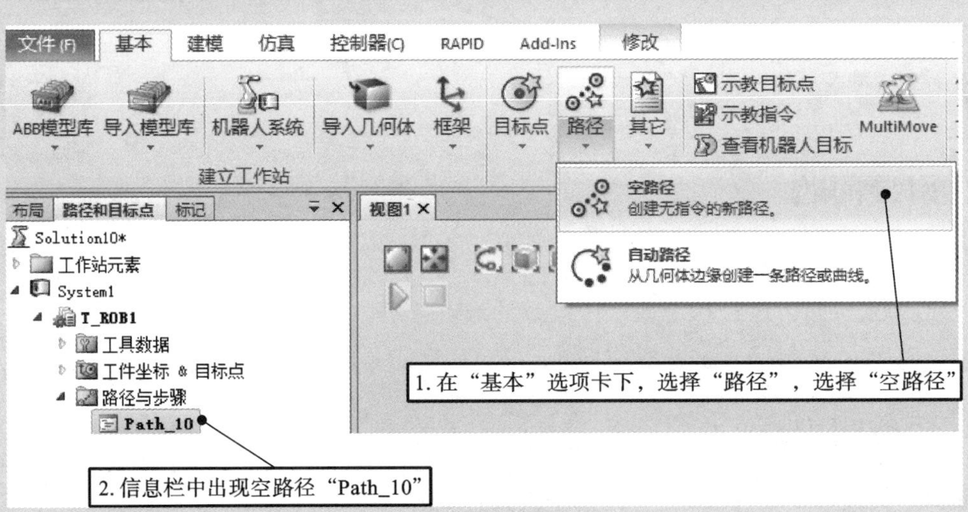

图 2-3-1　创建空路径

问题 2：如何进行指令模板中参数的修改并示教指令？

知识库

※示教指令

示教指令的操作步骤如图 2-3-2～图 2-3-9 所示。

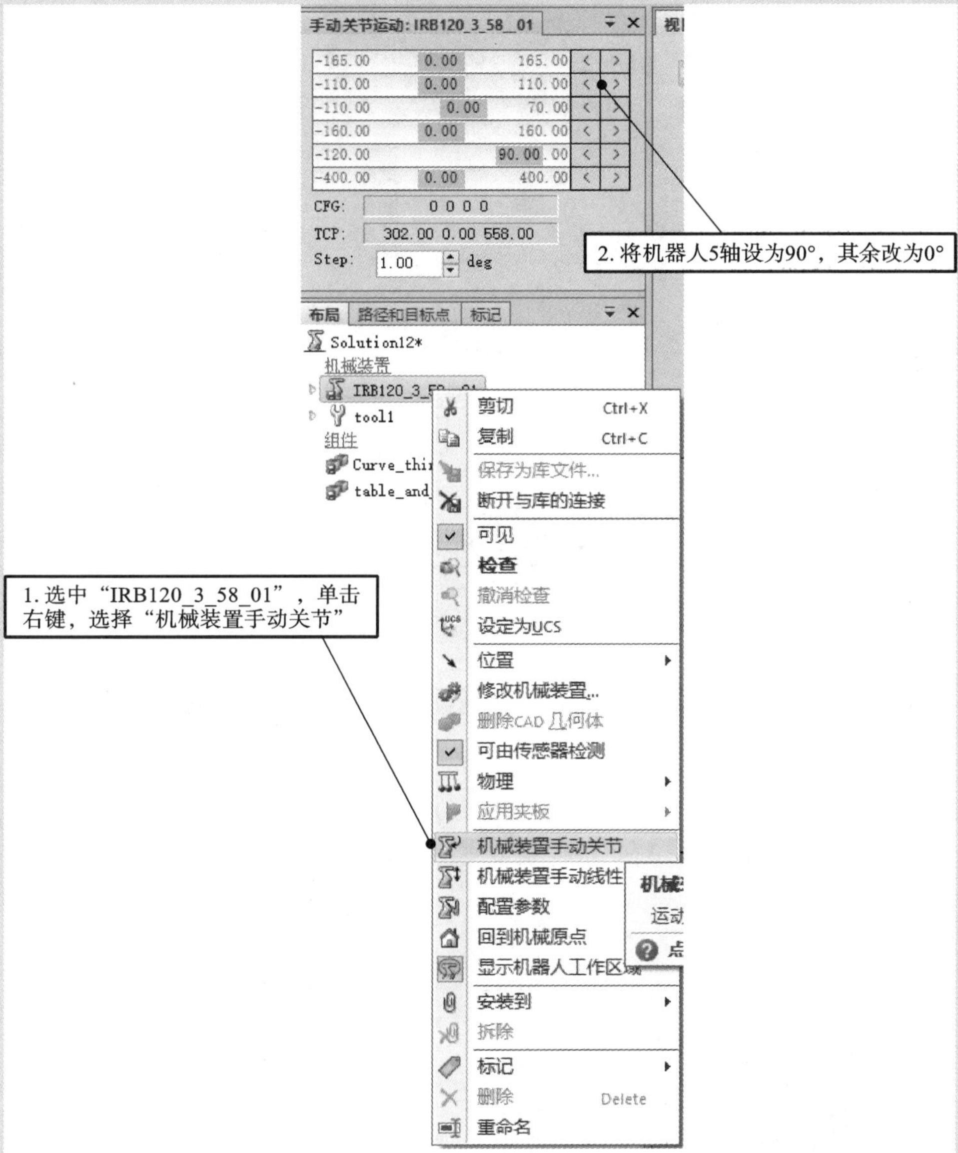

(a)

图 2-3-2　调整机器人姿态

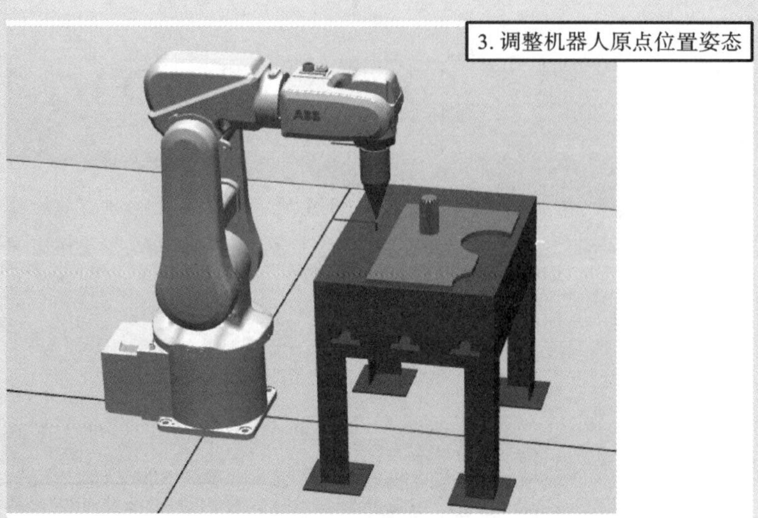

(b)

续图 2-3-2

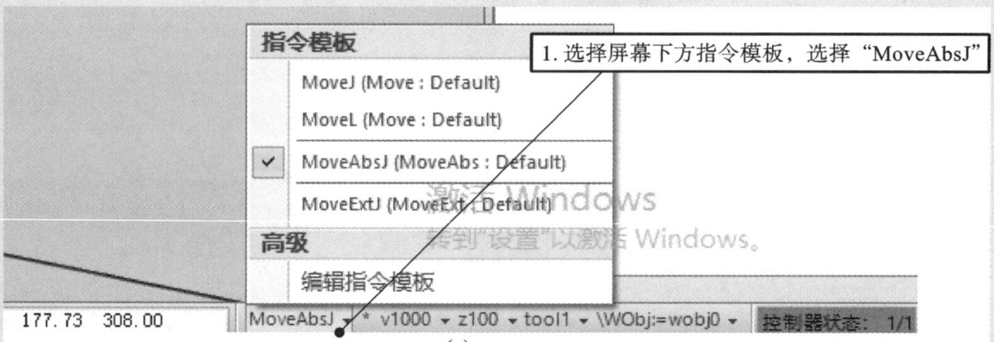

(a)

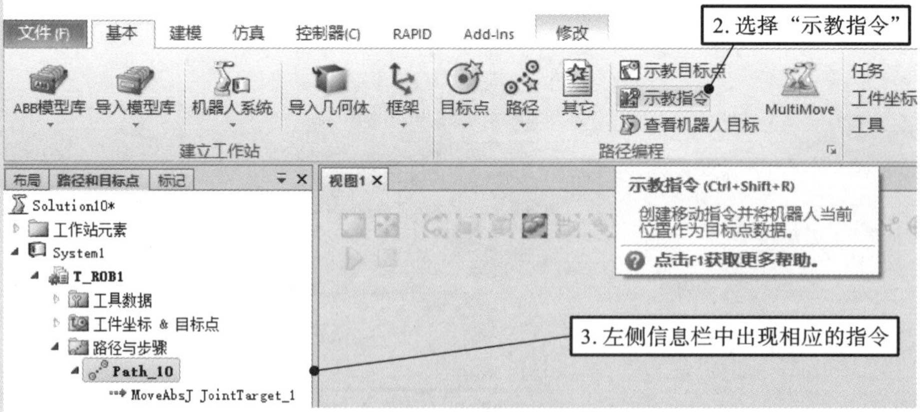

(b)

图 2-3-3　示教指令

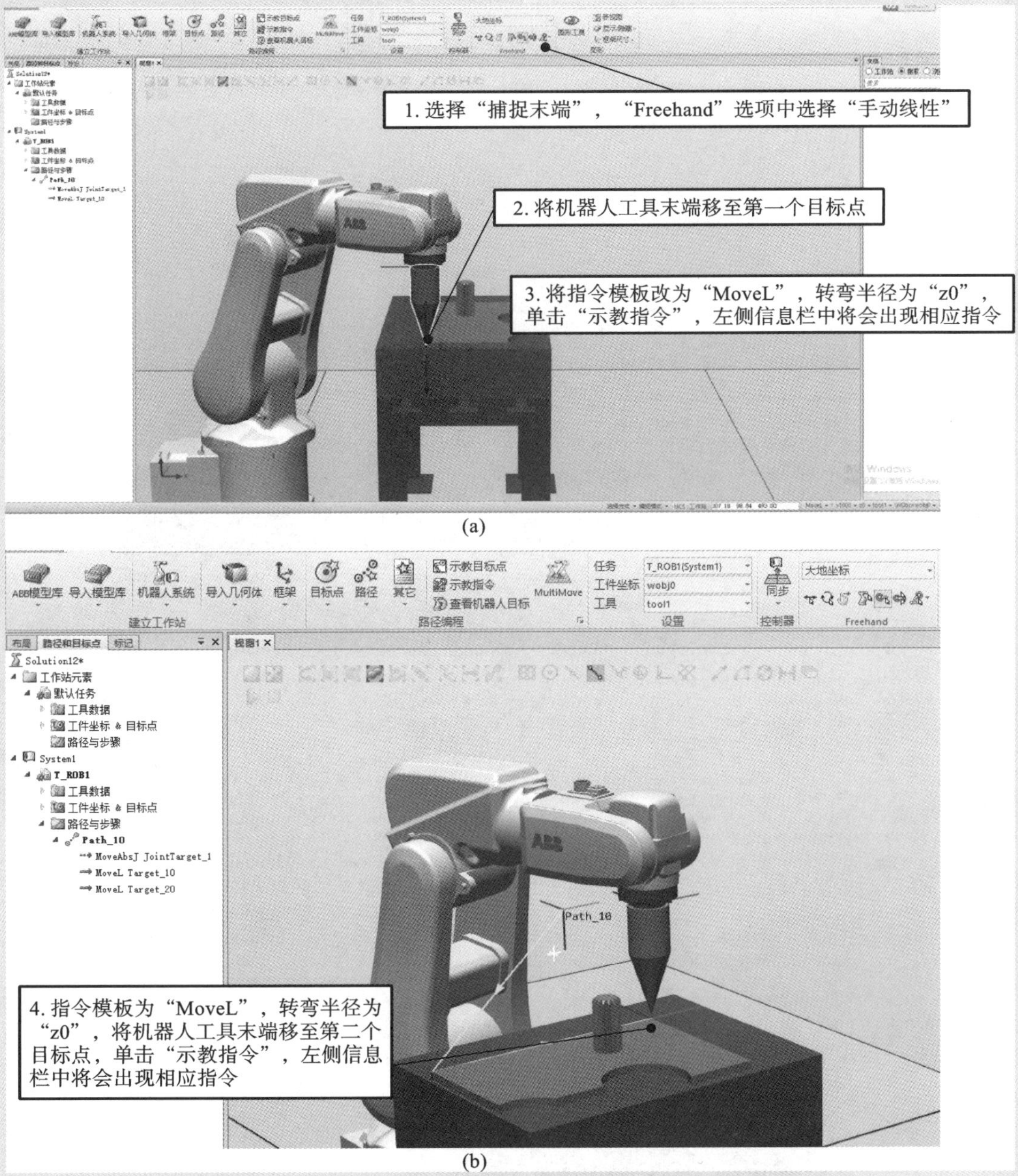
1. 选择“捕捉末端”，“Freehand”选项中选择“手动线性”
2. 将机器人工具末端移至第一个目标点
3. 将指令模板改为“MoveL”，转弯半径为“z0”，单击“示教指令”，左侧信息栏中将会出现相应指令
(a)
ABB模型库 导入模型库 机器人系统 导入几何体 框架 目标点 路径 其它
建立工作站
示教目标点
示教指令
查看机器人目标
MultiMove
路径编程
任务 T_ROB1(System1)
工件坐标 wobj0
工具 tool1
设置
同步
控制器
大地坐标
Freehand
布局 路径和目标点 标记
视图1
Solution12*
工作站元素
默认任务
工具数据
工件坐标 & 目标点
路径与步骤
System1
T_ROB1
工具数据
工件坐标 & 目标点
路径与步骤
Path_10
MoveAbsJ JointTarget_1
MoveL Target_10
MoveL Target_20
Path_10
4. 指令模板为“MoveL”，转弯半径为“z0”，将机器人工具末端移至第二个目标点，单击“示教指令”，左侧信息栏中将会出现相应指令
(b)

图 2-3-4　示教指令 1

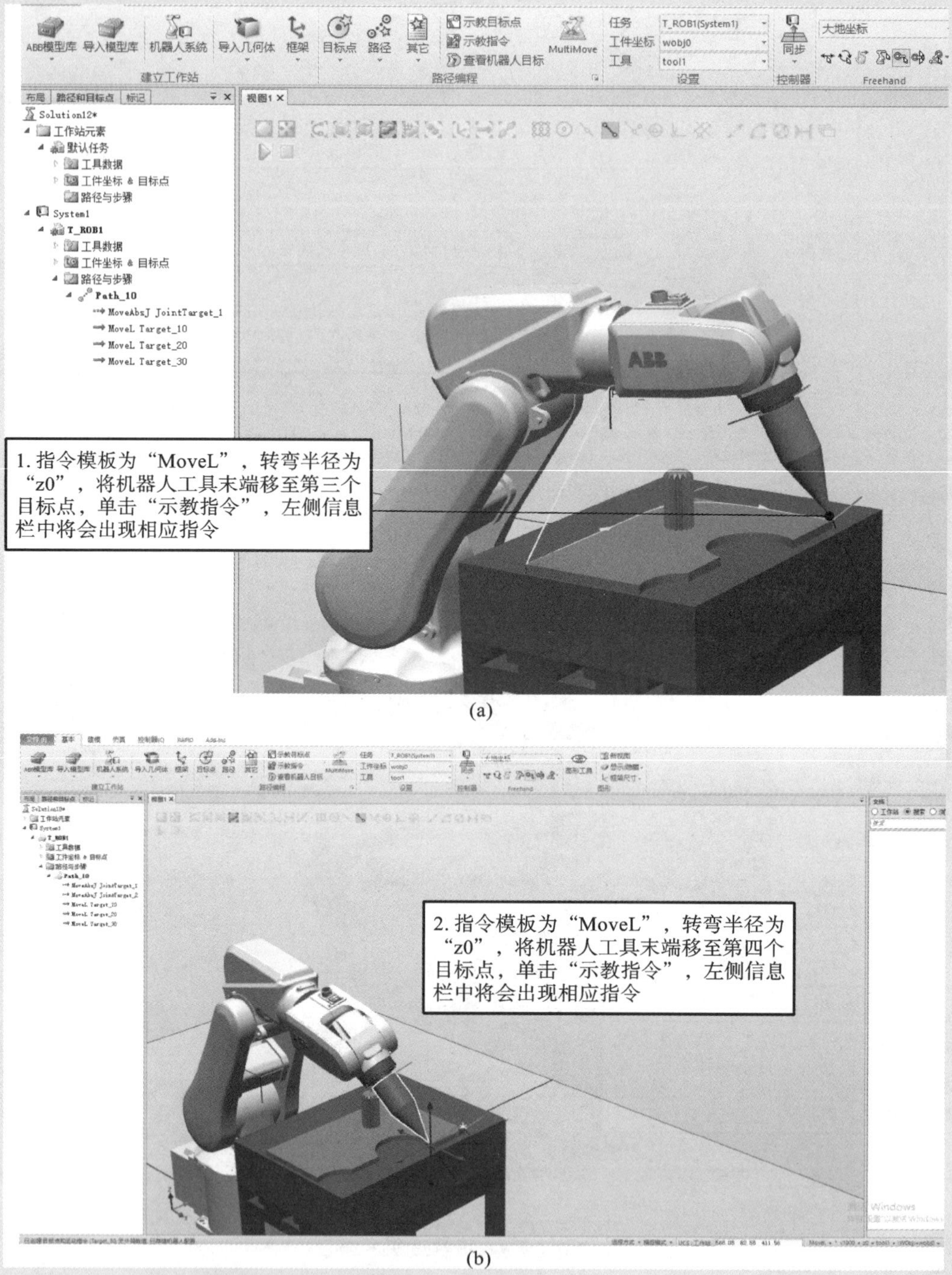
ABB模型库
导入模型库
机器人系统
导入几何体
框架
目标点
路径
其它
示教目标点
示教指令
查看机器人目标
MultiMove
任务
工件坐标
工具
T_ROB1(System1)
wobj0
tool1
同步
大地坐标
建立工作站
路径编程
设置
控制器
Freehand
布局
路径和目标点
标记
视图1
Solution12*
工作站元素
默认任务
工具数据
工件坐标 & 目标点
路径与步骤
System1
T_ROB1
Path_10
MoveAbsJ JointTarget_1
MoveL Target_10
MoveL Target_20
MoveL Target_30
1. 指令模板为“MoveL”，转弯半径为“z0”，将机器人工具末端移至第三个目标点，单击“示教指令”，左侧信息栏中将会出现相应指令
(a)
2. 指令模板为“MoveL”，转弯半径为“z0”，将机器人工具末端移至第四个目标点，单击“示教指令”，左侧信息栏中将会出现相应指令
(b)

图 2-3-5　示教指令 2

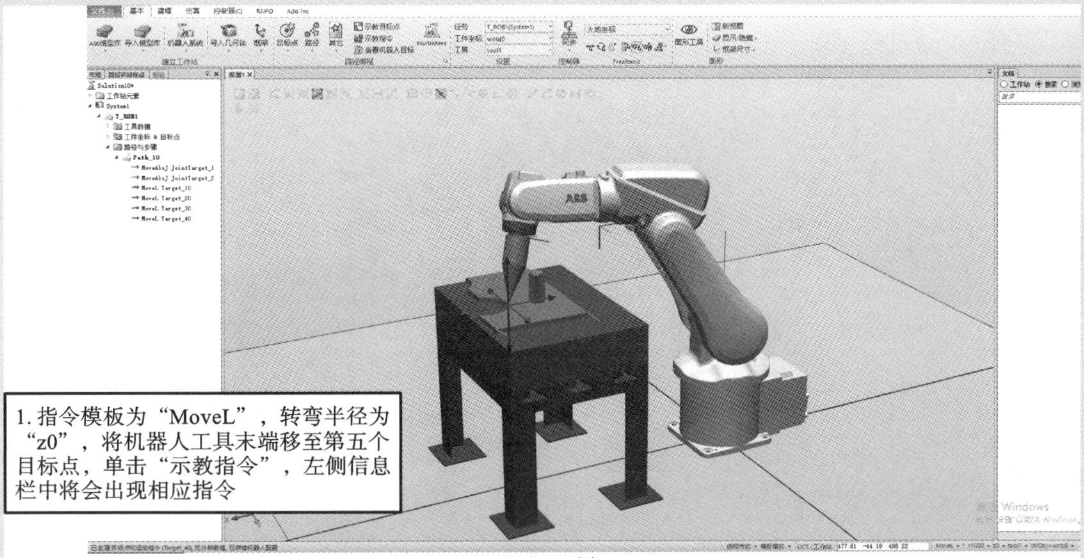
1. 指令模板为“MoveL”，转弯半径为“z0”，将机器人工具末端移至第五个目标点，单击“示教指令”，左侧信息栏中将会出现相应指令

(a)

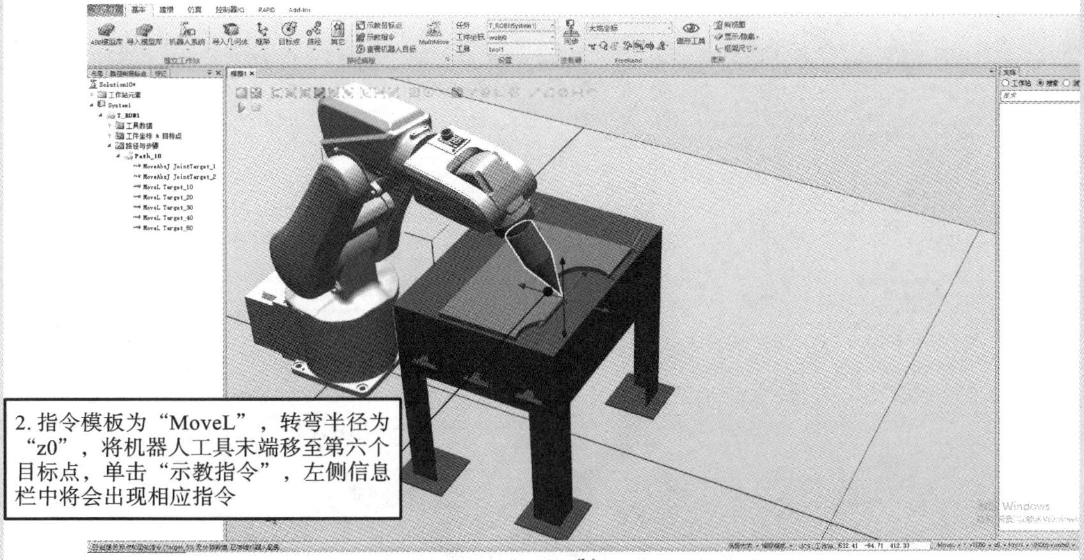
2. 指令模板为“MoveL”，转弯半径为“z0”，将机器人工具末端移至第六个目标点，单击“示教指令”，左侧信息栏中将会出现相应指令

(b)

图 2-3-6　示教指令 3

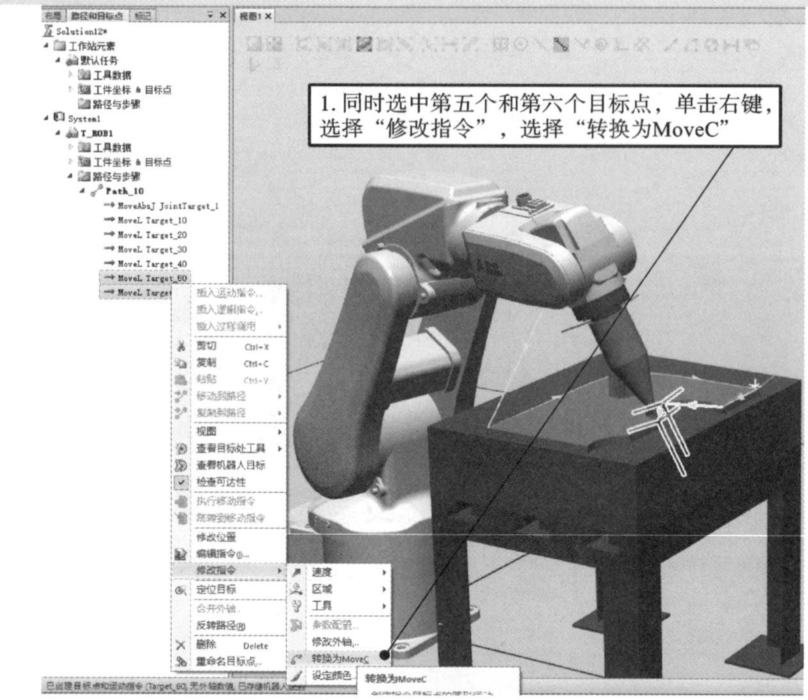

(a)

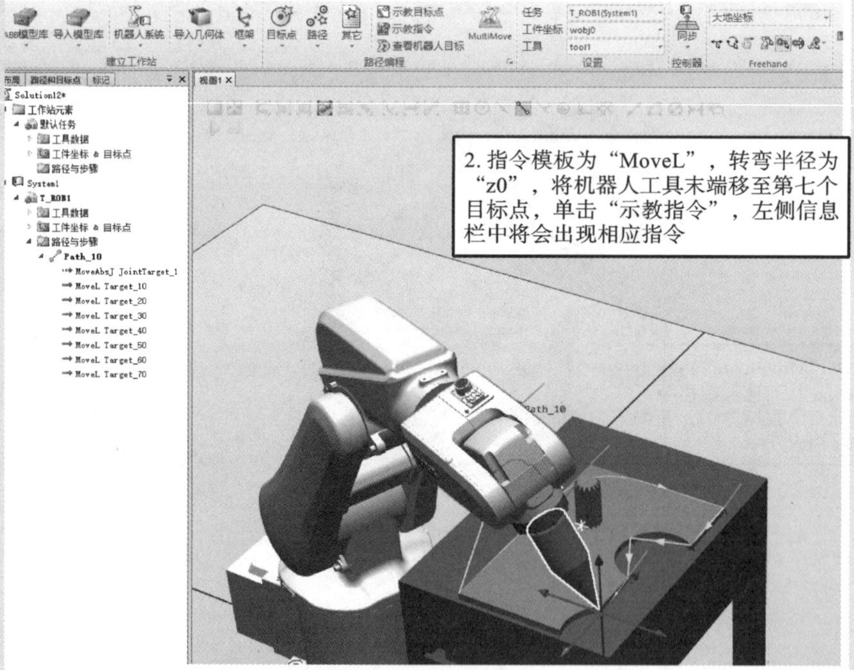

(b)

图 2-3-7　示教指令 4

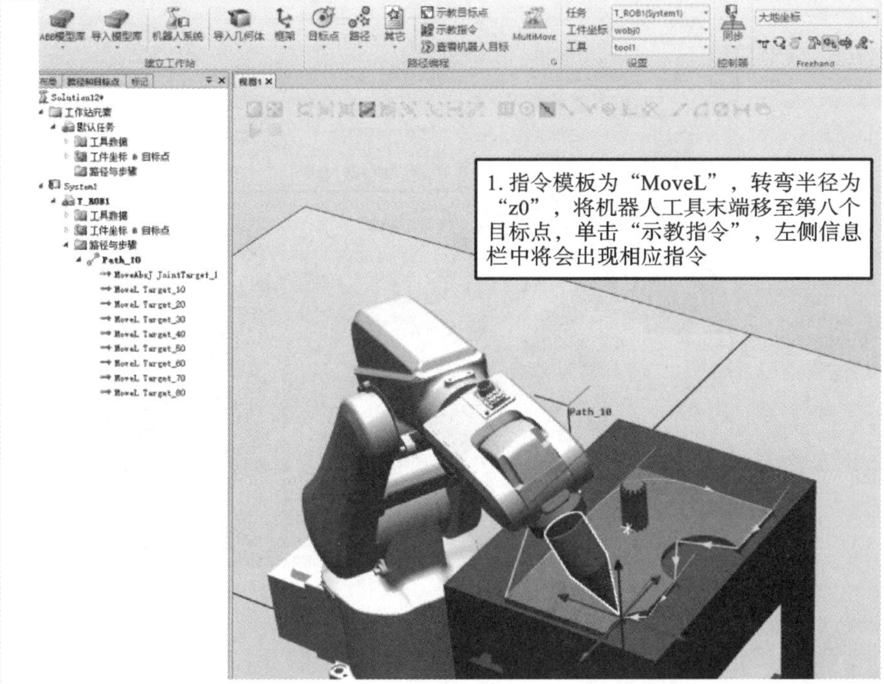
1. 指令模板为“MoveL”，转弯半径为“z0”，将机器人工具末端移至第八个目标点，单击“示教指令”，左侧信息栏中将会出现相应指令

(a)

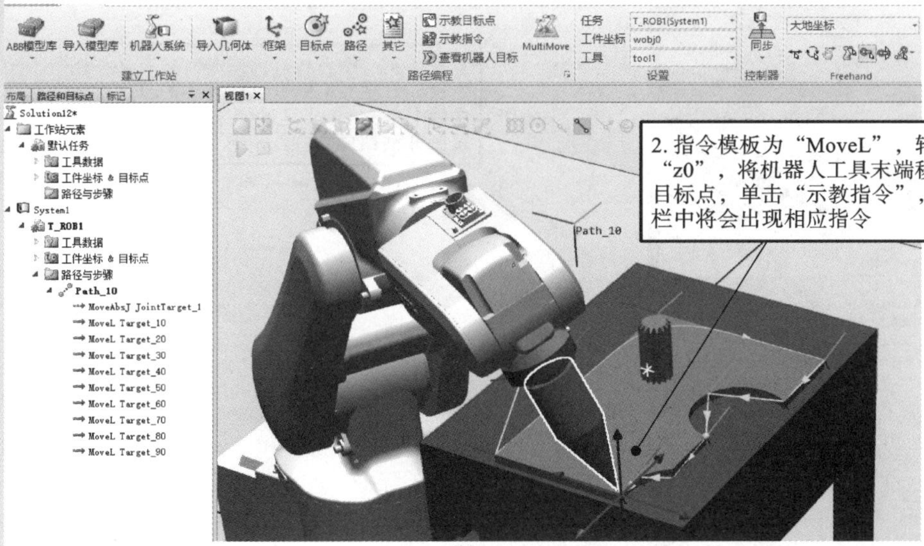
2. 指令模板为“MoveL”，转弯半径为“z0”，将机器人工具末端移至第九个目标点，单击“示教指令”，左侧信息栏中将会出现相应指令

(b)

图 2-3-8　示教指令 5

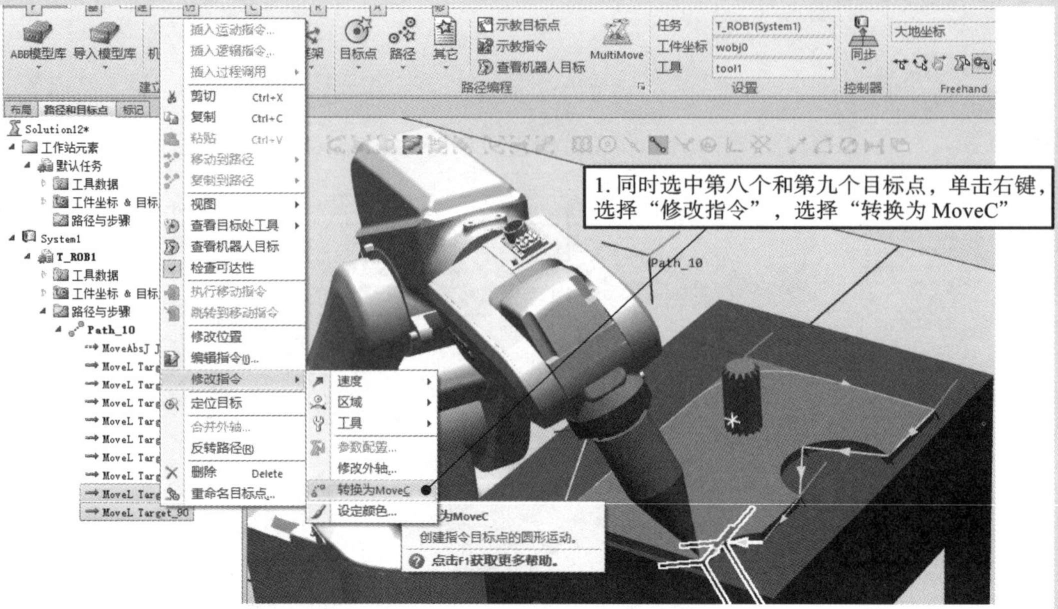
1. 同时选中第八个和第九个目标点，单击右键，选择“修改指令”，选择“转换为 MoveC”
修改指令
转换为MoveC
创建指令目标点的圆形运动。
点击F1获取更多帮助。

(a)

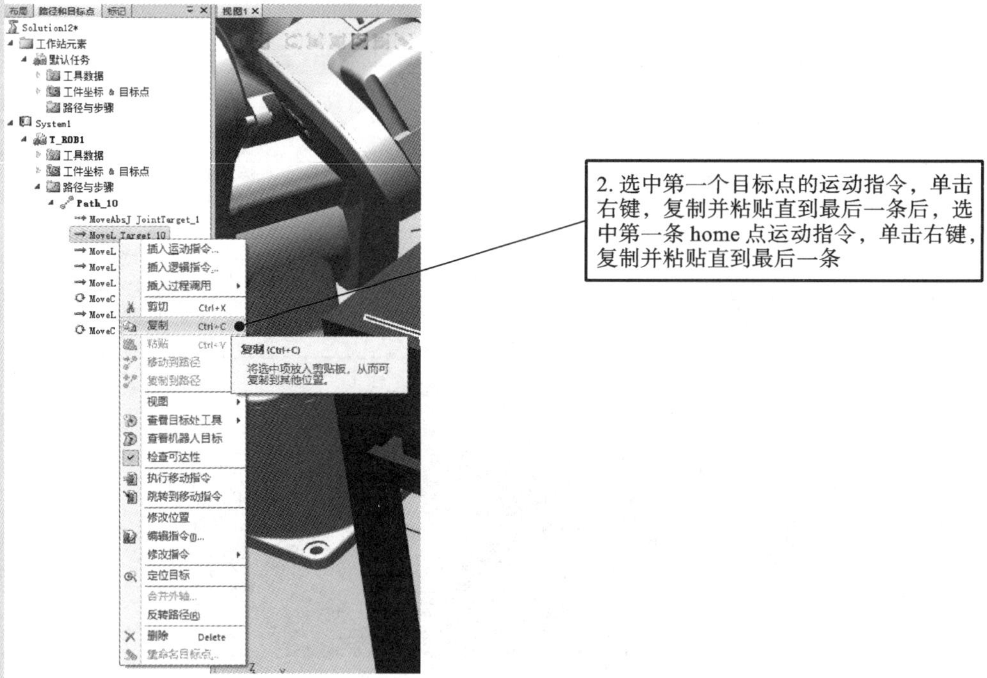
2. 选中第一个目标点的运动指令，单击右键，复制并粘贴直到最后一条后，选中第一条 home 点运动指令，单击右键，复制并粘贴直到最后一条
复制 Ctrl+C
将选中项放入剪贴板，从而可复制到其他位置。

(b)

图 2-3-9　添加 home 点

问题 3：进行同步操作时应同步到 RAPID 还是同步到工作站？为什么？

知识库

※配置并同步

在 RobotStudio 软件中完成路径的创建后需要先进行配置，再同步到 RAPID 中，才可以在虚拟示教器中查看运行程序。操作步骤如图 2-3-10 和图 2-3-11 所示。

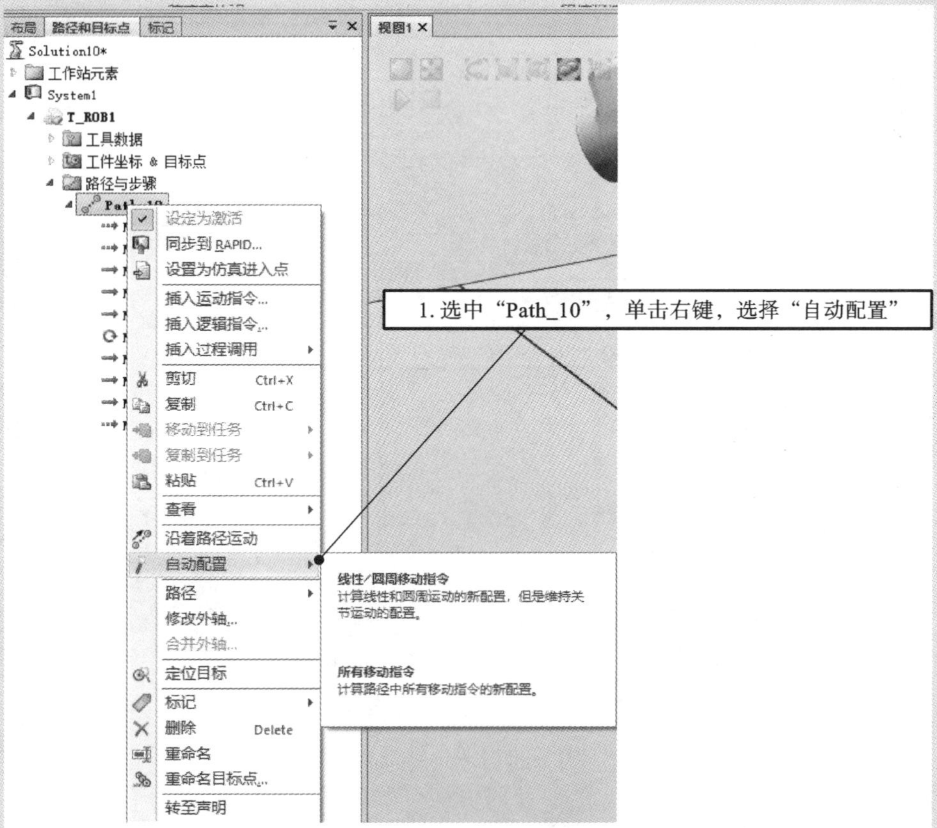

(a)

图 2-3-10　沿路径运动

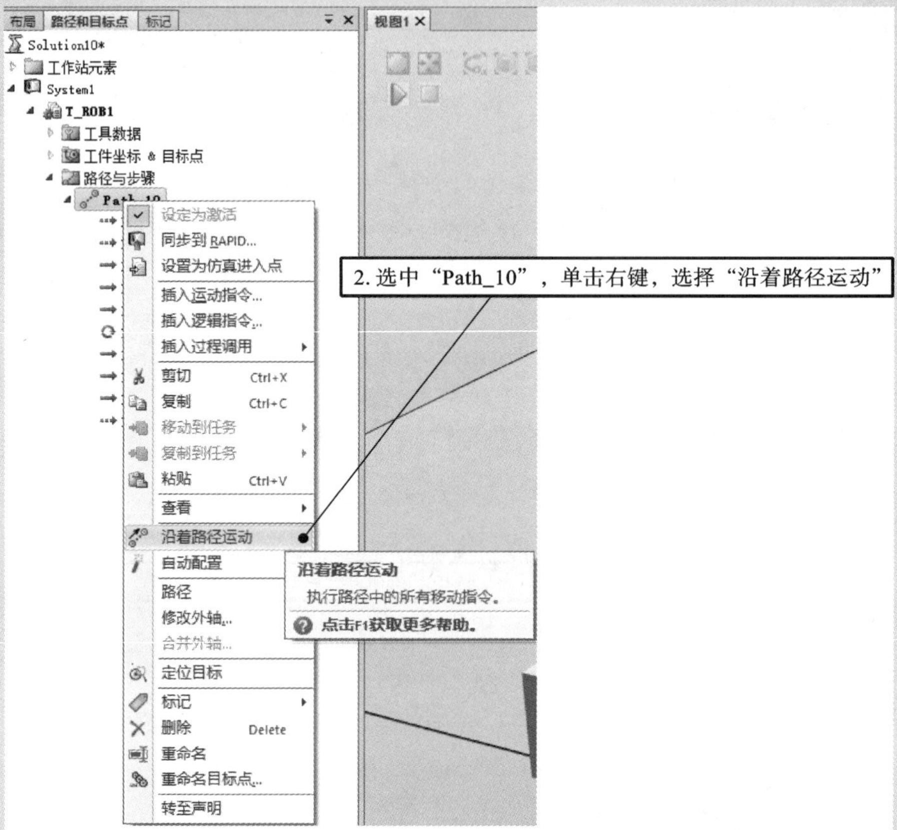

布局
路径和目标点
标记
Solution10*
工作站元素
System1
T_ROB1
工具数据
工件坐标 & 目标点
路径与步骤
设定为激活
同步到 RAPID...
设置为仿真进入点
插入运动指令...
插入逻辑指令...
插入过程调用
剪切 Ctrl+X
复制 Ctrl+C
移动到任务
复制到任务
粘贴 Ctrl+V
查看
沿着路径运动
自动配置
路径
修改外轴...
合并外轴...
定位目标
标记
删除 Delete
重命名
重命名目标点...
转至声明
视图1
2. 选中“Path_10”，单击右键，选择“沿着路径运动”
沿着路径运动
执行路径中的所有移动指令。
点击F1获取更多帮助。

(b)

续图 2-3-10

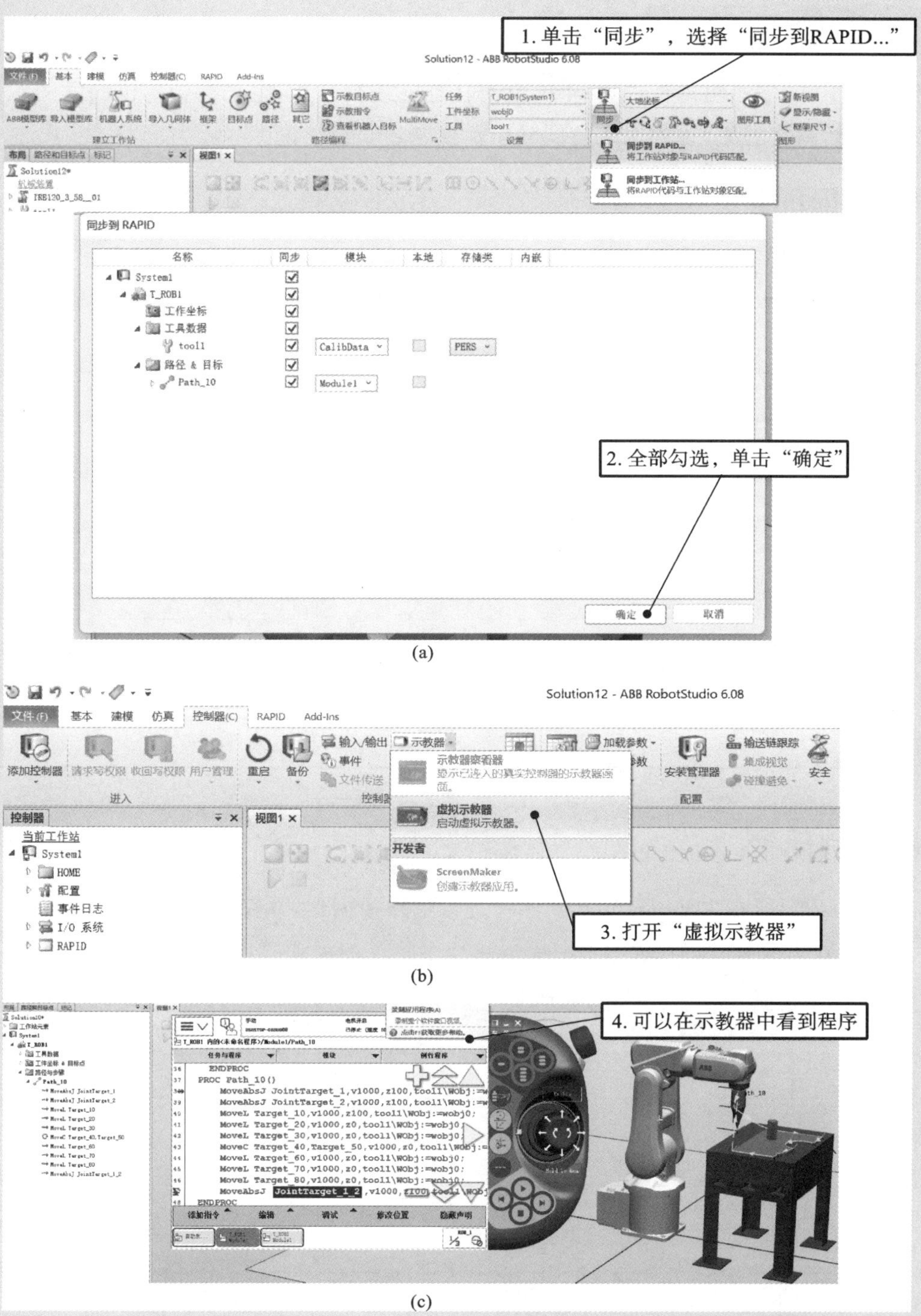
1. 单击“同步”，选择“同步到RAPID...”
同步到 RAPID
2. 全部勾选，单击“确定”
(a)
3. 打开“虚拟示教器”
(b)
4. 可以在示教器中看到程序
(c)

图 2-3-11　配置和同步

协作探究，实施展示

任务指引：开展小组内讨论，每个同学对任务三进行分析，组长综合每位同学的意见，确定小组讨论后最终答案，每组派 1 位同学展示或陈述小组结论。

1. 小组组建

小组分工表见表 2-3-2。

表 2-3-2　小组分工表

班级		组名	
组长		学号	
组员	姓名	学号	分工

2. 基础任务

任务三：请自行在 RobotStudio 软件中进行空路径创建，并完成以下目标。

目标 1：在 RobotStudio 软件中完成空路径中指令的添加并填写创建步骤。

第一步：____

____。

第二步：____

____。

第三步：____

____。

第四步：____

____。

第五步：____

____。

第六步：____

____。

目标 2：根据所学知识与技能填空。

RobotStudio 软件中有________种指令模板，分别是________。

3. 提高任务

岗位任务：请尝试采用空路径的方式让机器人完成“匠”字的雕刻，如图 2-3-12 所示。

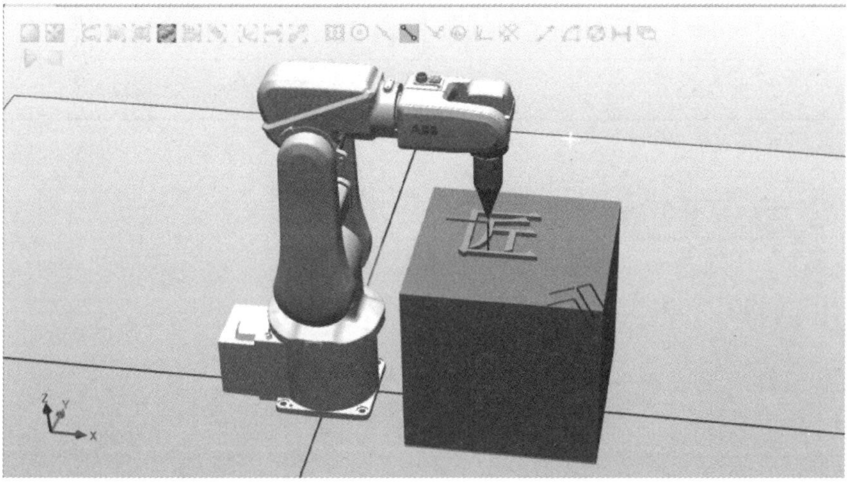

图 2-3-12　雕刻工作站

4. 决策评估

方案决策单见表 2-3-3。

表 2-3-3　方案决策单

方案决策					
组别		组长		日期	
学习任务	创建空路径				
岗位情景	采用空路径的方式让机器人完成“匠”字的雕刻				
方案 1 描述					
方案 2 描述					
方案 3 描述					

续表

评估决策						
序号	可行性	经济性	操作性	实施难度	方案等级评价	
方案 1	□高 □低	□好 □差	□强 □弱	□高 □低	□优 □良 □中 □差	
方案 2	□高 □低	□好 □差	□强 □弱	□高 □低	□优 □良 □中 □差	
方案 3	□高 □低	□好 □差	□强 □弱	□高 □低	□优 □良 □中 □差	
评价决策	综合评价					
	终选方案	□方案 1 □方案 2 □方案 3				

检查评价，总结反思

1. 学生自评

活动过程自评表见表 2-3-4。

表 2-3-4 活动过程自评表

班级		组名		日期	
序号	评价要素			分值	分数
1	能说出 RobotStudio 软件中有哪些指令模板			5	
2	能根据不同的任务要求正确选用不同的指令模板			15	
3	能说出创建空路径的步骤			10	
4	能够根据任务需要生成圆弧轨迹的指令			20	
5	能完成轨迹点的指令示教			25	
6	能够根据任务要求完成配置			10	
7	能够根据任务要求进行同步			15	
自评分数					
自我总结与反思					

2. 小组互评

活动过程评价小组互评表见表 2-3-5。

表 2-3-5　活动过程评价小组互评表

班级		被评组名		日期	
序号	评价要素			分值	分数
1	与教师、同学之间能够保持多向、丰富、适宜的信息交流			10	
2	与教师、同学之间相互尊重、理解			10	
3	能处理好合作学习和独立思考之间的关系，做到有效学习			10	
4	能提出有意义的问题或能发表个人见解			20	
5	能按要点正确操作，能够倾听、协作、分享			20	
6	能发现问题、提出问题、分析问题、解决问题、创新问题			20	
7	能严肃、认真地对待自评，并能独立完成自测试题			10	
自评分数					
简要评述					

3. 教师评价

教师评价表见表 2-3-6。

表 2-3-6　教师评价表

姓名		组别		日期	
序号	评分点	分值	评分标准		得分
1	(1)表述仪态自然，吐字清晰	10	表述仪态不自然或吐字模糊酌情扣分		
	(2)表述思路清晰、层次分明、准确		表述思路模糊或层次不清酌情扣分		
2	(1)能够正确使用指令模板	10	使用不准确酌情扣分		
	(2)理论知识回顾完整，分组分工明确		知识不完整、分工不明确酌情扣分		
3	(1)完成轨迹点指令示教	10	一个错误扣 5 分		
	(2)确定运动顺序	10	符合要求得 10 分，不符合要求得 0 分		

续表

序号	评分点	分值	评分标准	得分
4	(1)正确创建空路径	20	正确得 20 分,错误得 0 分	
	(2)完成基础任务的填空	10	每错一项扣 1 分,扣完为止	
	(3)完成提高任务中的“匠”字雕刻	10	正确得 10 分,错误得 0 分	
	(4)在任务完成过程中纪律良好	10	根据课堂表现酌情扣分	
5	(1)依据自评分数	5		
	(2)依据个人总结评价报告	5		
	满分	100	得分	

4. 总结反思

任务实施完成后,学生需要根据实际情况,通过指导老师对实施情况的点评来分析自身的不足之处,寻找三个关键问题进行思考,填写表 2-3-7,做到及时的自查自省和总结。

表 2-3-7　总结反思问题记录表

序号	任务目标	存在的问题	解决的方法
1			
2			
3			

项目总结

本项目为工业机器人雕刻仿真工作站,包括三个任务。任务一为工作站基本布局及手动操作,涵盖创建机器人系统,认识机器人库和模型库,移动、旋转、视图切换、捕捉及“Freehand”功能,“三点法”放置工件等内容。任务二为创建工具,包含测量工具的使用、创建工具模型、创建工具等知识点。任务三为创建空路径,包含认识指令模板、空路径的创建、配置及同步等内容。

项目二　拓展升华

项目三
工业机器人打磨仿真工作站

项目描述

高质量发展是全面建设社会主义现代化国家的首要任务。我们要坚持以推动高质量发展为主题，加快建设现代化经济体系，着力提高全要素生产率，推动经济实现质的有效提升和量的合理增长。在工业机器人仿真技术应用中，对真实工作站的仿真设计和调试非常重要，工业机器人系统设计人员必须掌握工业机器人电气控制系统的相关知识，以及熟练使用仿真技术，才能高效完成系统的设计与调试等任务，这也更有利于达到 1+X 证书中相应的工业机器人技术要求，通过本项目的学习，能够掌握工业机器人仿真技术中的“自动路径”功能。

在本项目中，将以 ABB 工业机器人打磨“圆盘”工件为例，学生在完成任务的过程中能够根据三维模型曲线特征，利用 RobotStudio 软件“自动路径”功能高效创建机器人打磨的运行轨迹程序。

学习情境

随着科技的发展，工业机器人的应用越来越广泛。其中，在切割、焊接、涂胶、打磨、绘画等过程中，常常需要处理一些不规则的曲线路径，若用普通的描点法来生成机器人的轨迹，费时、费力且很难保证轨迹精度。图形化编程即根据三维模型的曲线特征自动转换成机器人的运行轨迹。此方法相对而言省时、省力且容易保证轨迹精度。作为工程部的工业机器人系统操作员，主管要求你先在 RobotStudio 仿真软件中建立图 3-0-1 所示的工作站，然后根据三维模型曲线特征，使用 RobotStudio 仿真软件的“自动路径”功能，创建工业机器人打磨“圆盘”工件的运行轨迹程序，并仿真功能过程，最终在实际工业机器人工作站中进行验证调试。

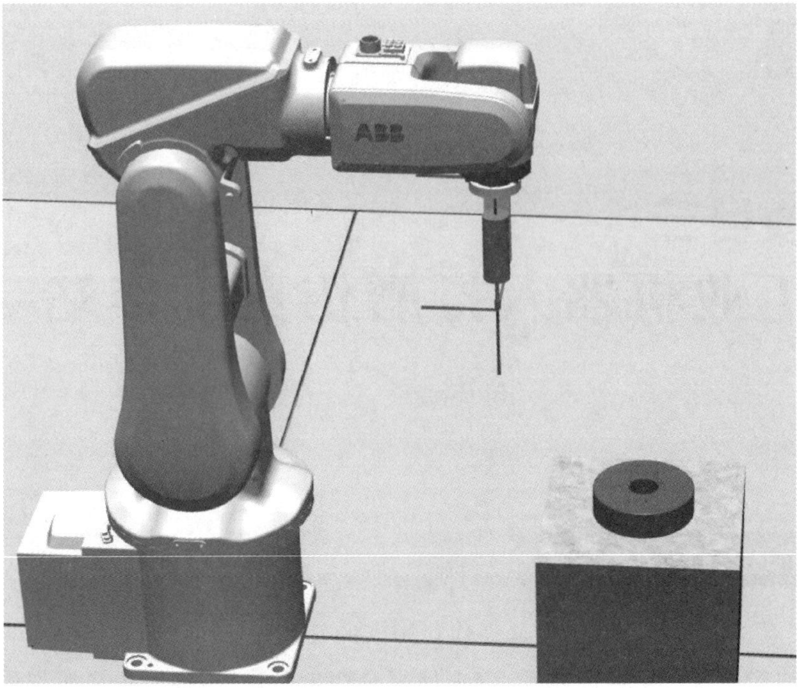

图 3-0-1　工业机器人打磨仿真工作站

学习提纲

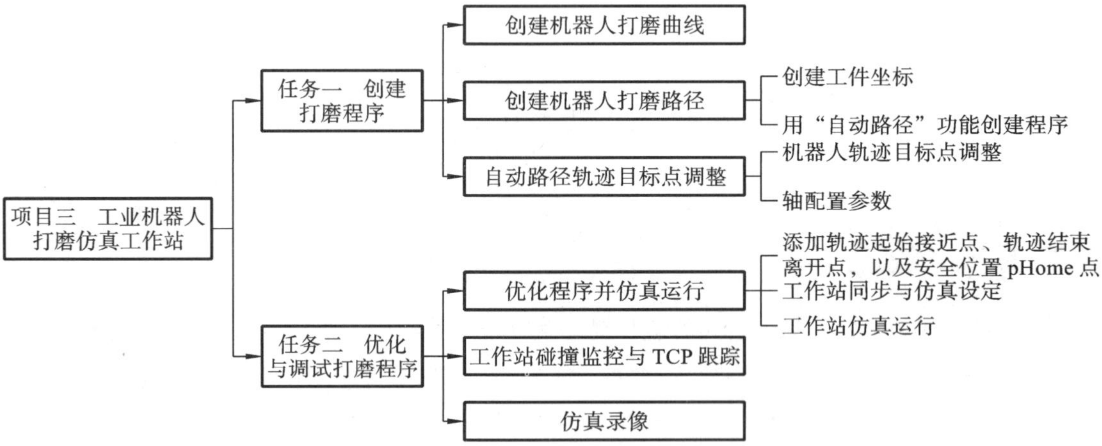

任务一　创建打磨程序

情景导入，任务发布

1. 任务发布

在 RobotStudio 软件中解压项目三的工作站打包文件“打磨工作站. rspag”，显示图 3-0-1 所示工业机器人打磨仿真工作站。本任务需要用软件的“自动路径”功能，快速创建工业机器人打磨“圆盘”工件的运行轨迹程序。

2. 任务分析

任务分析	
任务名称	创建打磨程序。
任务地位	正确使用“自动路径”功能，是提高创建工业机器人打磨例行程序效率的基础。
任务流程	(1)分析三维模型的曲线特征，创建机器人打磨曲线。 (2)设置工具坐标、工件坐标。 (3)设置运动指令及参数。 (4)创建自动路径。 (5)调整目标点位置，进行轴参数配置。

3. 目标要求

任务目标要求	
岗位要求	本任务要求工业机器人系统操作员能使用 RobotStudio 软件的“自动路径”功能，快速创建工业机器人打磨“圆盘”工件的运行轨迹程序。

续表

任务目标要求	
课程目标	知识目标 (1)能说出创建工件坐标的步骤。 (2)能说出使用“自动路径”功能创建工业机器人运行轨迹程序的特点。 技能目标 (1)能在 RobotStudio 仿真软件中创建工件坐标。 (2)能根据三维模型的曲线特征,创建机器人打磨曲线。 (3)能通过“自动路径”功能生成打磨程序,并调整轨迹目标点,使程序能正常运行。 情感目标 (1)通过小组合作学习,培养学生的团队精神和爱岗敬业精神。 (2)通过自主探究式学习,培养学生的钻研精神。 (3)通过 8S 管理,提升学生的职业素养和培养学生的工匠精神。
大赛要求	能够按照给定要求,在 RobotStudio 软件中创建工业机器人打磨(或涂胶)程序。
证书技能要求	对应工业机器人系统操作员国家职业技能标准技能点 能使用离线编程软件编制机器人运动轨迹,生成机器人打磨程序。

问题引导,自主学习

3-1-1 创建打磨程序

1. 引导问题

引导问题 1:在添加运动指令前,应该做好哪些准备?

引导问题 2:在 RobotStudio 仿真软件中,常用哪些方法创建轨迹路径?

引导问题 3:用“自动路径”功能生成的机器人程序,是否可以直接运行?

2. 任务知识点

1)添加运动指令前的准备工作

(1)在 RobotStudio 软件中自行搭建所需要的工作站,做好工作站的布局并建立机器人系统。或者解压项目三的工作站打包文件“打磨工作站. rspag”,打开工业机器人打磨仿真工作站系统。

(2)创建工件坐标。工件坐标对应工件,它定义了工件相对于地面(或其他参照物)的位置。机器人可以拥有若干工件坐标,表示不同工件,或同一工件在不同位置的若干副本。机器人的运动其实是工具的工具坐标系中心点(TCP)的运动,其运动轨迹是相对于工件而言的。对机器人进行编程就是在工件坐标中创建目标和路径。常用创建工件坐标的方法为“三点法”。

如图 3-1-1 所示,其中 X_1 确定工件坐标的原点,X_1、X_2 确定工件坐标 X 轴正方向,Y_1 确定工件坐标 Y 轴正方向。

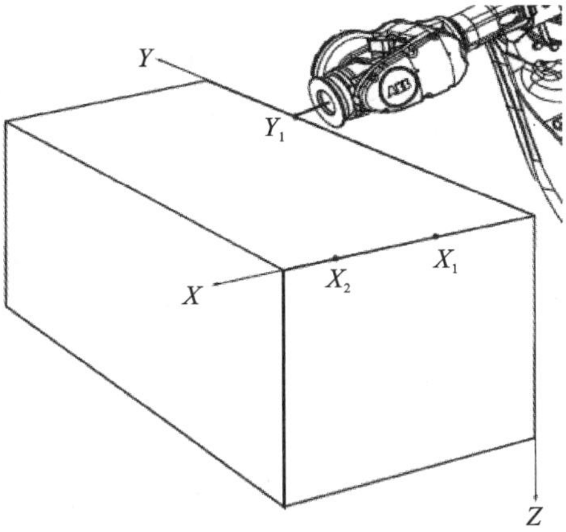

图 3-1-1 工件坐标示意图

工件坐标的创建一般以加工工件的固定装置的特征点为基准,本任务中我们创建图 3-1-7 所示的坐标系。在 RobotStudio 软件中对工件对象建立工件坐标,操作步骤如下。

①创建工件坐标,如图 3-1-2 所示。

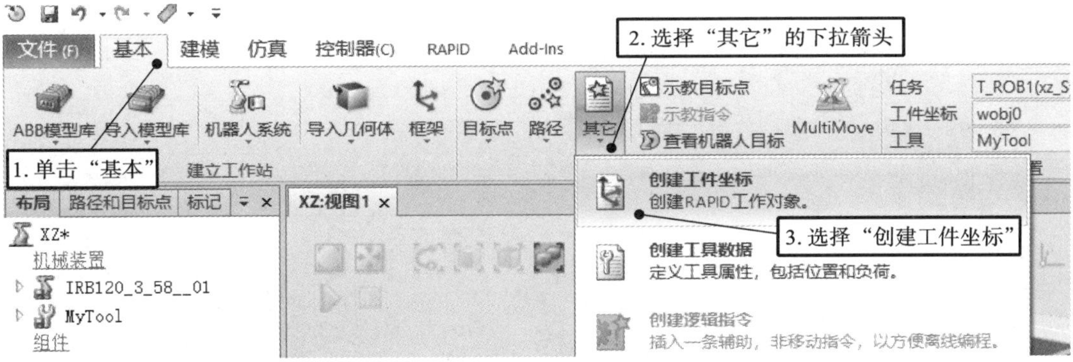

图 3-1-2 创建工件坐标

②修改工件坐标参数,如图 3-1-3 所示。

③添加和确认三点坐标,如图 3-1-4 和图 3-1-5 所示。

④单击“创建”,完成工件坐标的创建,如图 3-1-6 所示。

⑤工件坐标具体位置,如图 3-1-7 所示。

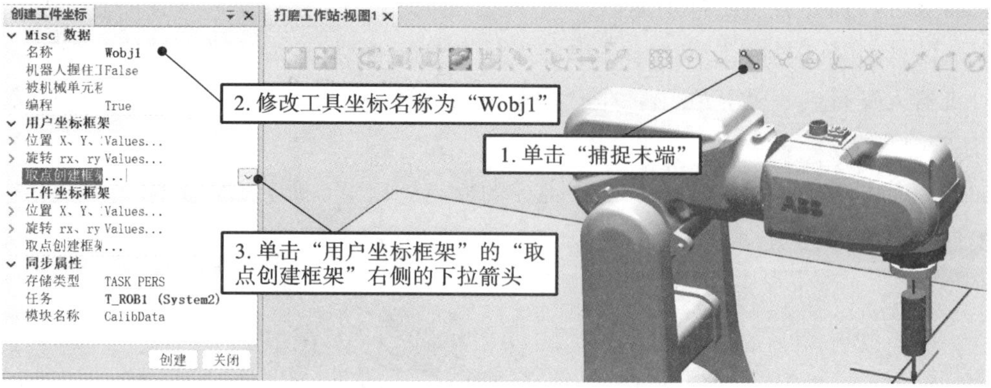

图 3-1-3　修改工件坐标参数

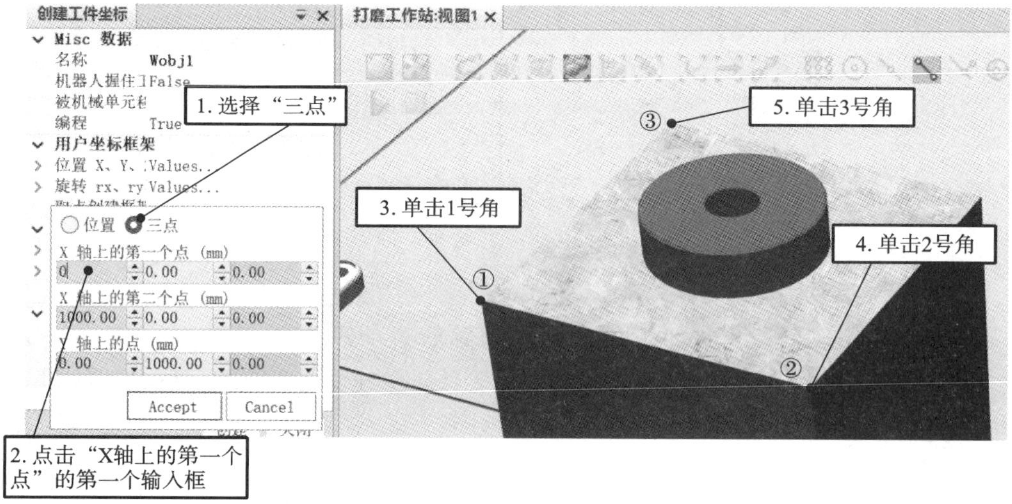

图 3-1-4　添加三点坐标

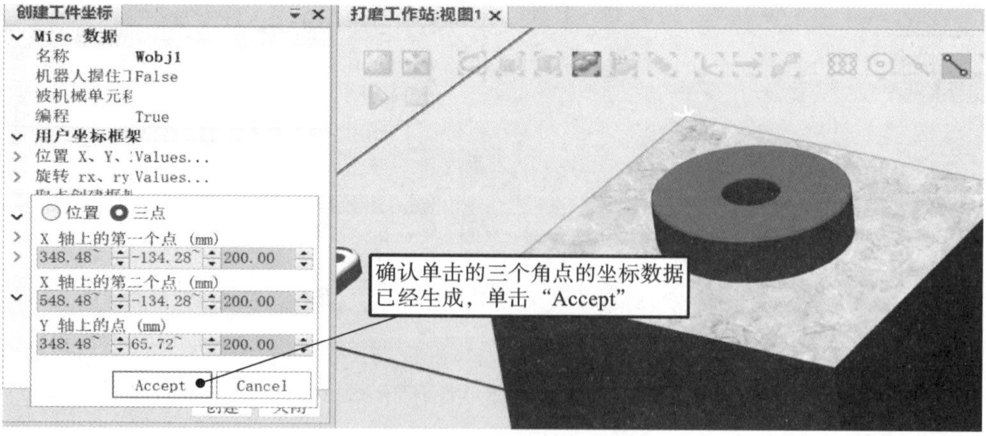

图 3-1-5　确认三点坐标

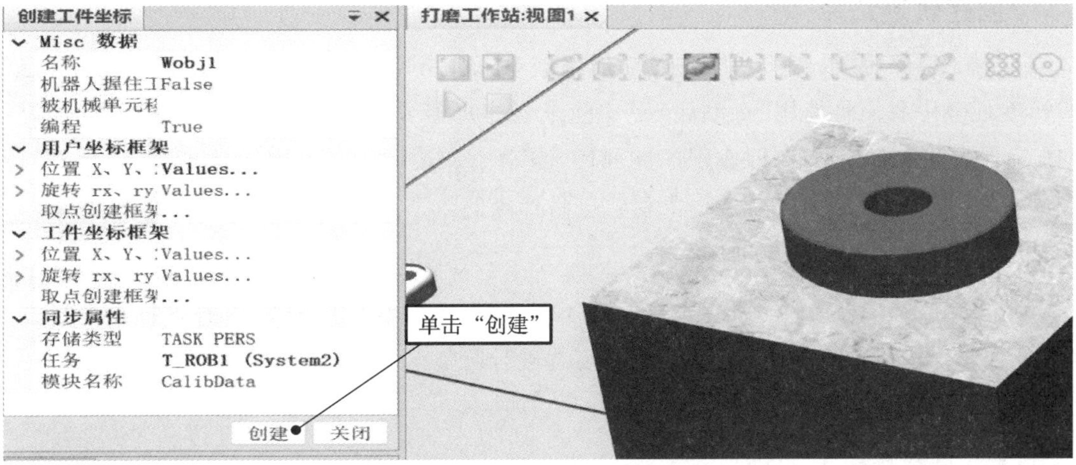

图 3-1-6　完成工件坐标的创建

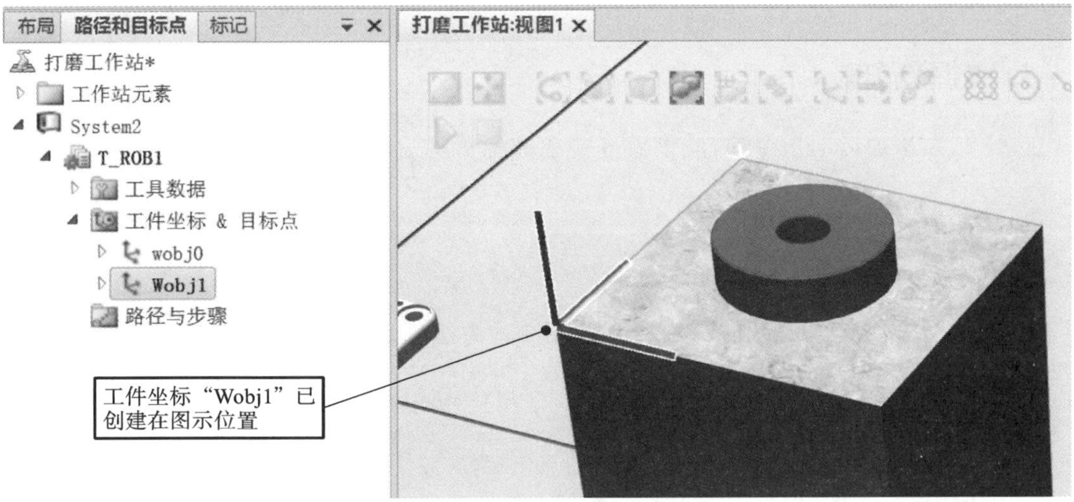

图 3-1-7　工件坐标具体位置

(3)设置工具坐标、工件坐标,修改运动指令及参数。

创建机器人打磨路径之前,需先确认工具坐标、工件坐标、运动指令及参数,如图 3-1-8 和图 3-1-9 所示。

图 3-1-8　确认工具坐标、工件坐标

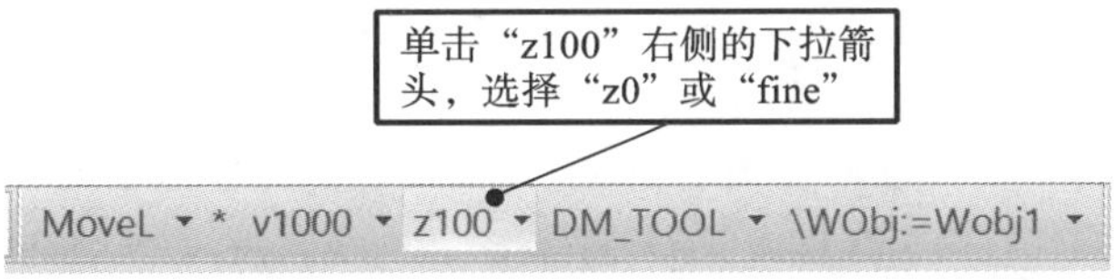

图 3-1-9　确认运动指令及参数

2）**创建轨迹路径**

可以用“空路径”或者“自动路径”功能来创建轨迹路径。“空路径”功能在项目二中已经学过，本任务中我们将使用“自动路径”功能来创建机器人轨迹程序。“自动路径”功能是指根据三维模型曲线特征，在创建程序的同时，自动添加运动指令并生成轨迹目标点，相对于“空路径”功能来说，大大提高了编程定轨迹目标点的效率。

3）**自动路径轨迹点的调整**

用“自动路径”功能生成的轨迹目标点不一定可以直接使用，还要检查目标点的机器人姿态是否合理，对不合理的目标点机器人姿态进行调整。

4）**轴配置参数调整**

机器人到达目标点，可能需要多个关节轴配合运动。因此，需要为多个关节轴配置参数，也就是说，要为自动生成的目标点调整轴配置参数，使得机器人能够沿着轨迹目标点顺畅运行。

3. 掌握新知

问题 1：在添加运动指令前，应该做好哪些准备？

问题 2：在 RobotStudio 仿真软件中，常用哪些方法创建轨迹路径？

知识库

接下来，以工业机器人打磨“圆盘”工件为例，根据“圆盘”倒角的三维模型曲线特征，利用 RobotStudio 软件“自动路径”功能创建机器人打磨的运行轨迹程序。

※创建机器人打磨曲线

在即将要打磨的“圆盘”上表面边沿创建“圆盘”轮廓曲线，具体操作步骤如下。

（1）如图 3-1-10 所示，打开创建“圆盘”轮廓曲线菜单。

（2）如图 3-1-11 所示，拾取“圆盘”表面，创建“圆盘”轮廓曲线。

（3）修改“圆盘”轮廓曲线的名称为“打磨曲线”，如图 3-1-12 和图 3-1-13 所示。

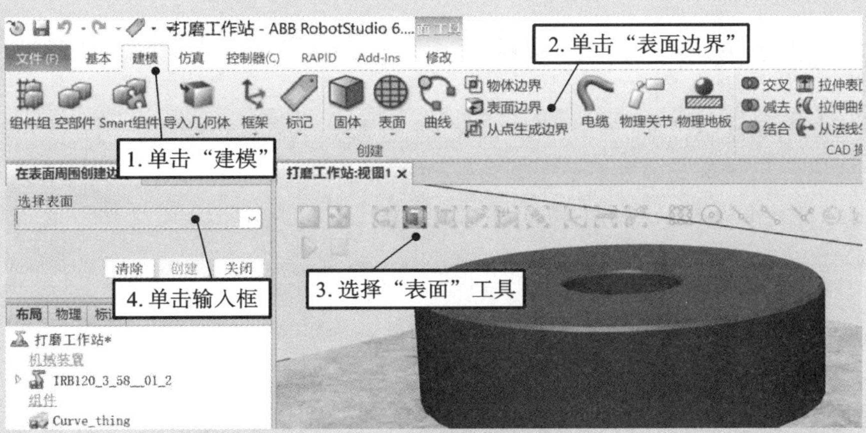
1. 单击“建模”
2. 单击“表面边界”
3. 选择“表面”工具
4. 单击输入框

图 3-1-10　打开创建“圆盘”轮廓曲线菜单

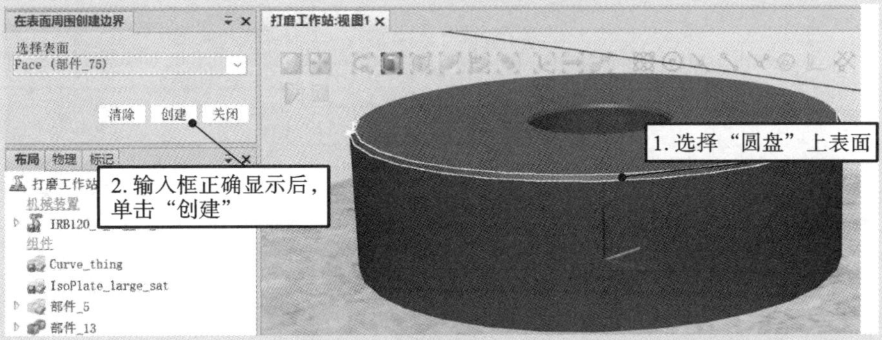
1. 选择“圆盘”上表面
2. 输入框正确显示后，单击“创建”

图 3-1-11　创建“圆盘”轮廓曲线

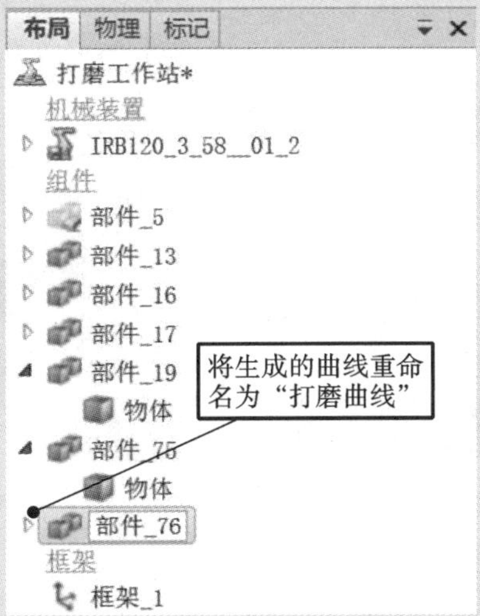
将生成的曲线重命名为“打磨曲线”

图 3-1-12　修改轮廓曲线名称

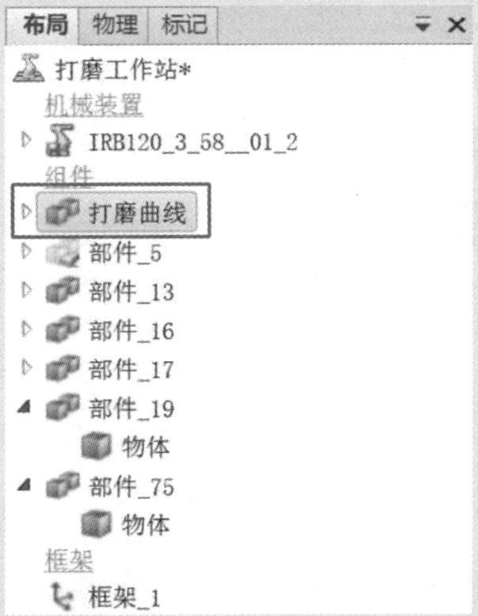

图 3-1-13　修改后的轮廓曲线名称

※创建机器人打磨路径

接下来根据创建的“圆盘”轮廓曲线自动生成机器人的运行轨迹。创建机器人打磨路径的操作如下。

(1)打开创建“自动路径”功能菜单,如图 3-1-14 所示。

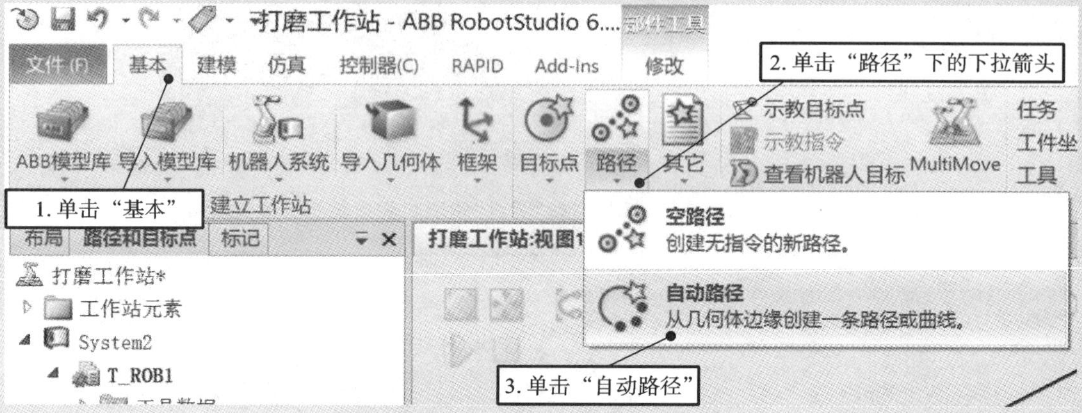

图 3-1-14　打开创建“自动路径”功能菜单

(2)选择需要生成自动路径的边或者曲线,如图 3-1-15 所示。

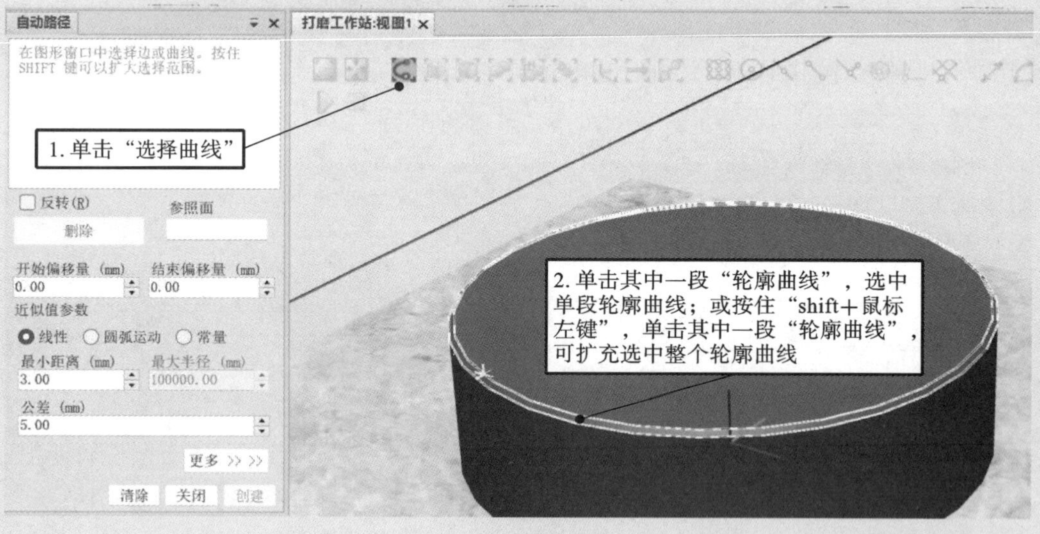

图 3-1-15　选择曲线

(3)设定“自动路径”参数,如图 3-1-16 所示。

“自动路径”选项框中各参数的简单说明如下。

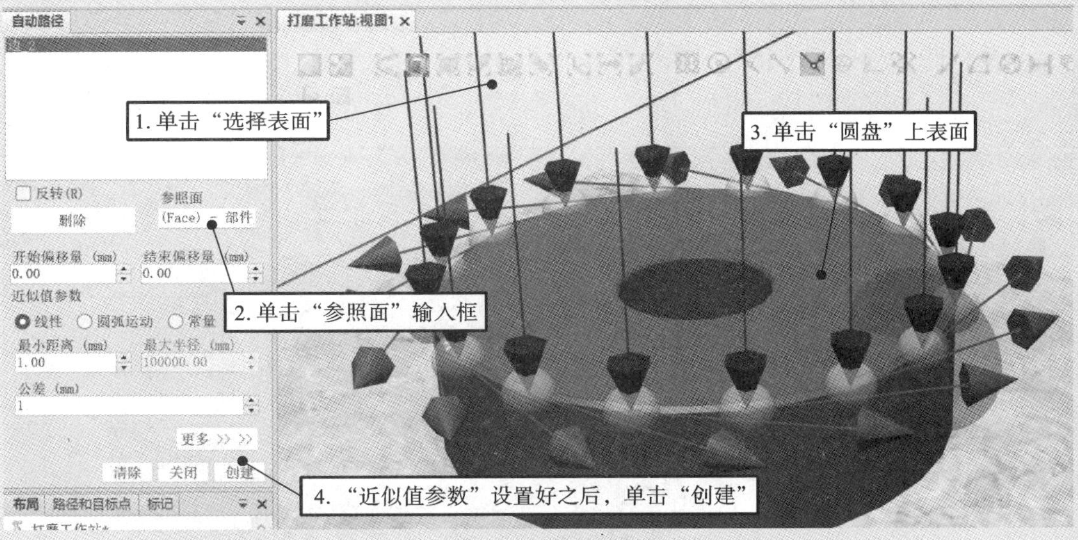

图 3-1-16　设置“自动路径”参数

反转：运行轨迹方向置反，默认为顺时针运行，反转后则为逆时针运行。

参照面：选择要与生成轨迹的目标点 Z 轴方向垂直的平面。

近似值参数：具体说明见表 3-1-1。

表 3-1-1　近似值参数说明

选项	用途说明
线性	为每个目标生成线性指令，圆弧作为分段线性处理
圆弧运动	在圆弧特征处生成圆弧指令，在线性特征处生成线性指令
常量	生成具有恒定间隔距离的点
属性值	用途说明
最小距离/mm	设置两生成点之间的最小距离，即小于该最小距离的点将被过滤掉
最大半径/mm	在将圆弧视为直线前确定圆的半径大小，直线视为半径无限大的圆
公差/mm	设置生成点所允许的几何描述的最大偏差

在实际的应用中，需要根据不同的曲线特征选择不同类型的近似值参数。通常选择“圆弧运动”，在该模式下处理曲线时，线性部分执行线性运动，圆弧部分执行圆弧运动，不规则曲线部分则执行分段式的线性运动。“线性”和“常量”都是固定的模式，处理曲线时有可能会产生大量的多余点或导致路径精度不佳等。在本任务中，大家可以切换不同类型的近似值参数，通过观察自动生成的目标点位置，进一步理解各近似值参数类型下所生成路径的特点。

创建完成后，图 3-1-17 所示的机器人路径“Path_10”自动生成。在后面的任务中会对此路径进行处理，并将其转换成机器人程序代码，完成机器人轨迹程序的编写。

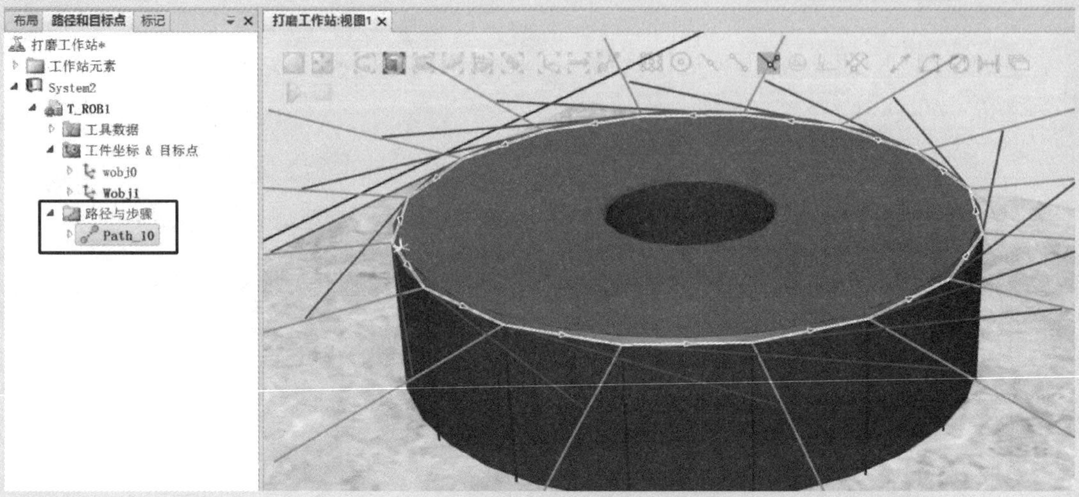

图 3-1-17　自动生成的路径“Path_10”

问题 3：用“自动路径”功能生成的机器人程序，是否可以直接运行？

知识库

※机器人目标点调整

前面已经根据“圆盘”轮廓曲线自动生成了一条机器人运行轨迹“Path_10”，但是机器人暂时还不能直接按照此轨迹运行，因为有部分目标点机器人还难以到达，如图 3-1-18 所示。接下来，学习调整机器人目标点姿态的方法，从而让机器人能够到达各个目标点，然后进一步完善程序并进行仿真。

查看前面自动生成的轨迹目标点，如图 3-1-19 所示。

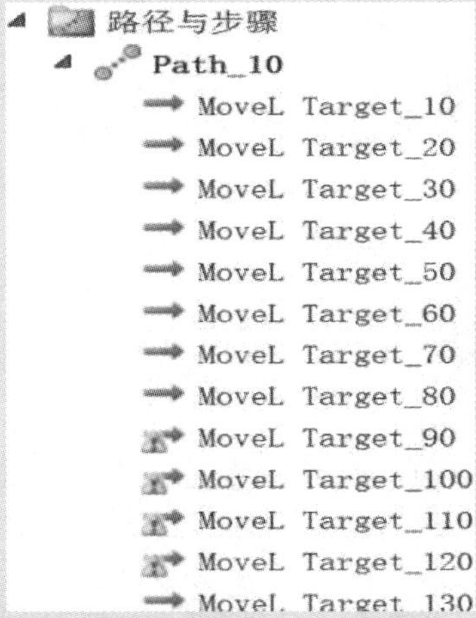

图 3-1-18　轨迹目标点可达性提示

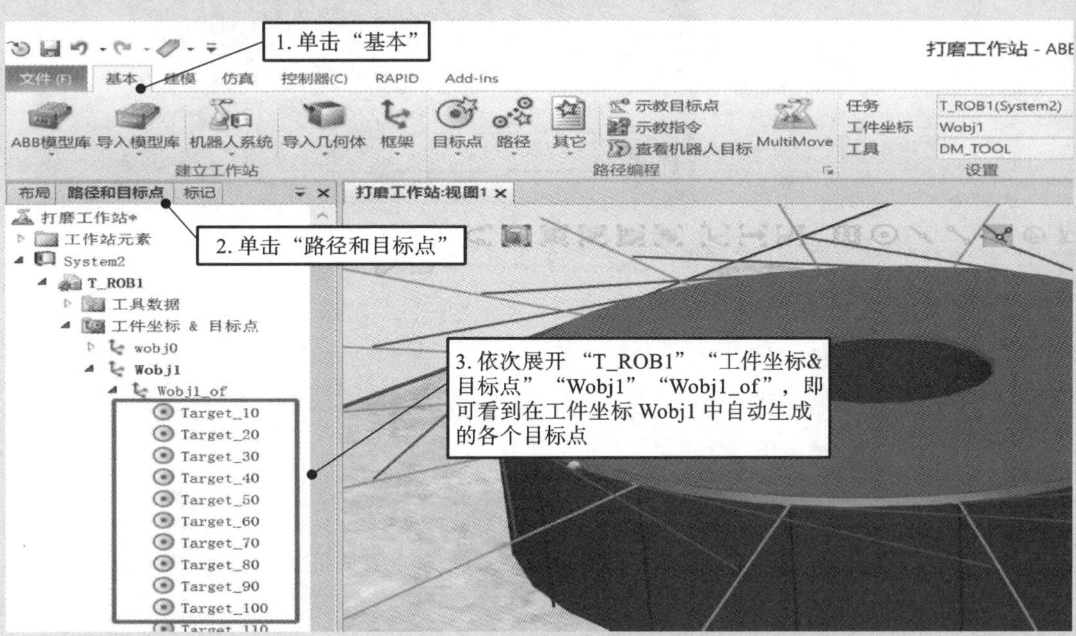

图 3-1-19　查看轨迹目标点

为了便于查看工具在目标点的姿态效果，可以在目标点处显示工具，如图 3-1-20 所示。

如图 3-1-20 所示的目标点 Target_10 姿态，机器人很难到达该目标点，此时可以调整该目标点的姿态，使机器人能够更顺畅地到达该目标点。

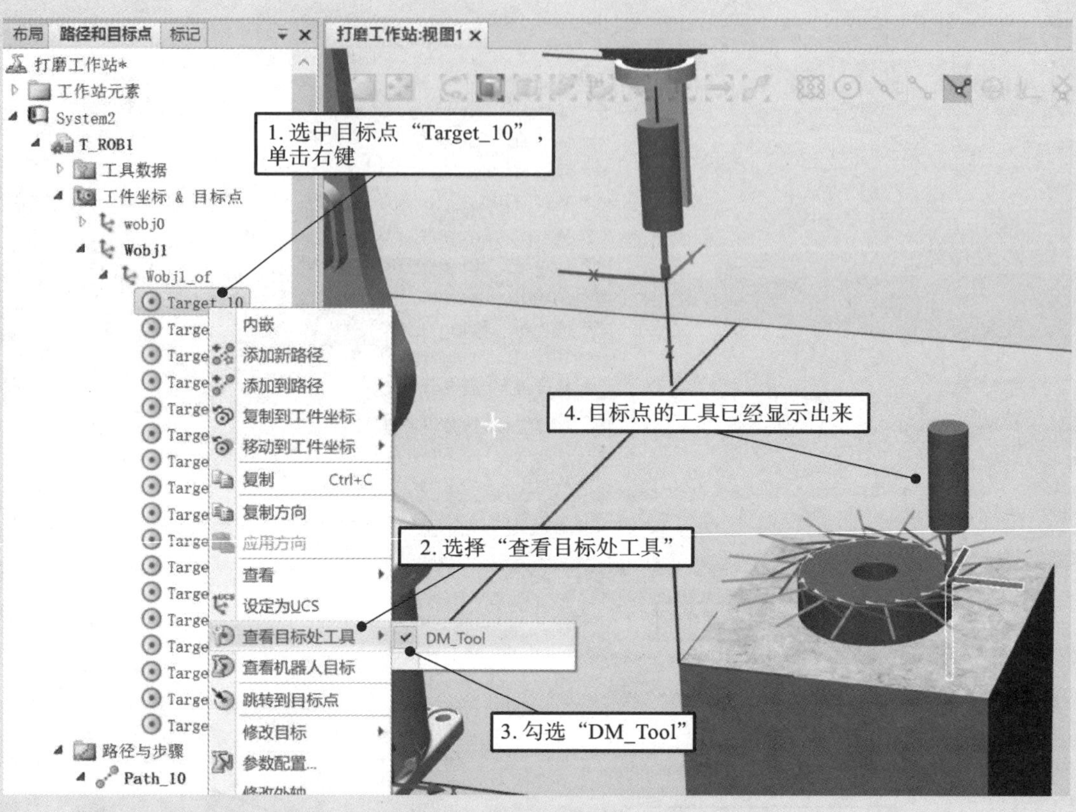

图 3-1-20　查看目标点处工具

在该目标点，根据现场机器人工作环境需要，使该目标点工具绕着其自身的坐标轴旋转到合适的姿态即可。本任务中只需要使该目标点工具绕着其本身的 Z 轴逆时针旋转 90°，操作如下。

(1)打开工具“旋转”功能菜单，如图 3-1-21 所示。

(2)设置工具在本地坐标中沿着 Z 轴逆时针旋转 90°，如图 3-1-22 所示。

(3)目标点 Target_10 工具姿态调整完毕后，根据实际需要调整其余的目标点，需要处理的目标点较多时，可以批量进行。在本任务中，当前自动生成的目标点的 Z 轴方向均为工件上表面的法线方向，因此 Z 轴无须修改。由上述目标点 Target_10 的调整结果可知，只需要调整其余目标点的 X 轴方向即可。调整方法如下。

①批量选中剩余的目标点，选择“修改目标”中的“对准目标点方向”，打开批量修改目标点窗口，如图 3-1-23 所示。

②选择所对准的目标点 Target_10，对准轴为 X 轴，锁定 Z 轴，如图 3-1-24 所示。

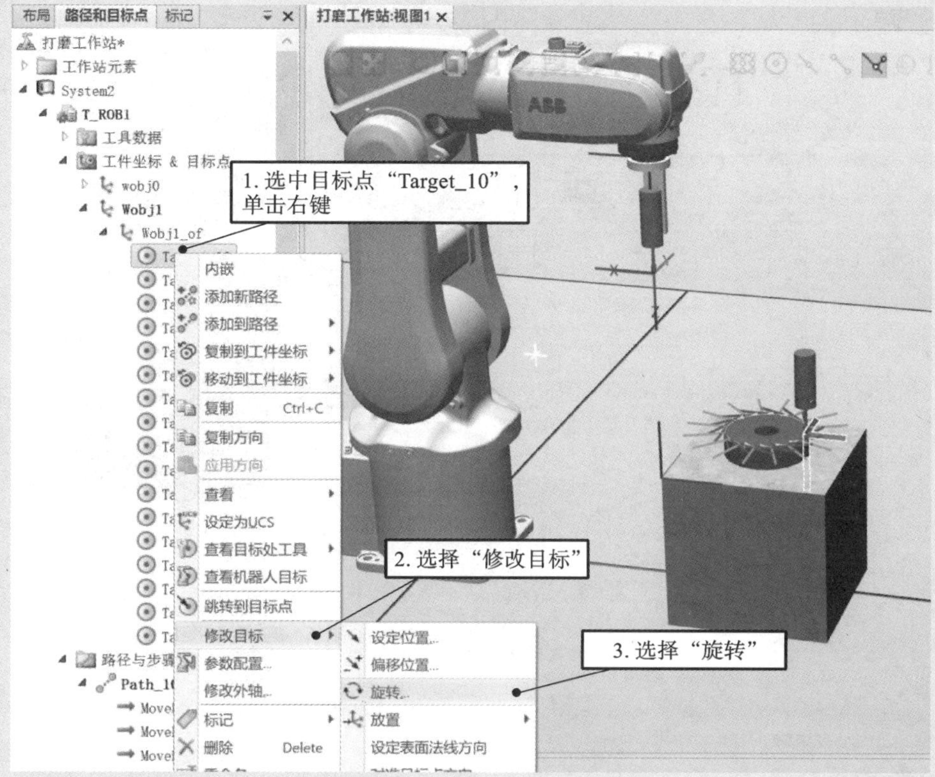

图 3-1-21　打开工具“旋转”功能菜单

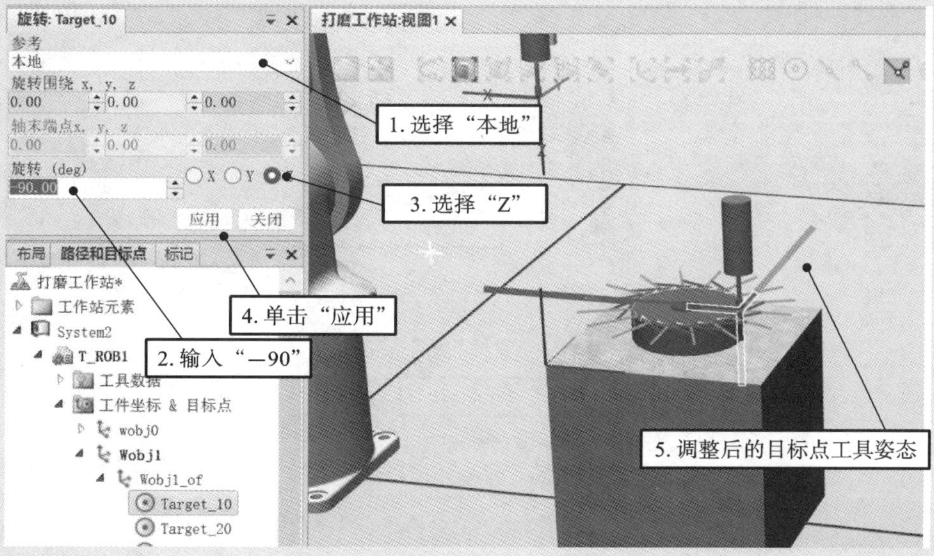

图 3-1-22　调整目标点工具姿态

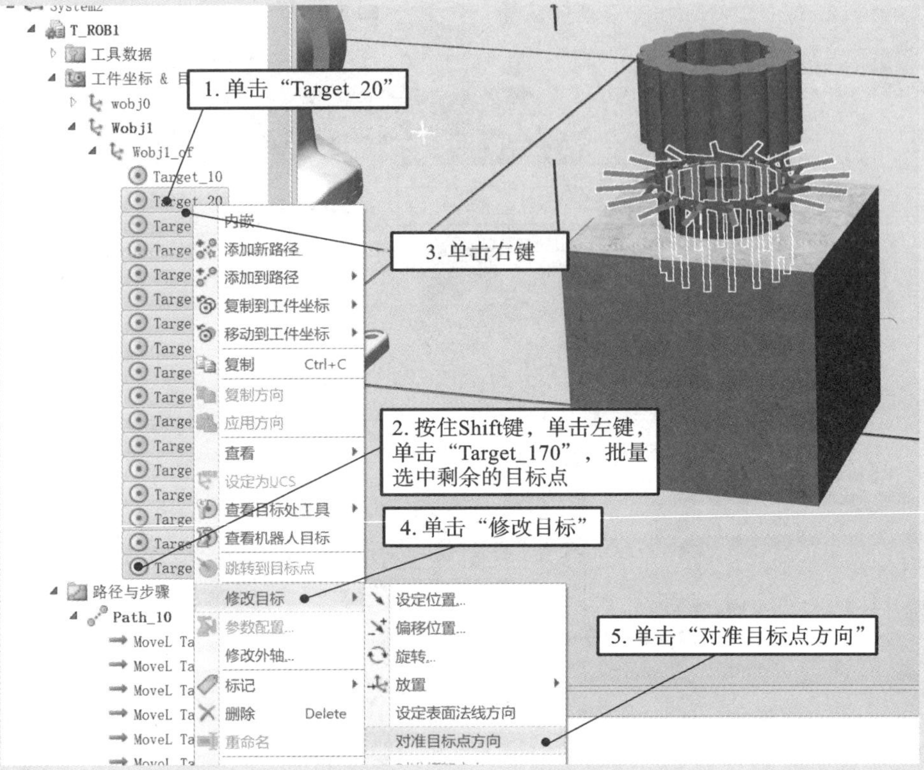

图 3-1-23　打开批量修改目标点窗口

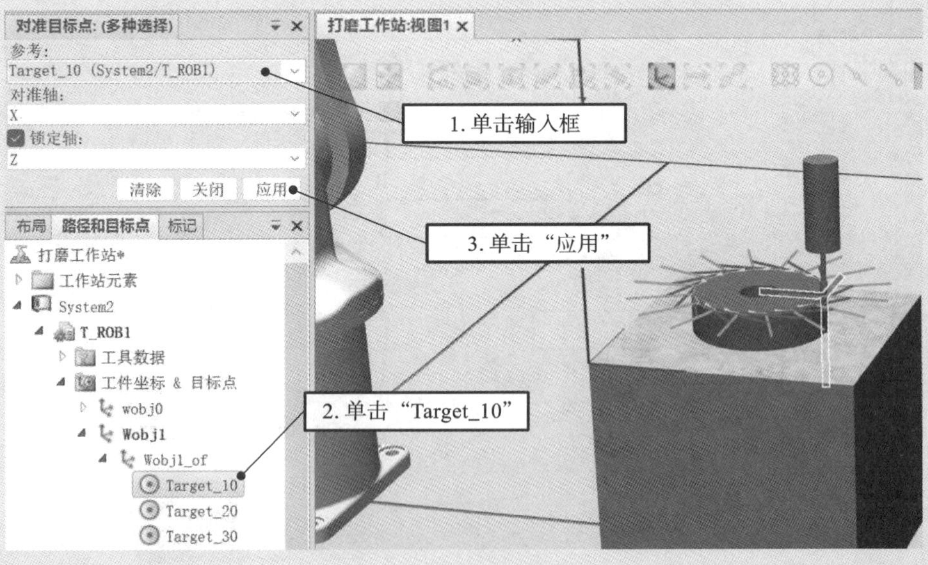

图 3-1-24　设置对准目标点

③批量调整后的所有目标点工具姿态如图 3-1-25 所示。

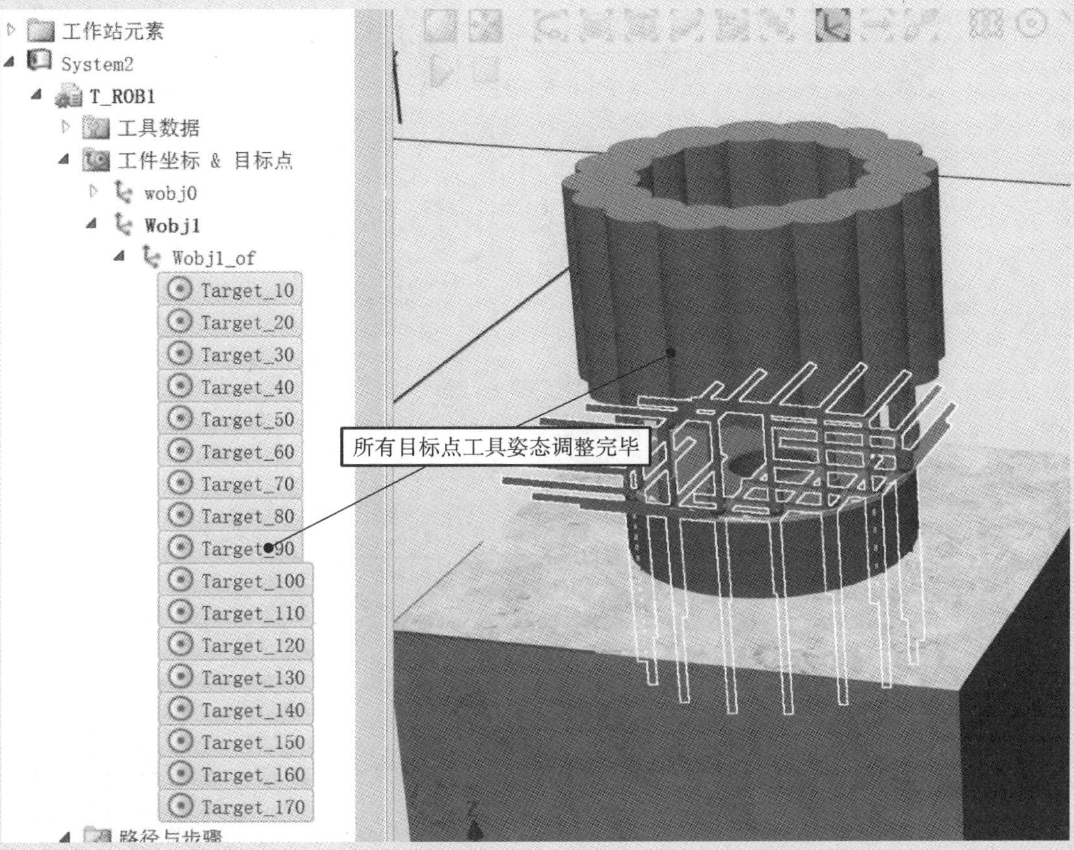

图 3-1-25　批量调整后的所有目标点工具姿态

※轴配置参数调整

调整轴配置参数的具体操作如图 3-1-26 和图 3-1-27 所示。

图 3-1-27 中的参数说明如下。

之前：目标点原先的轴配置参数对应的各关节轴度数。

当前：当前勾选的轴配置参数对应的各关节轴度数。

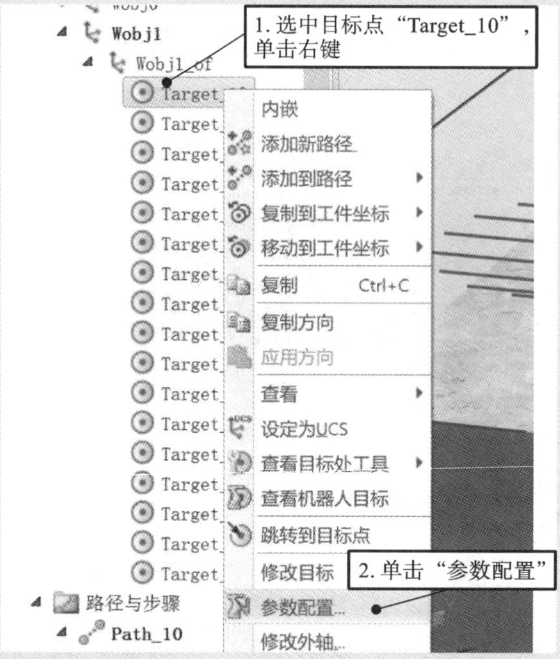

图 3-1-26　打开参数配置窗口

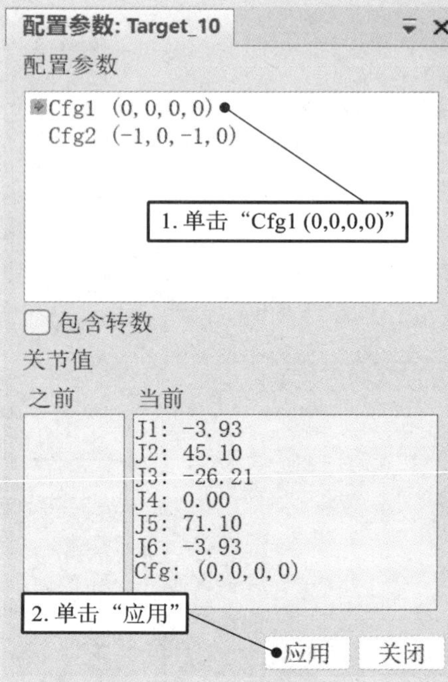

图 3-1-27　选择轴配置参数

若详细设定机器人到达该目标点时各关节轴的度数，可勾选“包含转数”。本任务中，暂时选用默认的第一种轴配置参数“Cfg1 (0,0,0,0)”，Cfg 参数中，数值变化越小越好。

该工作站机器人目标点较多，单独调整目标点轴配置参数将是一项烦琐的工作。在路径属性中，可以为所有目标点自动调整轴配置参数，如图 3-1-28 所示。当图3-1-28 中的步骤 3 完成时，机器人将沿轨迹自动运行一次，以完成参数的自动配置。

轴配置参数调整完成后，可以验证参数配置是否正确。参数配置正确后，用鼠标右键单击“Path_10”，在下拉菜单中选择“沿着路径运动”，机器人将沿轨迹路径“Path_10”自动运行，进行路径验证。

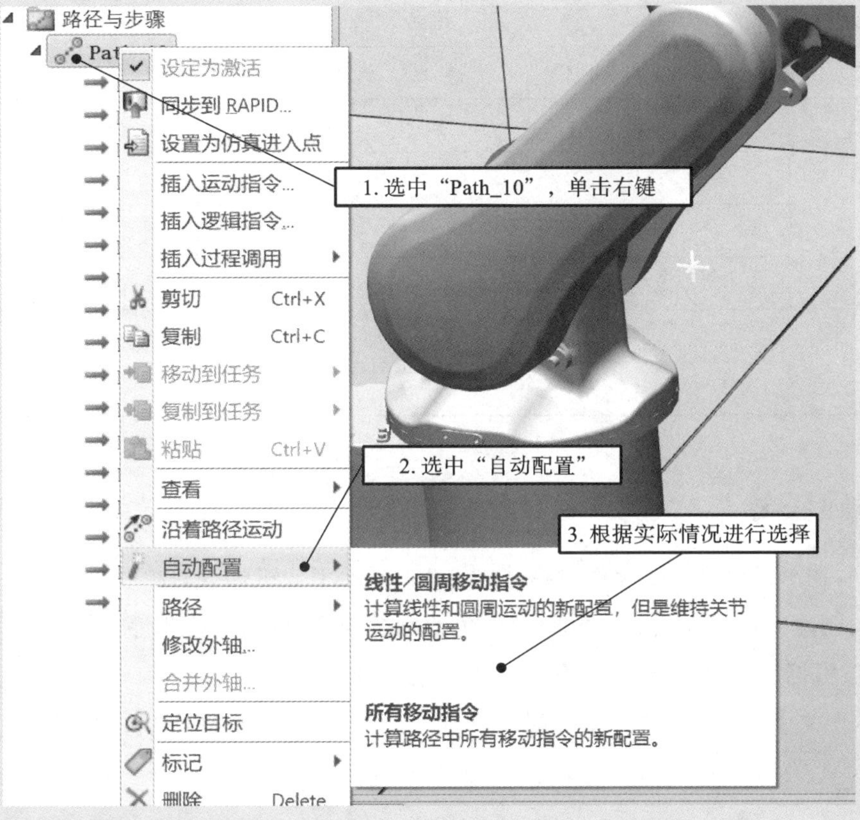

图 3-1-28　自动调整轴配置参数

协作探究，实施展示

任务指引：开展小组内讨论，每个同学对任务一进行分析，组长综合每位同学的意见，确定小组讨论后最终答案，每组派 1 位同学展示或陈述小组结论。

1. 小组组建

小组分工表见表 3-1-2。

表 3-1-2　小组分工表

班级		组名	
组长		学号	
组员	姓名	学号	分工

2. 基础任务

任务一：在 RobotStudio 软件中搭建图 3-0-1 所示工业机器人打磨仿真工作站，用“自动路径”功能，创建工业机器人打磨“圆盘”倒角的例行程序，调试运行程序。

目标 1：根据所学创建自动路径的知识，回答以下问题。

(1)使用“三点法”创建工件坐标时，X_1、X_2、Y_1 分别表示什么含义？

____

____

____

(2)在 RobotStudio 软件中创建轨迹路径的方法有________和________。

(3)使用“建模”选项卡下的________功能可以创建工件轮廓曲线。

(4)“自动路径”选项框的“近似值参数”中“线性”表示______________________________，“最小距离”表示______________________________。

(5)可以通过________功能查看目标点 Target_10 工具姿态。

(6)轴配置参数选项框中，如有多个 Cfg 参数，应按照________的原则选取。

目标 2：用“自动路径”功能创建机器人打磨“圆盘”倒角的轨迹程序，调整机器人目标点姿态和轴配置参数，调试运行程序，使机器人正确打磨“圆盘”工件的倒角。

3. 提高任务

岗位任务：请在 RobotStudio 软件中导入图 3-1-29 所示快换圆盘模型，用“自动路径”功能创建工业机器人打磨程序，调试运行程序，使机器人能够打磨工件边沿倒角。

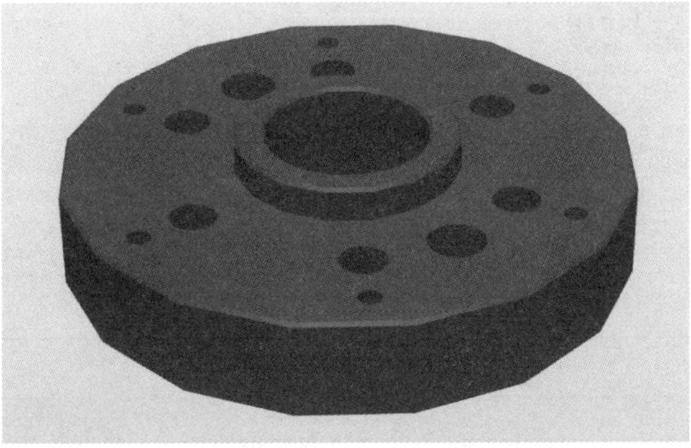

图 3-1-29　快换圆盘

4. 决策评估

方案决策单见表 3-1-3。

表 3-1-3　方案决策单

<table>
<tr><th colspan="6">方案决策</th></tr>
<tr><td>组别</td><td></td><td>组长</td><td></td><td>日期</td><td></td></tr>
<tr><td>学习任务</td><td colspan="5">创建打磨程序</td></tr>
<tr><td>岗位情景</td><td colspan="5">用“自动路径”功能，创建机器人打磨“圆盘”倒角的例行程序</td></tr>
<tr><td>方案 1 描述</td><td colspan="5"></td></tr>
<tr><td>方案 2 描述</td><td colspan="5"></td></tr>
<tr><td>方案 3 描述</td><td colspan="5"></td></tr>
<tr><th colspan="6">评估决策</th></tr>
<tr><td>序号</td><td>可行性</td><td>经济性</td><td>操作性</td><td>实施难度</td><td>方案等级评价</td></tr>
<tr><td>方案 1</td><td>□高　□低</td><td>□好　□差</td><td>□强　□弱</td><td>□高　□低</td><td>□优　□良　□中　□差</td></tr>
<tr><td>方案 2</td><td>□高　□低</td><td>□好　□差</td><td>□强　□弱</td><td>□高　□低</td><td>□优　□良　□中　□差</td></tr>
<tr><td>方案 3</td><td>□高　□低</td><td>□好　□差</td><td>□强　□弱</td><td>□高　□低</td><td>□优　□良　□中　□差</td></tr>
<tr><td rowspan="2">评价决策</td><td>综合评价</td><td colspan="4"></td></tr>
<tr><td>终选方案</td><td colspan="4">□方案 1　□方案 2　□方案 3</td></tr>
</table>

检查评价，总结反思

1. 学生自评

活动过程自评表见表 3-1-4。

表 3-1-4 活动过程自评表

班级		组名		日期	
序号	评价要素			分值	分数
1	能在 RobotStudio 仿真软件中创建工件坐标			5	
2	能根据不同的三维模型曲线特征创建机器人打磨曲线			10	
3	能说出“自动路径”功能的特点			5	
4	能说出“空路径”功能与“自动路径”功能的区别			5	
5	能够正确使用“自动路径”功能创建机器人轨迹程序			20	
6	能够灵活地调整机器人目标点姿态			20	
7	能够合理选用轴配置参数			20	
8	能够根据任务要求完成程序调试			15	
自评分数					
自我总结与反思					

2. 小组互评

活动过程评价小组互评表见表 3-1-5。

表 3-1-5 活动过程评价小组互评表

班级		被评组名		日期	
序号	评价要素			分值	分数
1	与教师、同学之间能够保持多向、丰富、适宜的信息交流			10	
2	与教师、同学之间相互尊重、理解			10	
3	能处理好合作学习和独立思考之间的关系，做到有效学习			10	

续表

序号	评价要素	分值	分数
4	能提出有意义的问题或能发表个人见解	20	
5	能按要点正确操作，能够倾听、协作、分享	20	
6	能发现问题、提出问题、分析问题、解决问题、创新问题	20	
7	能严肃、认真地对待自评，并能独立完成自测试题	10	
自评分数			
简要评述			

3. 教师评价

教师评价表见表 3-1-6。

表 3-1-6　教师评价表

姓名		组别		日期	
序号	评分点	分值	评分标准	得分	
1	(1)表述仪态自然，吐字清晰	10	表述仪态不自然或吐字模糊酌情扣分		
	(2)表述思路清晰、层次分明、准确		表述思路模糊或层次不清酌情扣分		
2	(1)分析模型轮廓曲线轨迹点准确	10	模型轮廓曲线轨迹点分析不准确酌情扣分		
	(2)理论知识回顾完整、分组分工明确		知识不完整、分工不明确酌情扣分		
3	(1)完成轮廓曲线的简单建模工作	10	一个模型创建错误扣 5 分		
	(2)设定工件坐标	10	正确设定工件坐标得 10 分		
4	(1)正确创建自动路径	20	正确得 20 分，错误得 0 分		
	(2)完成基础任务的填空	10	每错一项扣 1 分，扣完为止		
	(3)完成提高任务中模型打磨轨迹的创建	10	正确得 10 分，错误得 0 分		
	(4)在任务完成过程中纪律良好	10	根据课堂表现酌情扣分		
5	(1)依据自评分数	5			
	(2)依据个人总结评价报告	5			
	满分	100	得分		

4. 总结反思

任务实施完成后，学生需要根据实际情况，通过指导老师对实施情况的点评来分析自身的不足之处，寻找三个关键问题进行思考，填写表 3-1-7，做到及时的自查自省和总结。

表 3-1-7　总结反思问题记录表

序号	任务目标	存在的问题	解决的方法
1			
2			
3			

任务二　优化与调试打磨程序

情景导入，任务发布

1. 任务发布

前面已经完成机器人打磨“圆盘”工件轨迹程序的创建。在实际应用中，为确保安全生产和工作质量，往往还需要对机器人轨迹程序进行优化，加入轨迹起始接近点、轨迹结束离开点以及安全位置 pHome 点。接下来请你对机器人轨迹程序进行优化并仿真监控运行。

2. 任务分析

任务分析	
任务名称	优化与调试打磨程序。
任务地位	按要求完成机器人轨迹程序的优化，实现程序仿真监控运行，是提高安全生产和工作质量的有效保障。
任务流程	(1)创建轨迹起始接近点、轨迹结束离开点以及安全位置 pHome 点。 (2)选用合适的运动指令逐个将轨迹起始接近点、轨迹结束离开点以及安全位置 pHome 点添加到轨迹程序中。 (3)按需要修改指令参数。 (4)完成轴配置参数后，进行仿真验证。 (5)设置工作站碰撞监控与 TCP 跟踪。 (6)仿真运行程序、录制仿真视频与 3D 视图。

3. 目标要求

任务目标要求	
岗位要求	本任务要求工业机器人系统操作员能使用 RobotStudio 软件优化程序，实现程序仿真监控运行并录制仿真视频。
课程目标	知识目标 (1)能说出优化打磨程序的意义。 (2)能说出工作站碰撞监控与 TCP 跟踪的作用。 技能目标 (1)能根据任务要求在 RobotStudio 软件中正确将轨迹起始接近点、轨迹结束离开点以及安全位置 pHome 点添加到轨迹程序中。 (2)能根据任务要求在 RobotStudio 软件中正确选用运动指令并合理修改指令参数。 (3)能根据任务要求在 RobotStudio 软件中正确设置工作站碰撞监控与 TCP 跟踪。 (4)能根据任务要求在 RobotStudio 软件中正确进行仿真设置，实现程序仿真监控运行并录制仿真视频。 情感目标 (1)通过课前自主探究，提高学生查阅资料、自主学习的能力。 (2)通过组员提议与小组分享，提高学生的沟通表达能力。 (3)通过 8S 管理，提升学生的职业素养和培养学生的工匠精神。

续表

任务目标要求	
大赛要求	能够在 RobotStudio 软件中实现完整的打磨(或涂胶)轨迹仿真运行,且符合安全生产要求。
证书技能要求	对应工业机器人系统操作员国家职业技能标准技能点 能使用离线编程软件编制机器人运动轨迹,生成机器人打磨程序。

问题引导,自主学习

1. 引导问题

引导问题 1:用本项目任务一中创建的程序来打磨“圆盘”工件时,有什么现象? 现象正常吗?

引导问题 2:如何使用 RobotStudio 软件仿真运行打磨程序?

引导问题 3:如何检验程序是否符合安全生产要求?

引导问题 4:在 RobotStudio 软件中,如何录制程序仿真运行的过程?

2. 任务知识点

1)优化打磨程序

在实际应用中,我们经常会在 RobotStudio 软件中仿真运行程序,观察程序运行的效果,然后将程序中不合理的地方进行不断的完善、反复调试验证,从而达到满足安全生产要求和确保工作质量的目标。本项目任务一中利用“自动路径”功能创建的程序,只是基本完成了机器人打磨工件倒角的任务。为使打磨工作能够更加安全和完整,需要在每段程序中加入轨迹起始接近点、轨迹结束离开点以及安全位置 pHome 点。

轨迹起始接近点:一般设置在轨迹起始点正上方。

轨迹结束离开点:一般设置在轨迹离开点正上方。

安全位置 pHome 点:根据工作站现场情况设置,一般情况下,工作开始或结束时,机器人都要处于 pHome 点。

2)仿真运行,检验程序

优化完程序后,仿真验证是必不可少的。工作站仿真过程中,一般需要验证当前工业机器人轨迹是否会与周边设备发生干涉,可使用碰撞监控功能进行检测。此外,工业机器人运动完成后,可通过 TCP 跟踪功能将工业机器人运行轨迹记录下来,对轨迹进行分析,以判断机器人轨迹是否满足需求。

RobotStudio 软件模拟仿真的一个重要任务就是验证轨迹可行性，即验证工业机器人在运行过程中是否会与周边设备发生碰撞。在实际应用如焊接、激光切割等中，机器人工具实体尖端与工件表面之间的距离要保证在合理的范围内，既不能与工件发生碰撞，也不能距离工件过远，从而保证工艺要求。

当最终程序符合安全生产要求时，可以利用 RobotStudio 软件的仿真录像功能，将程序的仿真运行过程录制成视频。

3. 掌握新知

问题 1：用本项目任务一中创建的程序来打磨“圆盘”工件时，有什么现象？现象正常吗？

知识库

本项目任务一中利用“自动路径”功能创建的程序还不够完整，导致打磨出来的工件会有缺陷且打磨过程存在安全隐患。因此我们需要在程序中加入轨迹起始接近点、轨迹结束离开点以及安全位置 pHome 点，完善程序，让作品更加完美。接下来，以优化工业机器人打磨“圆盘”倒角的程序为例，学习如何在 RobotStudio 软件中优化程序。

※优化工业机器人打磨程序

(1)创建轨迹起始接近点。在本任务中，工业机器人打磨“圆盘”倒角的轨迹起始接近点是相对于轨迹起始点 Target_10 在其本身 Z 轴负方向偏移一段距离的点，起保护作用。具体操作过程如图 3-2-1～图 3-2-5 所示。

(2)创建轨迹结束离开点。在本任务中，工业机器人打磨工件的轨迹结束离开点是相对于轨迹结束点 Target_170 在其本身 Z 轴负方向偏移一段距离的点，起保护作用。具体创建过程与轨迹起始接近点的创建过程相同，在此不再赘述。将修改好的轨迹结束离开点 Target_170_2 添加至路径 Path_10 中的最后一行。

(3)创建安全位置 pHome 点。安全位置 pHome 点是机器人运行过程中的安全过渡位置点，可以根据工作站实际情况进行设置，本任务中可将机器人默认机械原点设为安全位置 pHome 点。

①在“布局”功能选项卡中，用鼠标右键单击“IRB120_3_58_01”，选择“回到机械原点”。

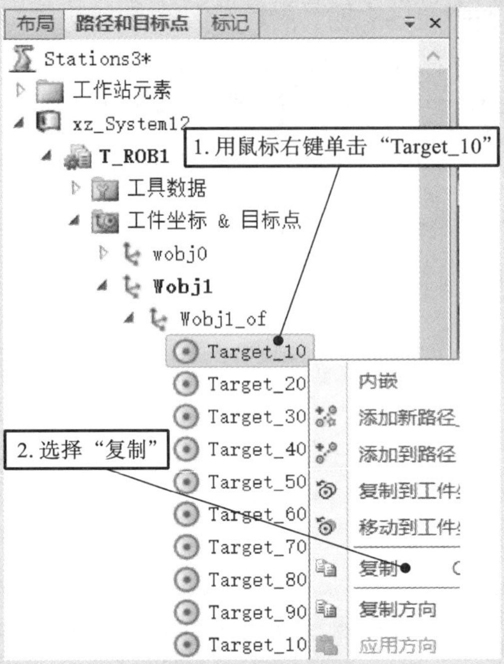

图 3-2-1 复制目标点

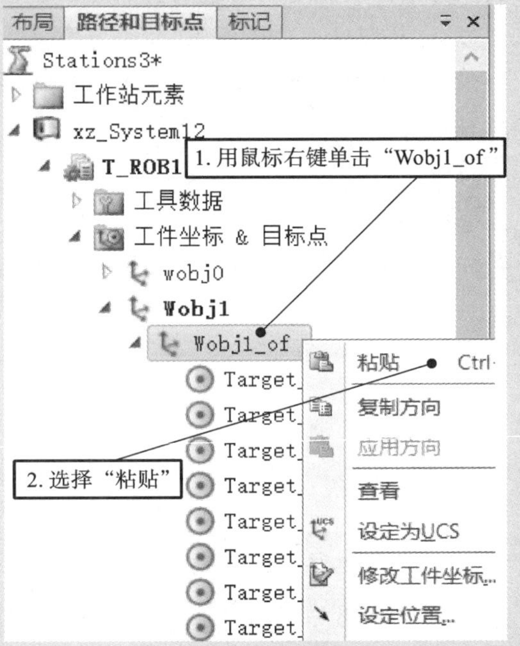

图 3-2-2 粘贴目标点

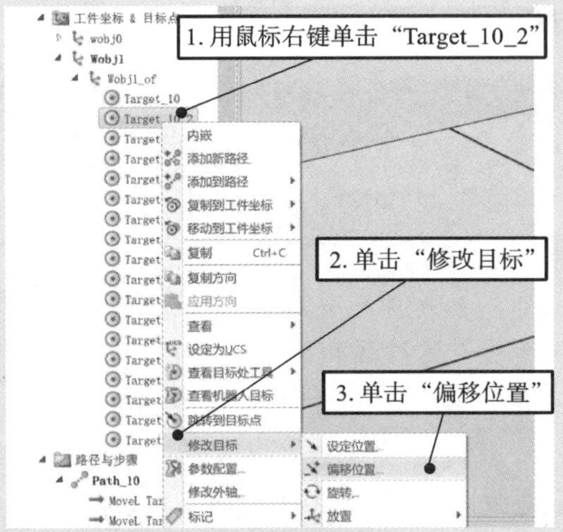

图 3-2-3 打开“偏移位置”窗口

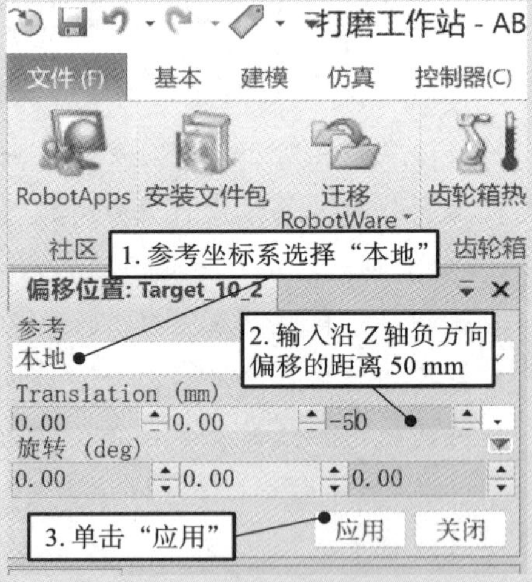

图 3-2-4 设置目标点偏移参数

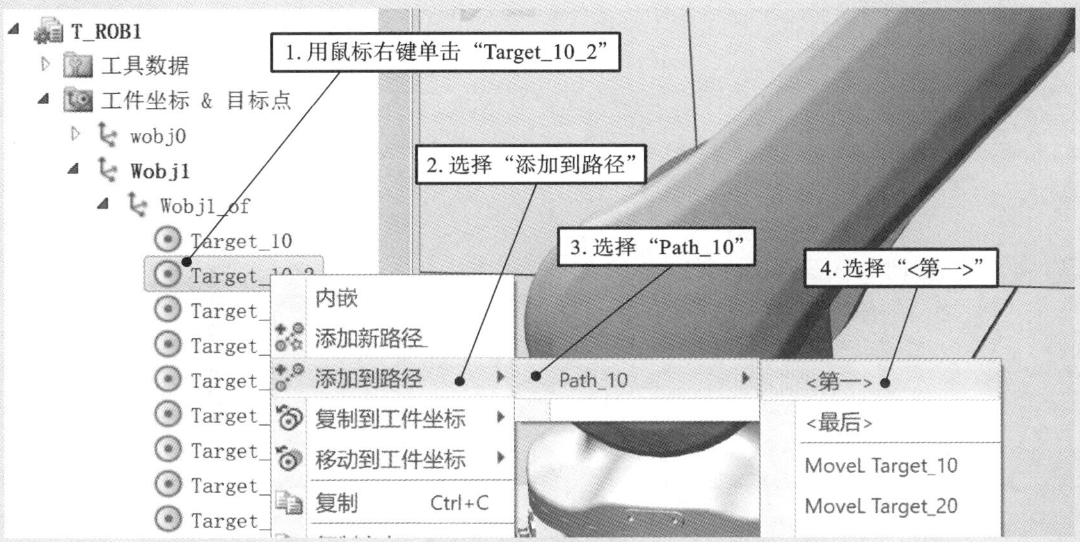

图 3-2-5　添加上方点到路径 Path_10 首行

②在"基本"功能选项卡中，"工件坐标"设为"wobj0"，"工具"设为"tool0"，如图 3-2-6 所示。

③在"基本"功能选项卡中，单击"示教目标点"，在"工件坐标 & 目标点"→"wobj0"→"wobj0_of"列表里生成了目标点"Target_180"，用鼠标右键单击"Target_180"将新生成的目标点重命名为"pHome"，如图 3-2-7 和图 3-2-8 所示。

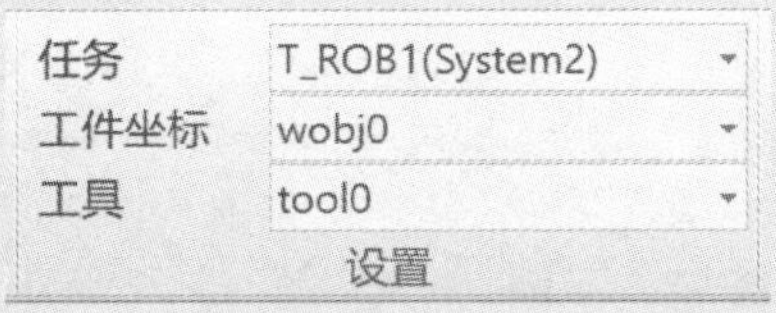

图 3-2-6　设置工具坐标、工件坐标

图 3-2-7　示教目标点

④修改运动指令为 MoveJ 指令，如图 3-2-9 所示。将安全位置 pHome 点分别添加到路径 Path_10 中的第一行和最后一行。

(4)修改运动指令参数。

①在"Path_10"中用鼠标右键单击第二行的"MoveJ Target_10_2"，选择"编辑指令"，弹出"编辑指令"窗口后，按图 3-2-10 所示进行相应的参数修改。

②批量修改运行速度，全选路径 Path_10 中所有运动指令，用鼠标右键单击任一运动指令，选择"编辑指令"，弹出"编辑指令"窗口后，按图 3-2-11 所示设置"Speed"为"v300"。

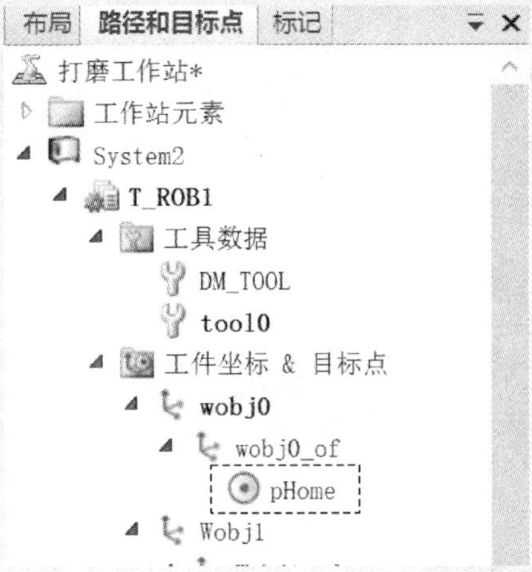

图 3-2-8　查看生成的目标点 pHome

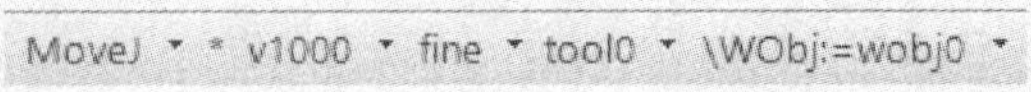

图 3-2-9　修改运动指令

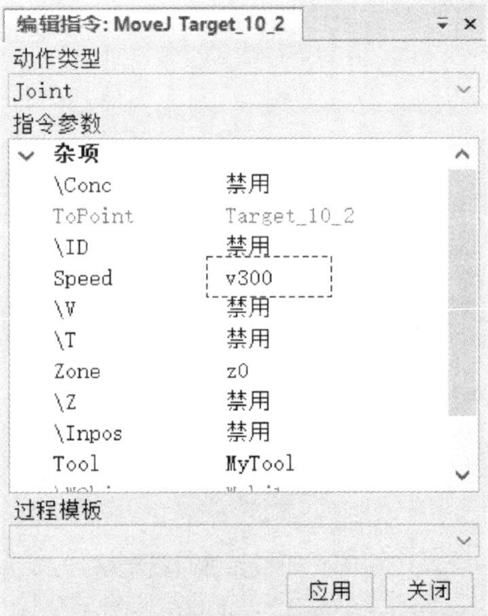

图 3-2-10　编辑指令参数

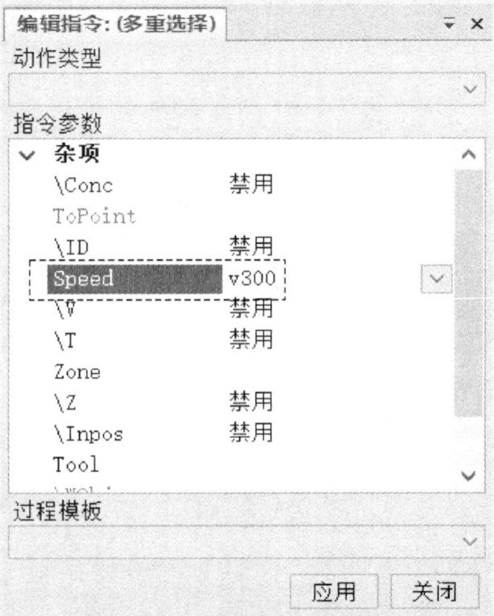

图 3-2-11　批量编辑指令参数

(5)按前面学过的方法,再次对路径 Path_10 进行一次"自动配置轴参数"。

问题 2:如何使用 RobotStudio 软件仿真运行打磨程序?

知识库

将优化后的程序进行"自动配置轴参数"，没问题后就可以对工作站进行仿真调试了。

※工业机器人打磨工作站仿真运行

(1)工作站要进行仿真调试，必须先将工作站同步到 RAPID，实现工作站对象与 RAPID 代码的匹配，如图 3-2-12 和图 3-2-13 所示。

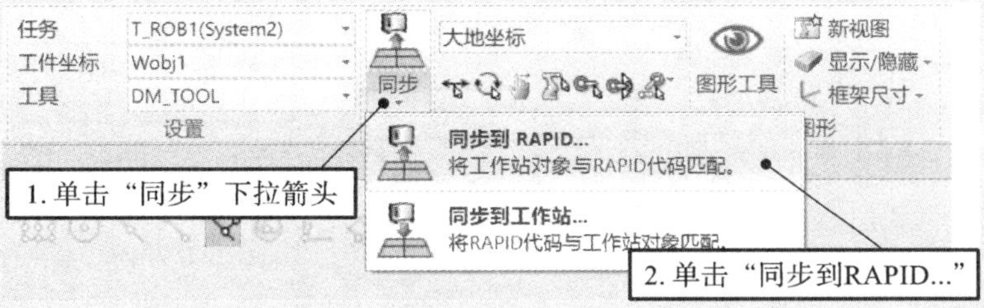

图 3-2-12　打开同步到 RAPID 窗口

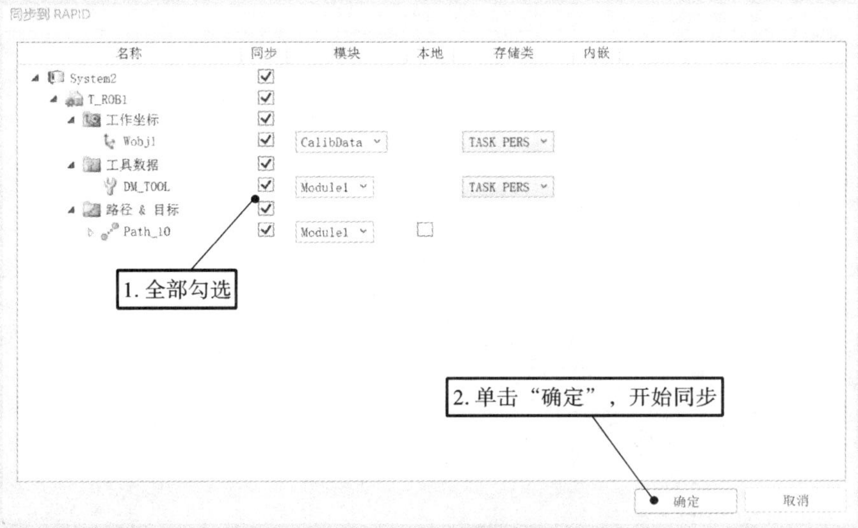

图 3-2-13　选择同步内容

(2)设定仿真参数，如图 3-2-14 所示。

(3)仿真运行。操作步骤如图 3-2-15 所示，机器人执行程序，沿着离线轨迹运动，仿真过程中可以查看运行情况。

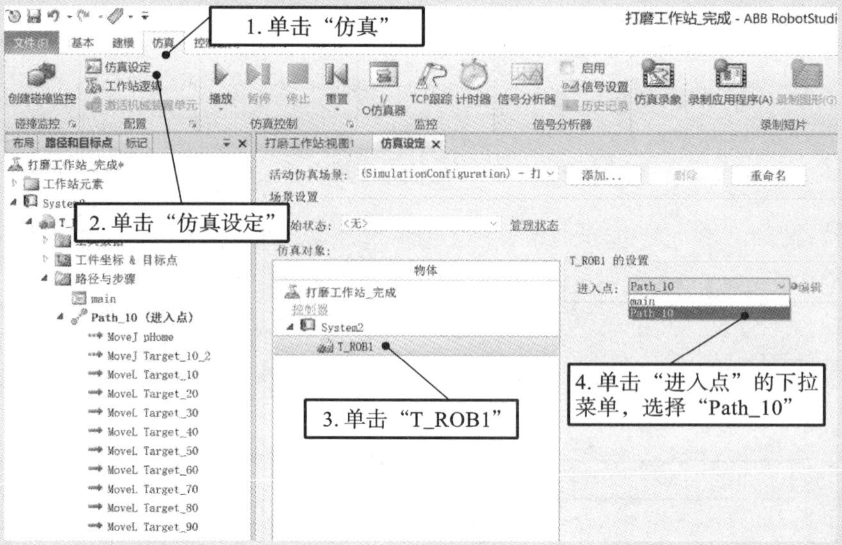

图 3-2-14　设定仿真参数

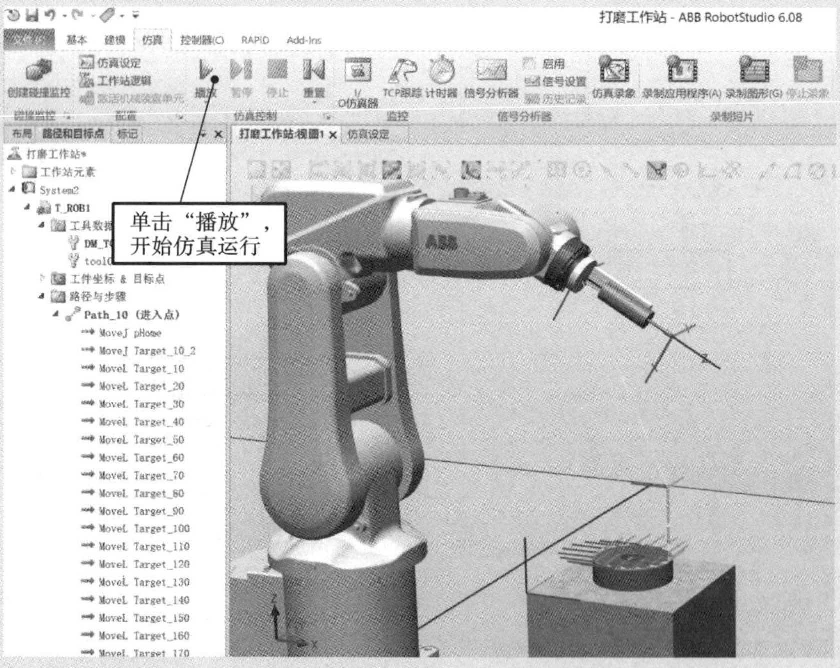

图 3-2-15　仿真运行路径

问题 3:如何检验程序是否符合安全生产要求?

知识库

※工作站碰撞监控与 TCP 跟踪

RobotStudio 软件模拟仿真的一个重要任务就是验证轨迹可行性,即验证工业机器人在运行过程中是否会与周边设备发生碰撞。同时可通过 TCP 跟踪功能将工业机器人运行轨迹记录下来,对轨迹进行分析,以判断机器人轨迹是否满足需求。具体操作如下。

(1)创建碰撞监控。操作步骤如图 3-2-16 和图 3-2-17 所示。

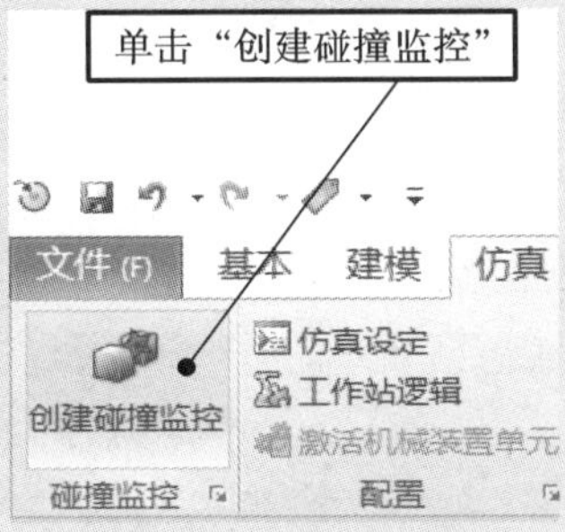

图 3-2-16　创建碰撞监控

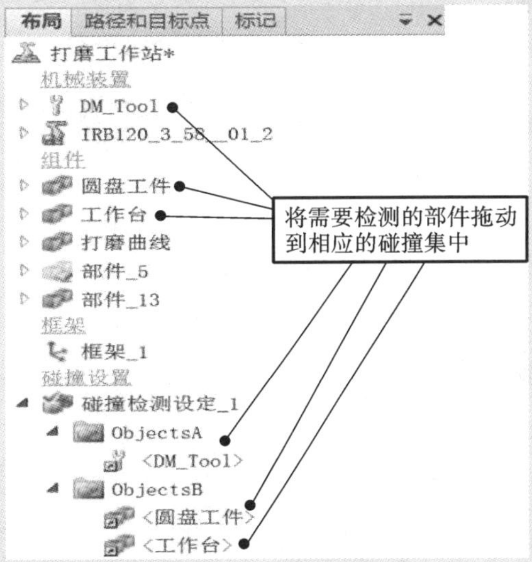

图 3-2-17　选择碰撞监控对象

本任务中需要检测待加工工件、工作站平台与工具“DM_Tool”是否会发生碰撞。用鼠标左键单击需要检测的对象且不要松开,将其拖动到相应的碰撞集“ObjectsA”和“ObjectsB”中,只要“ObjectsA”中的任何对象与“ObjectsB”中的对象发生碰撞,此碰撞信息都将显示在图形视图里并记录在输出窗口中,从而实现碰撞监控。一个工作站可以设置多个碰撞集,但每一个碰撞集只能包含两组对象。接下来修改碰撞监控和设置碰撞监控参数,操作步骤如图 3-2-18 和图 3-2-19 所示。

图 3-2-18　修改碰撞监控

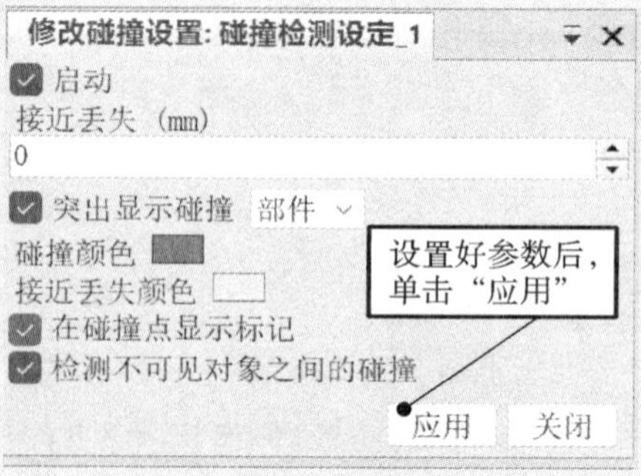

图 3-2-19　设置碰撞监控参数

“修改碰撞设置”中的有关参数说明如下。

接近丢失：两组对象之间的距离接近于该数值时，颜色提示。

碰撞颜色：选择的两组对象之间发生了碰撞，显示颜色。

两种监控均有对应的颜色设置。在此处，先暂时不设定“接近丢失”数值，碰撞颜色默认为红色。

在机器人运行过程中，我们可以监控 TCP 的运动轨迹以及运动速度，以便分析时用。为了便于观察，先将之前的碰撞监控关闭，如图 3-2-20 所示。

为了便于观察和记录 TCP 轨迹，将工作站中的路径和目标点隐藏，如图 3-2-21 所示。

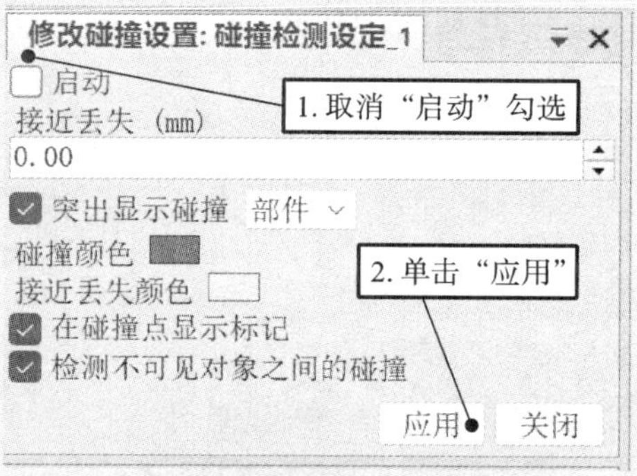

图 3-2-20　关闭碰撞监控功能

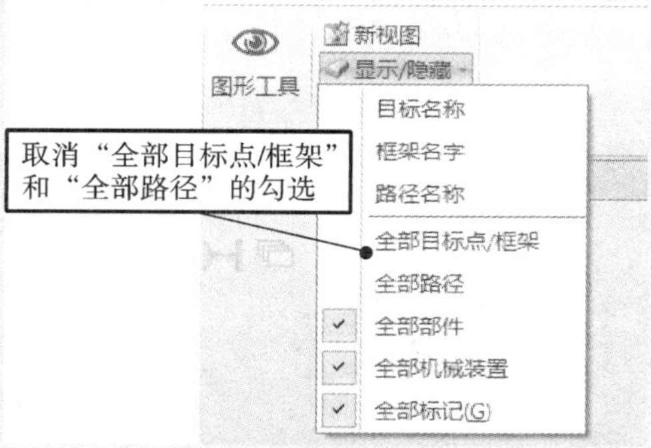

图 3-2-21　隐藏全部目标点/框架和路径

“TCP 跟踪”参数设置，如图 3-2-22 所示。设置完成后，在“仿真”功能选项卡中，单击“播放”，开始仿真运行程序，记录工业机器人运行轨迹。运行完成后，可根据记录的机器人运行轨迹进行分析，机器人完整的运行轨迹如图 3-2-23 所示。至此，我们完成了工业机器人打磨“圆盘”工件的离线轨迹编程操作。

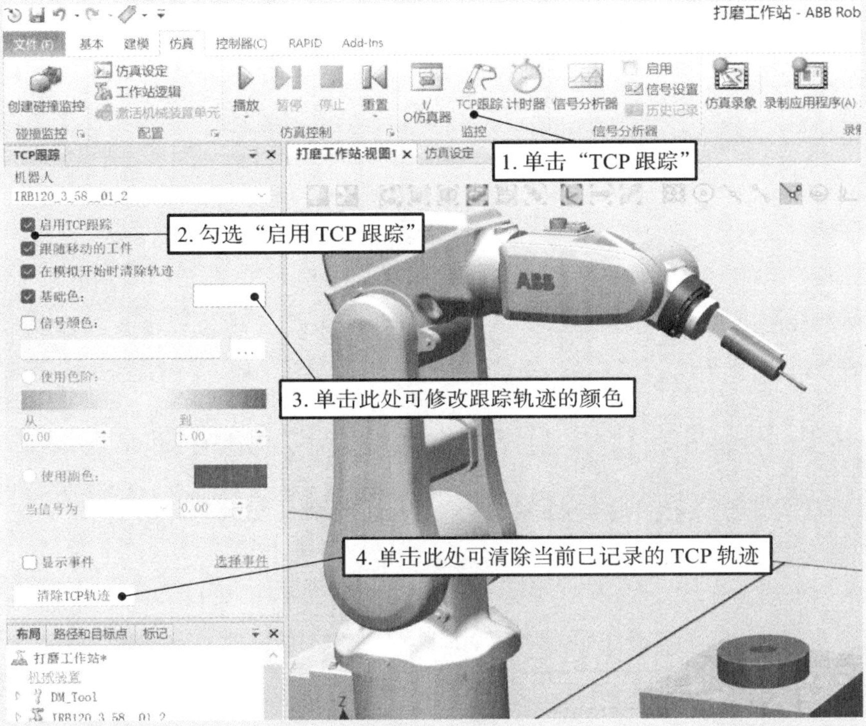

图 3-2-22　“TCP 跟踪”参数设置

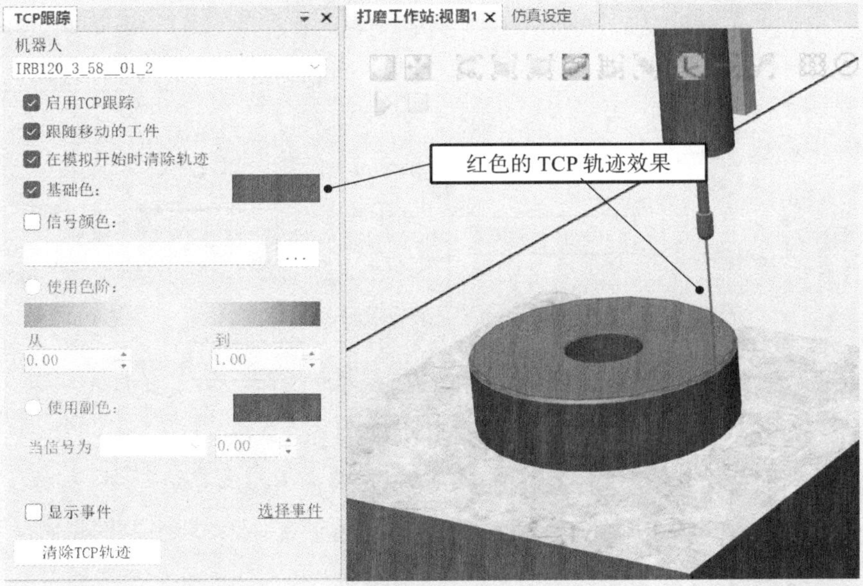

图 3-2-23　TCP 轨迹效果

问题 4:在 RobotStudio 软件中,如何录制程序仿真运行的过程?

知识库

作为一名优秀的工业机器人系统操作员,在按要求实现了用户要求的机器人工作站系统程序时,往往需要将作品呈现给用户观看。此时可以利用 RobotStudio 软件的仿真录像功能,将程序的仿真运行过程录制成视频。

※工业机器人打磨工作站仿真运行视频录制

(1)录制工作站仿真运行视频前,首先设置所录制视频的保存路径,如图 3-2-24 所示。

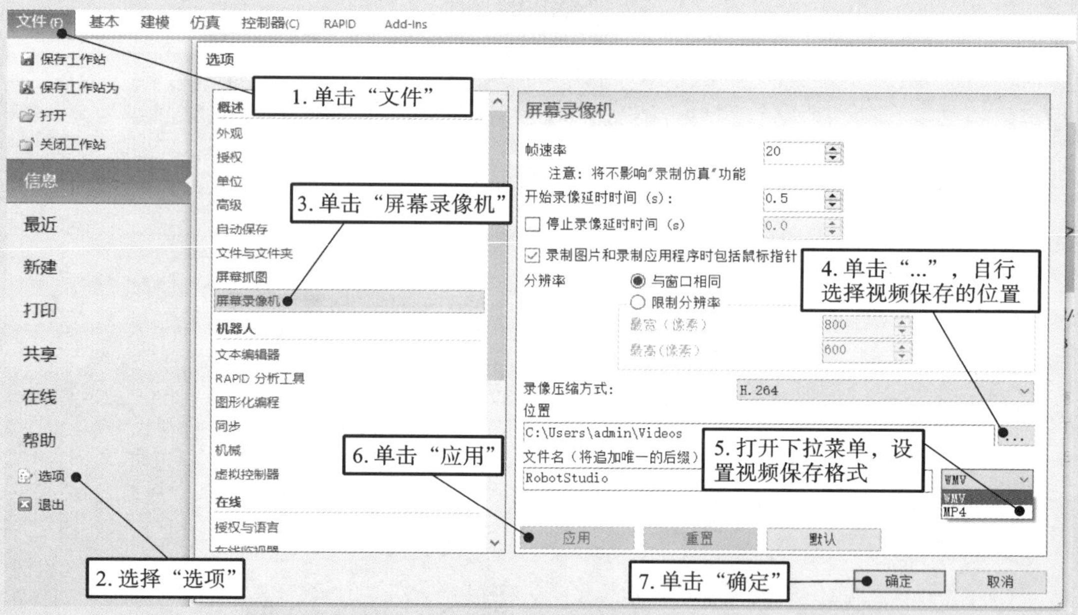

图 3-2-24 设置所录制视频的保存路径

(2)打开"仿真"选项卡,可以看到"录制短片"控件组,如图 3-2-25 所示。

仿真录像:在"录制短片"控件组中,单击"仿真录像",将下一个仿真运行过程录制为一段视频。在"仿真"选项卡中单击"播放"时,将开始仿真录像。仿真停止时,自动结束录像。当然,也可以在中途单击"停止录像",手动结束录像。

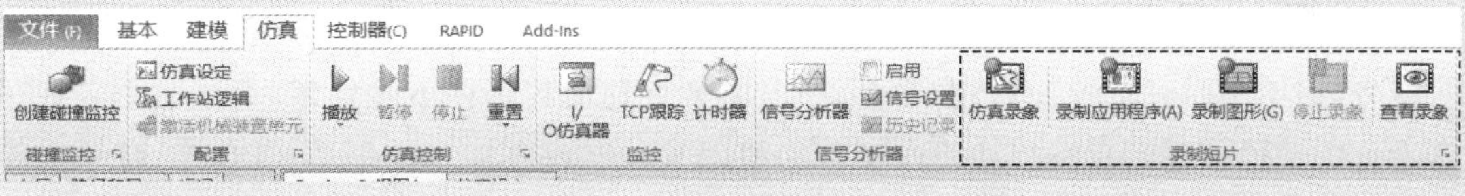

图 3-2-25　“录制短片”控件组

录制应用程序(A)：在“录制短片”控件组中，单击“录制应用程序(A)”捕获整个应用程序窗口，当完成录制时，单击“停止录像”，结束录像。

录制图形(G)：在“录制短片”控件组中，单击“录制图形(G)”仅捕获图形窗口，对窗口中的活动对象录制视频。当完成录制时，单击“停止录像”，结束录像。

查看录像：结束录制之后，视频会保存到已经设置好的文件夹里面，单击“查看录像”，重放最近一次录制的内容。

注意，“仿真录像”所录制图像的质量要高于使用录像功能和“录制图形(G)”所录制图像的质量。

协作探究，实施展示

任务指引：开展小组内讨论，每个同学对任务二进行分析，组长综合每位同学的意见，确定小组讨论后最终答案，每组派 1 位同学展示或陈述小组结论。

1. 小组组建

小组分工表见表 3-2-1。

表 3-2-1　小组分工表

班级		组名	
组长		学号	
组员	姓名	学号	分工

2. 基础任务

任务二：本项目任务一中利用“自动路径”功能创建的程序还不够完整，只是基本完成了机器人打磨工件倒角的目标。接下来请你对机器人打磨程序进行优化，完善程序，让作品更加完美，并仿真监控运行，录制仿真视频。

目标 1：在 RobotStudio 软件中完成打磨程序的优化并记录优化过程。

第一步：____。

第二步：____。

第三步：____。

第四步：____。

第五步：____。

第六步：____。

第七步：____。

第八步：____。

目标 2：设置碰撞监控与 TCP 跟踪，调整不合理的目标点，仿真监控运行，录制仿真视频，并填空。

(1)机器人路径创建完成后为保证路径的正确，还必须对路径的________进行验证。

(2)为机器人目标点进行轴参数配置主要有________和________两种方法。

(3)在实际应用中，往往还需要对机器人路径进行优化，加入________点、________点和________点。

(4)机器人路径优化完成后还需在“基本”功能选项卡中，单击________，选择________，完成相应的同步工作。

(5)“仿真录像”所录制图像的质量要________使用录像功能和“录制图形(G)”所录制图像的质量。

(6)在 RobotStudio 软件中为机器人创建自动路径时，有________、________和________三种近似值参数可以选择。

(7)将需要检测的对象拖动到相应的碰撞集________和________中，只要________中的任何对象与________中的对象发生碰撞，此碰撞信息都将显示在图形视图里并记录在输出窗口中，从而实现________。

3. 提高任务

岗位任务：请在 RobotStudio 软件中导入图 3-2-26 所示快换圆盘模型，用“自动路径”功能创建工业机器人打磨程序，调试运行程序，使机器人能够打磨工件边沿倒角，优化程序，仿真监控工作站运行，并录制仿真视频。

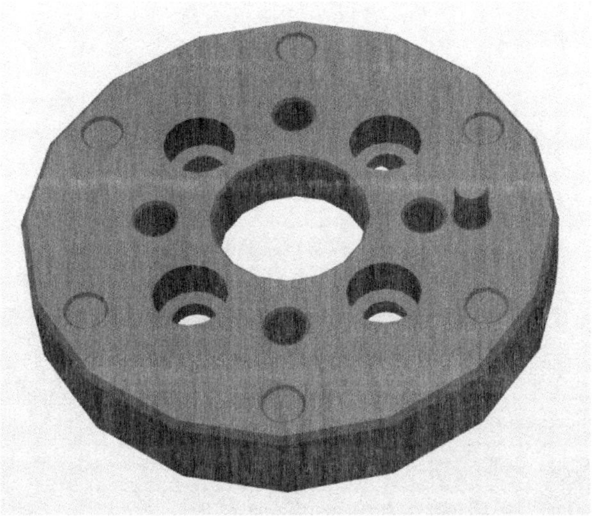

图 3-2-26　快换圆盘模型

4. 决策评估

方案决策单见表 3-2-2。

表 3-2-2　方案决策单

方案决策						
组别		组长		日期		
学习任务	优化与调试打磨程序					
岗位情景	优化打磨程序，并仿真监控运行，录制仿真视频					
方案 1 描述						
方案 2 描述						
方案 3 描述						
评估决策						
序号	可行性	经济性	操作性	实施难度	方案等级评价	
方案 1	□高　□低	□好　□差	□强　□弱	□高　□低	□优　□良　□中　□差	
方案 2	□高　□低	□好　□差	□强　□弱	□高　□低	□优　□良　□中　□差	
方案 3	□高　□低	□好　□差	□强　□弱	□高　□低	□优　□良　□中　□差	
评价决策	综合评价					
	终选方案	□方案 1　□方案 2　□方案 3				

检查评价，总结反思

1. 学生自评

活动过程自评表见表 3-2-3。

表 3-2-3　活动过程自评表

班级		组名		日期	
序号	评价要素			分值	分数
1	能在 RobotStudio 仿真软件中完善机器人离线轨迹程序			20	
2	能使用机器人碰撞监控功能和 TCP 跟踪功能			20	
3	能说出碰撞监控功能和 TCP 跟踪功能的作用			10	
4	能够灵活调整机器人目标点姿态			10	
5	能使优化后的程序符合上机实训操作的“安全操作”要求			10	
6	能仿真运行工作站			20	
7	能录制工作站仿真运行视频			10	
自评分数					
自我总结与反思					

2. 小组互评

活动过程评价小组互评表见表 3-2-4。

表 3-2-4　活动过程评价小组互评表

班级		被评组名		日期	
序号	评价要素			分值	分数
1	与教师、同学之间能够保持多向、丰富、适宜的信息交流			10	
2	与教师、同学之间相互尊重、理解			10	
3	能处理好合作学习和独立思考之间的关系，做到有效学习			10	
4	能提出有意义的问题或能发表个人见解			20	

续表

序号	评价要素	分值	分数
5	能按要点正确操作，能够倾听、协作、分享	20	
6	能发现问题、提出问题、分析问题、解决问题、创新问题	20	
7	能严肃、认真地对待自评，并能独立完成自测试题	10	
自评分数			
简要评述			

3. 教师评价

教师评价表见表 3-2-5。

表 3-2-5　教师评价表

姓名		组别		日期	
序号	评分点	分值	评分标准	得分	
1	(1)表述仪态自然，吐字清晰	10	表述仪态不自然或吐字模糊酌情扣分		
	(2)表述思路清晰、层次分明、准确		表述思路模糊或层次不清酌情扣分		
2	(1)分析轨迹优化点准确	10	轨迹优化点分析不准确酌情扣分		
	(2)理论知识回顾完整、分组分工明确		知识不完整、分工不明确酌情扣分		
3	(1)完成轨迹优化	10	遗漏一个轨迹优化点扣 5 分		
	(2)确定指令参数	10	符合要求得 10 分，不符合要求得 0 分		
4	(1)正确创建碰撞监控	20	正确得 20 分，错误得 0 分		
	(2)完成基础任务的填空	10	每错一项扣 1 分，扣完为止		
	(3)完成提高任务中模型的打磨轨迹优化和监控录像	10	正确得 10 分，错误得 0 分		
	(4)在任务完成过程中纪律良好	10	根据课堂表现酌情扣分		
5	(1)依据自评分数	5			
	(2)依据个人总结评价报告	5			
	满分	100	得分		

4. 总结反思

任务实施完成后，学生需要根据实际情况，通过指导老师对实施情况的点评来分析自身的不足之处，寻找三个关键问题进行思考，填表 3-2-6，做到及时的自查自省和总结。

表 3-2-6 总结反思问题记录表

序号	任务目标	存在的问题	解决的方法
1			
2			
3			

项目总结

本项目为工业机器人打磨仿真工作站，包含两个任务。任务一为创建打磨程序，包含创建机器人打磨曲线、创建机器人打磨路径、自动路径轨迹目标点调整等内容。任务二为优化与调试打磨程序，包含优化程序并仿真运行、工作站碰撞监控与 TCP 跟踪、仿真录像等内容。

3-2-1 离线轨迹编程的关键点

项目三 拓展升华

项目四
工业机器人涂胶仿真工作站

项目描述

使用 RobotStudio 软件进行工业机器人离线编程或仿真验证时，如果工作站中工业机器人的节拍、到达能力等参数，对周边模型要求不是非常细致与精确，可以使用简单的、等同实际大小的基本模型进行代替。因此，建模功能在工业机器人离线编程中是最为基础的一部分，直接决定着工业机器人离线编程或仿真验证的准确性。工业机器人系统操作员不仅要掌握简单的建模功能，还要具备将简单模型创建为具有工厂中常用机械功能的装置的技能。国家职业技能标准中也对此提出了相应的要求。

在本项目中以 ABB 120 工业机器人的手机外壳涂胶仿真工作站为载体，学生在完成任务的过程中能够学会创建机械装置、配置 I/O、添加事件管理器和创建输送带。在任务实施部分，通过实际生产案例，学生可将所学知识运用到实际工作中，将理论与实际相结合。

学习情境

随着社会的发展，手机的生产量逐年增加。手机外壳可对手机起到保护作用，如果采用人工涂胶或自动化程度很低的作业设备，劳动强度大，涂敷均匀性、一致性差，影响手机外壳质量。因此，采用自动化作业线将成为一种必然的趋势。

目前，某公司在新投产的生产线中，采用工业机器人和自动翻转机相配合对手机外壳进行正反面边缘涂胶，涂胶完毕，使用输送带将手机外壳传送至下一工位，如图 4-0-1 所示。自动翻转机和工业机器人是两套独立的设备，在涂胶过程中通过交换信号实现各自的功能。在工作站中，工业机器人将手机外壳从正面边缘涂胶完毕后，发出信号，自动翻转机将手机外壳旋转翻面后发出信号给工业机器人，工业机器人进行手机外壳反面涂胶。如果旋转动作提前或滞后，将会使手机外壳发生变形而成为废料，也会在一定程度上损坏自动翻转机、机器人手爪，甚至机器人本体。工业机器人系统操作员应先在 RobotStudio 软件中脱离实际硬件进行编程和仿真，再在实际工业机器人工作站中进行验证调试。

图 4-0-1　工作站布局图

学习提纲

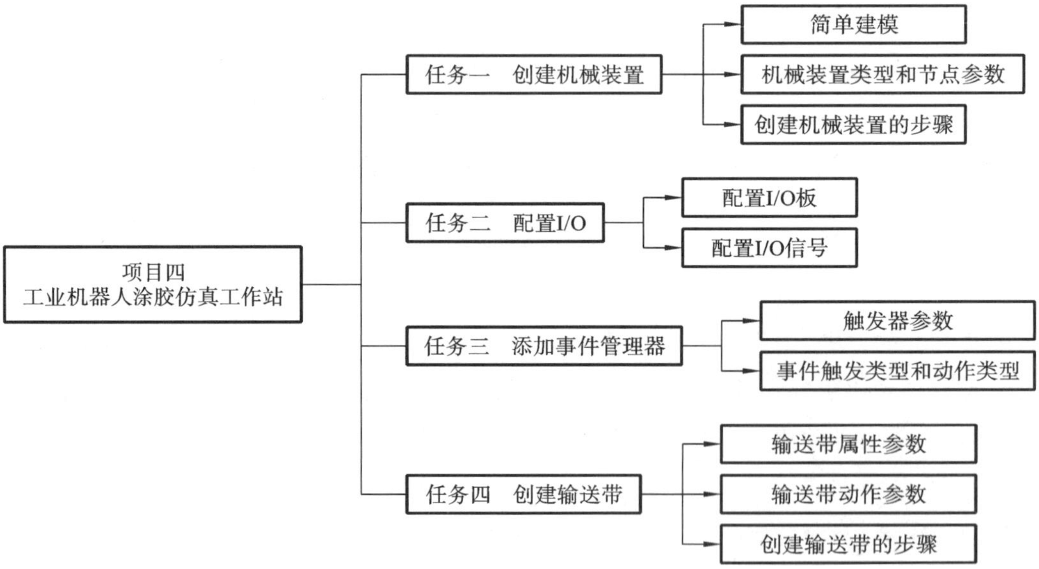

任务一　创建机械装置

情景导入，任务发布

4-1-1　创建机械装置之旋转类设备

1. 任务发布

创建机械装置是工业机器人离线编程与示教编程的基本区别，也是工业机器人虚拟仿真的重要部分。本任务需要创建自动翻转机，为工业机器人的手机外壳涂胶仿真工作站的正常运行奠定基础。

2. 任务分析

任务分析	
任务名称	创建机械装置。
任务地位	正确创建自动翻转机，是工业机器人的手机外壳涂胶仿真工作站正常运行的基础。
任务流程	(1)认识常见的机械装置类型。 (2)了解机械装置的关节。 (3)选择自动翻转机的机械装置类型。 (4)设置自动翻转机的节点参数。 (5)设置自动翻转机的姿态与转换时间。

3. 目标要求

任务目标要求	
岗位要求	本任务要求工业机器人系统操作员能使用 RobotStudio 软件创建机械装置，模拟自动翻转机的运行。

续表

任务目标要求	
课程目标	知识目标 (1)能说出常见的机械装置包含哪些类型。 (2)能说出机械装置包含哪几个关节。 技能目标 (1)能正确选择机械装置的类型。 (2)能正确设置自动翻转机的节点参数。 (3)能根据任务情景和要求正确创建自动翻转机。 情感目标 (1)通过小组合作学习,培养学生的团队精神和爱岗敬业精神。 (2)通过自主探究式学习,培养学生的钻研精神。 (3)通过 8S 管理,提升学生的职业素养和培养学生的工匠精神。
大赛要求	能够按照给定要求,在 RobotStudio 软件中进行建模。
证书技能要求	对应工业机器人系统操作员国家职业技能标准技能点 能使用离线编程软件创建机器人系统作业场景。

问题引导,自主学习

1. 引导问题

引导问题 1:常见的机械装置类型有哪些?

引导问题 2:机械装置包含几个关节? 分别是什么?

引导问题 3:按照任务情景和要求,自动翻转机属于哪种机械装置类型?

引导问题 4:自动翻转机需要设置哪些节点参数?

引导问题 5:自动翻转机如何自动翻面?

2. 任务知识点

1)常见机械装置类型

在 RobotStudio 软件中可以通过创建机械装置来模拟外部对象,如转盘、夹具等。部分机械装置类型如下。

(1)机器人:一种可以通过虚拟控制器控制的带 TCP 的机械装置。

(2)设备:不带 TCP 的机械装置。

(3)外部轴:不带 TCP,但可以由虚拟控制器控制的机械装置,如轨道运动系统、工件定位器。外部轴可以控制机器人,如轨道控制系统。

(4)工具:一种机器人可以移动的带 TCP 的机械装置。

注意,一个机械装置必须包含两个链接。

2)“创建机械装置”对话框

在“创建机械装置”对话框中,“机械装置模型名称”用于指定机械装置的名称;“机械装置类型”用于指定机械装置的类型;“树视图”包含“链接”“接点”“框架”“校准”和“依赖性”五个节点参数;“编译机械装置”用于编译机械装置,只有在机械装置可编辑且模型名称合法的情况下,才能进行此操作。

3. 掌握新知

问题 1:常见的机械装置类型有哪些?将答案填入表 4-1-1 中。

表 4-1-1　常见机械装置类型总结表

序号	类型	说明
1		
2		
3		
4		

问题 2:机械装置包含几个关节?分别是什么?

知识库

※选择自动翻转机的机械装置类型

由于自动翻转机是独立的设备，因此机械装置类型选为“设备”。操作步骤如图 4-1-1 所示。

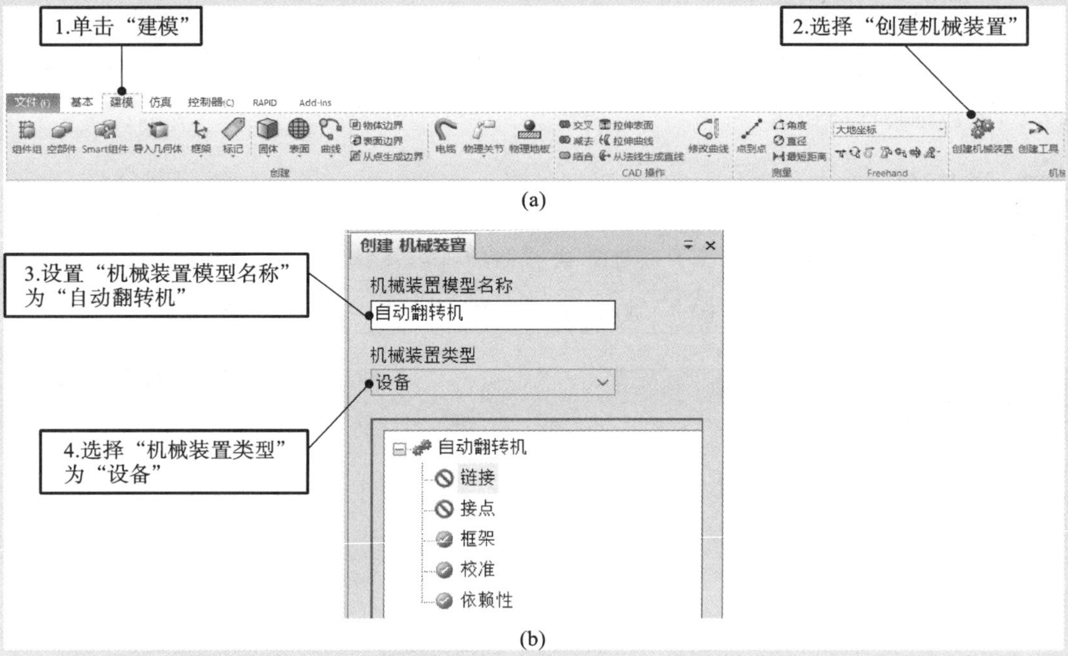

图 4-1-1　选择机械装置类型

※设置自动翻转机的节点参数

将自动翻转机的机械装置类型选为“设备”后，需要设置设备的节点参数，其中，“框架”“校准”“依赖性”三个节点参数均已合法，无须设置，只需分别设置“链接”和“接点”，步骤如下。

(1)双击“链接”。

(2)设置链接相关参数。自动翻转机由旋转杆和旋转面(即手机外壳)组成,本任务将旋转面作为子链接,旋转杆作为父链接(BaseLink),分别创建链接,如图 4-1-2 和图 4-1-3 所示。

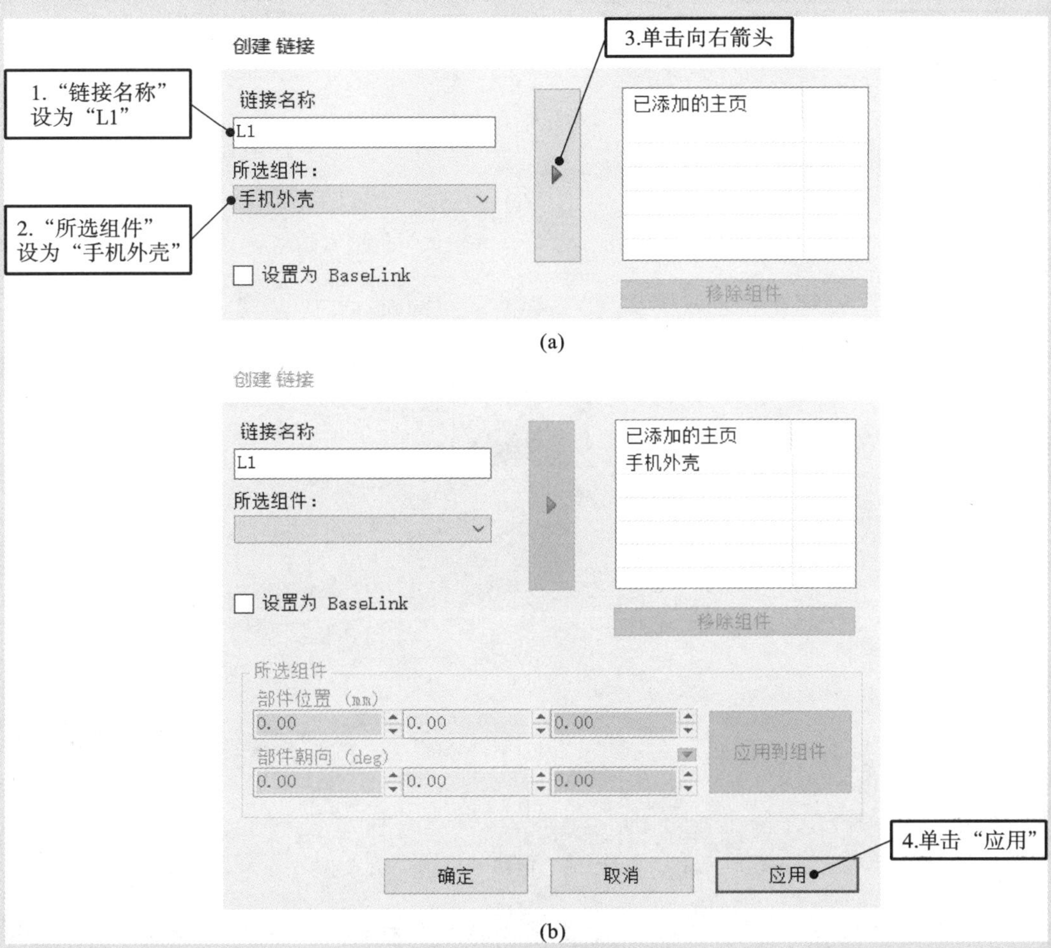

图 4-1-2　创建子链接

注:BaseLink 是运动链的起始位置,它必须是一个关节的父链接,一个机械装置只能有一个 BaseLink。

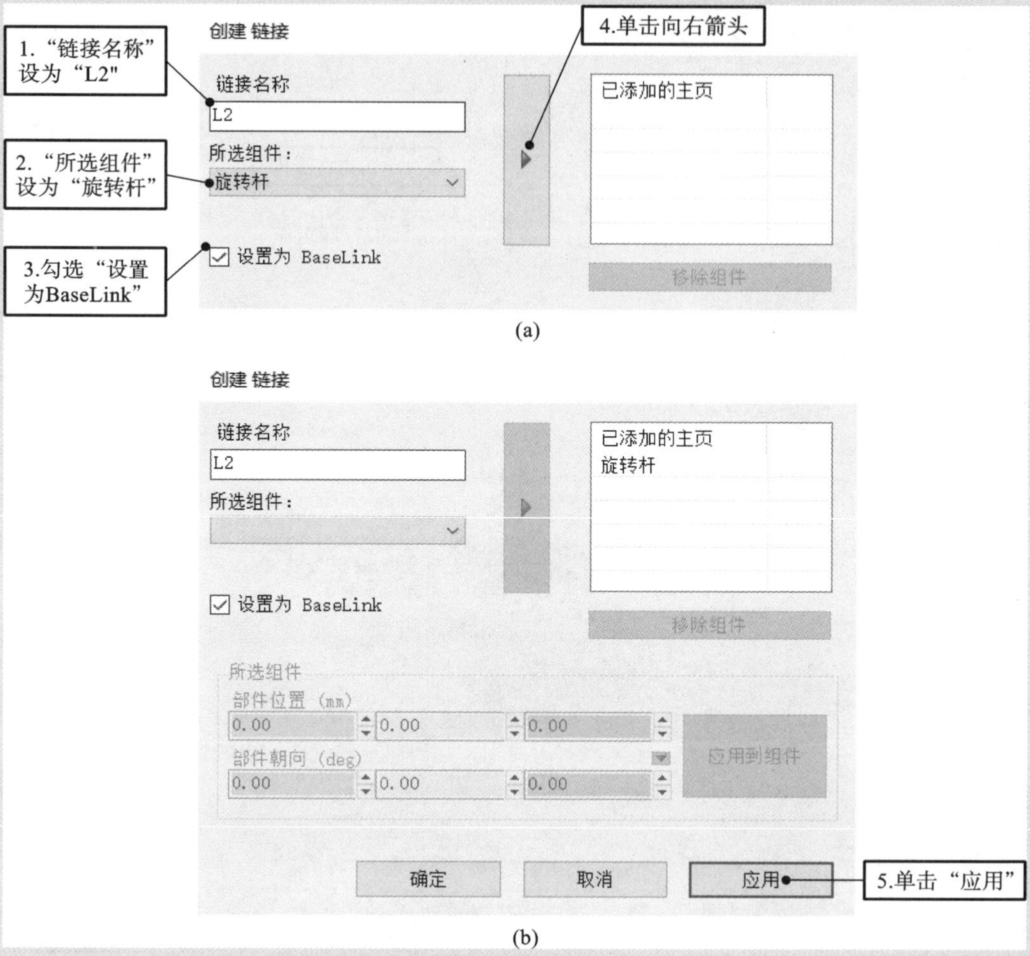

图 4-1-3　创建父链接

(3)添加接点，如图 4-1-4 所示。接点是两个相对移动链接所在的轴。

(4)设置接点相关参数。关节有三种类型，分别为“旋转的”“往复的”和“四杆”。选择关节类型时，图形窗口中将显示黄绿色的线。接点重要参数说明见表 4-1-2。

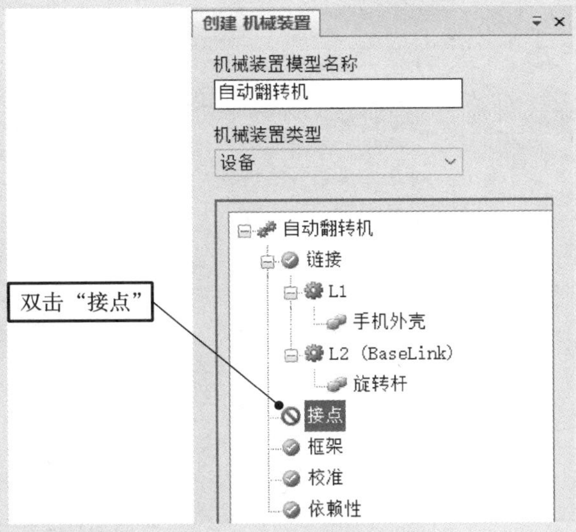

图 4-1-4　添加接点

表 4-1-2　接点重要参数说明表

序号	参数	说明
1	关节轴	指定子链接移动时所绕或所沿的轴
2	第一个位置	指定轴向量的起点
3	第二个位置	指定轴向量的终点
4	最小限值	指定最小关节限值
5	最大限值	指定最大关节限值

按照表 4-1-2 中的说明，设置接点相关参数，如图 4-1-5 所示。

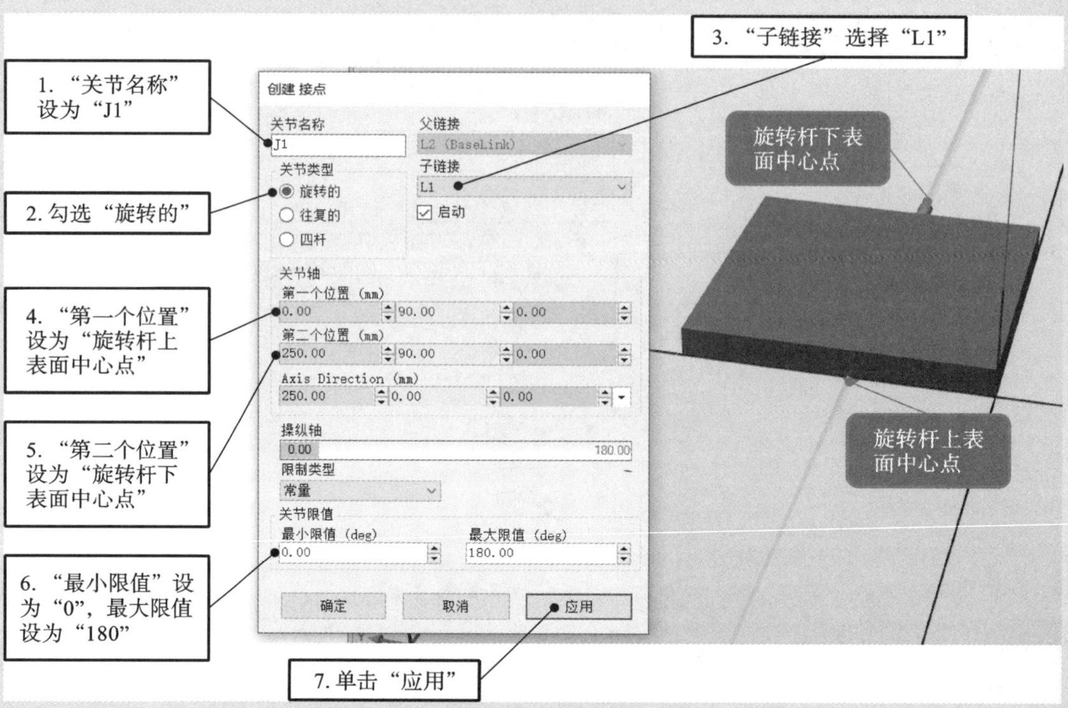

图 4-1-5 设置接点相关参数

问题 3：按照任务情景和要求，自动翻转机属于哪种机械装置类型？

问题 4：自动翻转机需要设置哪些节点参数？

知识库

※编译机械装置的时机与方法

所有节点参数合法后，编译机械装置，如图 4-1-6 所示。

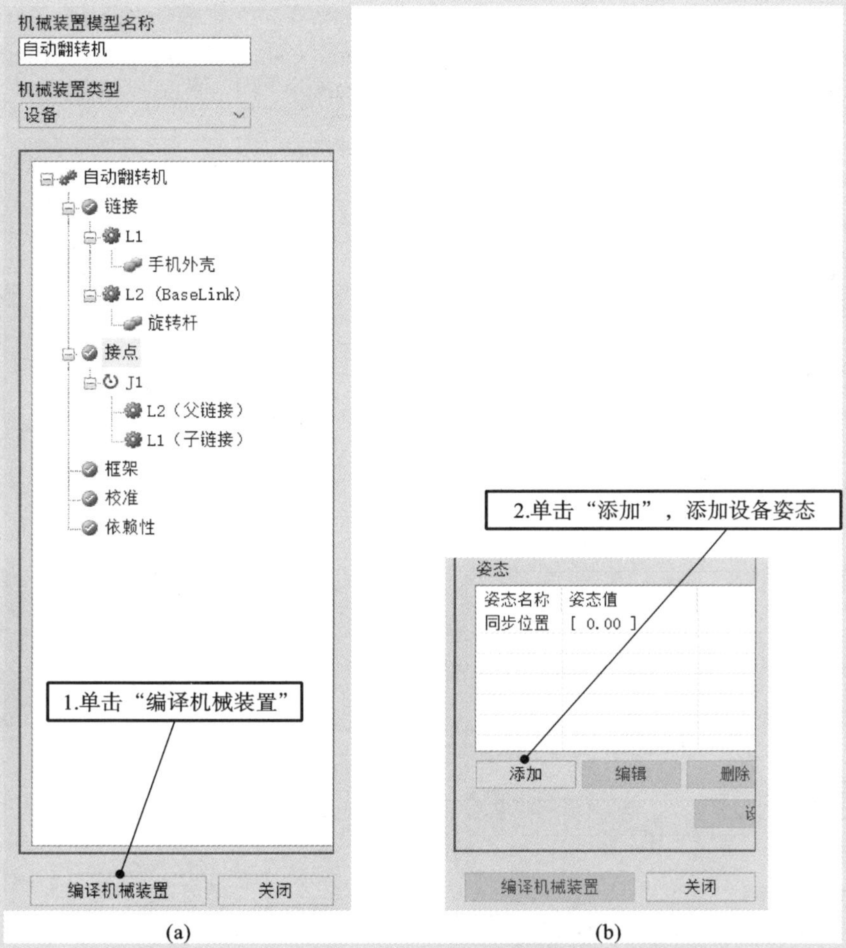

图 4-1-6　编译机械装置

※设置自动翻转机的姿态与转换时间

(1)添加姿态。按照任务情景和要求,分别添加原点位置和旋转位置,如图 4-1-7 所示。

(2)设置转换时间。设置两个位置相互翻转的转换时间,如图 4-1-8 所示。

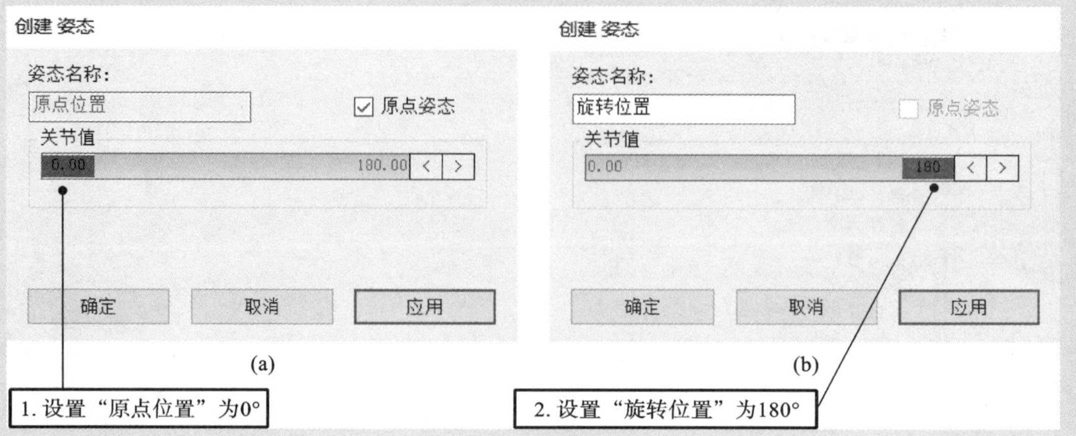

图 4-1-7　添加两个姿态

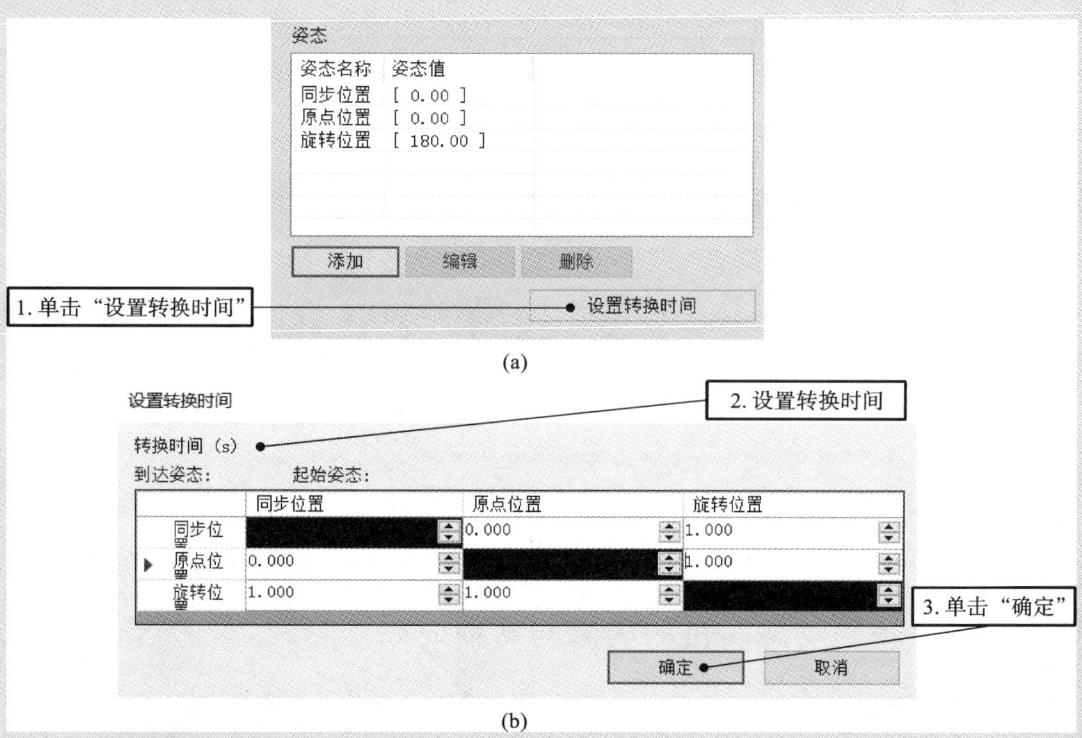

图 4-1-8　设置转换时间

问题 5：自动翻转机如何自动翻面？

协作探究，实施展示

任务指引：开展小组内讨论，每个同学对任务一进行分析，组长综合每位同学的意见，确定小组讨论后最终答案，每组派 1 位同学展示或陈述小组结论。

1. 小组组建

小组分工表见表 4-1-3。

表 4-1-3　小组分工表

班级		组名	
组长		学号	
组员	姓名	学号	分工

2. 基础任务

任务一：请在 RobotStudio 软件中自行创建自动翻转机，并完成以下目标。

目标 1：在 RobotStudio 软件中完成自动翻转机的创建并填写创建步骤。

第一步：____

____。

第二步：____

____。

第三步：____

____。

第四步：____

____。

第五步：____

____。

第六步：____

____。

目标 2：根据所学创建机械装置的知识与技能填空。

（1）自动翻转机的机械装置类型为________。

（2）自动翻转机需要设置________和________关节参数。

（3）在自动翻转机中，________为父链接，________为子链接。

（4）在自动翻转机中，接点的关节类型是________。

（5）在自动翻转机中，接点的最小关节限值是________，最大关节限值是________。

3. 提高任务

岗位任务：请创建图 4-1-9 所示的旋转型机械装置，其旋转范围为－180°～＋360°。

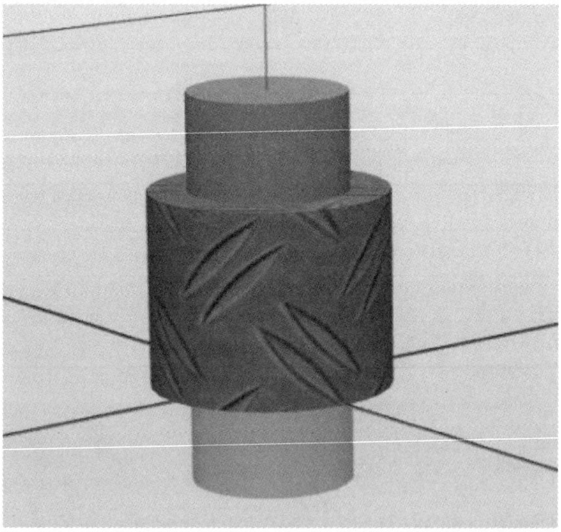

图 4-1-9　旋转型机械装置

4. 决策评估

方案决策单见表 4-1-4。

表 4-1-4　方案决策单

方案决策					
组别		组长		日期	
学习任务	创建机械装置				
岗位情景	创建旋转型机械装置				
方案 1 描述					
方案 2 描述					
方案 3 描述					

续表

评估决策					
序号	可行性	经济性	操作性	实施难度	方案等级评价
方案 1	□高　□低	□好　□差	□强　□弱	□高　□低	□优　□良　□中　□差
方案 2	□高　□低	□好　□差	□强　□弱	□高　□低	□优　□良　□中　□差
方案 3	□高　□低	□好　□差	□强　□弱	□高　□低	□优　□良　□中　□差
评价决策	综合评价				
	终选方案	□方案 1　□方案 2　□方案 3			

检查评价，总结反思

1. 学生自评

活动过程自评表见表 4-1-5。

表 4-1-5　活动过程自评表

班级		组名		日期	
序号	评价要素			分值	分数
1	能了解并熟知常用机械装置的类型			5	
2	能根据不同的任务要求正确选择不同类型的机械装置			5	
3	能说出机械装置所包含的关节参数			5	
4	能够正确设置父链接与子链接			10	
5	能够正确选择接点的关节类型			10	
6	能够根据任务要求捕捉合适的关节轴的第一个位置和第二个位置			30	
7	能够根据任务要求设置正确的关节最小限值和最大限值			20	
8	能够根据任务要求设置合适的机械装置的姿态			15	
自评分数					
自我总结与反思					

2. 小组互评

活动过程评价小组互评表见表 4-1-6。

表 4-1-6　活动过程评价小组互评表

班级		被评组名		日期	
序号	评价要素			分值	分数
1	与教师、同学之间能够保持多向、丰富、适宜的信息交流			10	
2	与教师、同学之间相互尊重、理解			10	
3	能处理好合作学习和独立思考之间的关系，做到有效学习			10	
4	能提出有意义的问题或能发表个人见解			20	
5	能按要点正确操作，能够倾听、协作、分享			20	
6	能发现问题、提出问题、分析问题、解决问题、创新问题			20	
7	能严肃、认真地对待自评，并能独立完成自测试题			10	
自评分数					
简要评述					

3. 教师评价

教师评价表见表 4-1-7。

表 4-1-7　教师评价表

姓名		组别		日期	
序号	评分点	分值	评分标准	得分	
1	(1)表述仪态自然，吐字清晰	10	表述仪态不自然或吐字模糊酌情扣分		
	(2)表述思路清晰、层次分明、准确		表述思路模糊或层次不清酌情扣分		
2	(1)分析机械装置的关键点准确	10	机械装置分析不准确酌情扣分		
	(2)理论知识回顾完整，分组分工明确		知识不完整、分工不明确酌情扣分		

续表

序号	评分点	分值	评分标准	得分
3	(1)完成机械装置的简单建模工作	10	一个模型创建错误扣 5 分	
	(2)确定模型摆放	10	符合要求得 10 分,不符要求得 0 分	
4	(1)正确创建自动翻转机	20	正确得 20 分,错误得 0 分	
	(2)完成基础任务的填空	10	每错一项扣 1 分,扣完为止	
	(3)完成提高任务中旋转类模型的创建	10	正确得 10 分,错误得 0 分	
	(4)在任务完成过程中纪律良好	10	根据课堂表现酌情扣分	
5	(1)依据自评分数	5		
	(2)依据个人总结评价报告	5		
	满分	100	得分	

4. 总结反思

任务实施完成后,学生需要根据实际情况,通过指导老师对实施情况的点评来分析自身的不足之处,寻找三个关键问题进行思考,填写表 4-1-8,做到及时的自查自省和总结。

表 4-1-8　总结反思问题记录表

序号	任务目标	存在的问题	解决的方法
1			
2			
3			

任务二　配置 I/O

情景导入，任务发布

1. 任务发布

自动翻转机和工业机器人是两套独立的设备，在涂胶过程中，通过交换信号实现各自的功能。本任务要求在 RobotStudio 仿真软件中配置 DSQC652 型 I/O 板和数字输出信号 DO_fanzhuan，为接下来实现翻转机的自动翻转奠定基础。

2. 任务分析

任务分析	
任务名称	配置 I/O。
任务地位	按要求正确配置 I/O 板与 I/O 信号，是自动翻转机和工业机器人相互“交流”的关键。
任务流程	(1)确定 I/O 板的类型和地址。 (2)配置 I/O 板。 (3)确定信号的类型和所占用的地址。 (4)配置数字输出信号。

3. 目标要求

任务目标要求	
岗位要求	本任务要求工业机器人系统操作员能使用 RobotStudio 软件配置 I/O。
课程目标	知识目标 (1)能说出常见的 I/O 板型号。 (2)能说出常用的 I/O 信号类型。

续表

任务目标要求	
课程目标	技能目标 (1)能根据任务要求在 RobotStudio 软件中正确配置 DSQC652 型 I/O 板。 (2)能根据任务要求在 RobotStudio 软件中正确配置数字输出信号 DO_fanzhuan。 情感目标 (1)通过课前自主探究,提高学生查阅资料、自主学习的能力。 (2)通过组员提议与小组分享,提高学生的沟通表达能力。
证书技能要求	对应工业机器人系统操作员国家职业技能标准技能点 能配置工业机器人 I/O 信号。

问题引导,自主学习

4-2-1　配置 I/O

1. 引导问题

引导问题 1:常见的 I/O 板和 I/O 信号有哪些?

引导问题 2:DSQC652 型 I/O 板有几种信号?每种信号分别有几个?地址范围是什么?

引导问题 3:配置 I/O 板需要设定的相关参数有哪些?

引导问题 4:配置 I/O 信号需要设定的相关参数有哪些?

2. 任务知识点

1)工业机器人 I/O 通信

ABB 工业机器人提供了丰富的 I/O 通信接口(见图 4-2-1),可以轻松地与周边设备进行通信。

2)工业机器人标准 I/O 板

ABB 标准 I/O 板提供的常用信号有数字输入(DI)、数字输出(DO)、模拟输入(AI)、模拟输出(AO)以及输送链跟踪等信号(见图 4-2-2)。ABB 机器人还可以选配标准 ABB 的 PLC,省去了原来与外部 PLC 进行通信设置的麻烦,并且在工业机器人示教器上就能实现与 PLC 相关的操作。

ABB机器人			
	PC	现场总线	ABB标准
01	RS232通信	Device net	标准I/O板
02	OPC server	Profibus	PLC
03	Socket Message	Profibus-DP	...
04		Profinet	...
05		Ethernet IP	...

图 4-2-1　ABB 机器人通信种类

常用ABB标准I/O板		
	型号	说明
01	DSQC651	分布式I/O模块 di8、do8、ao2
02	DSQC652	分布式I/O模块 di16、do16
03	DSQC653	分布式I/O模块 di8、do8带继电器
04	DSQC355A	分布式I/O模块 ai4、ao4
05	DSQC377A	输送链跟踪单元

图 4-2-2　常用 ABB 标准 I/O 板

3)工业机器人 I/O 信号

以 ABB 标准 I/O 板 DSQC652 为例,进行详细的讲解。DSQC652 板(见图 4-2-3)主要提供 16 个数字输入信号和 16 个数字输出信号的处理。

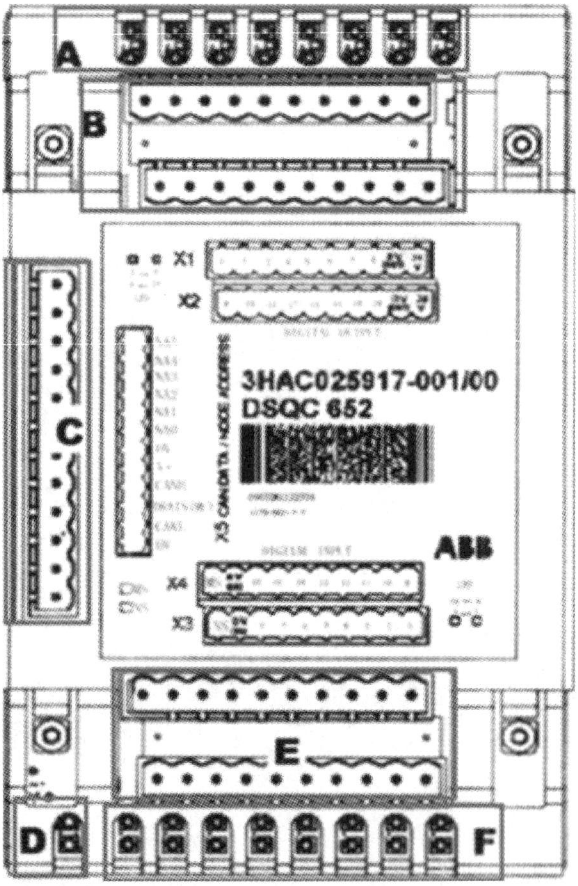

图 4-2-3　DSQC652 板端口组成

注:A—数字输出信号指示灯;B—数字输出接口 X1、X2;C—DeviceNet 接口 X5;

D—模块状态指示灯;E—数字输入接口 X3、X4;F—数字输入信号指示灯。

(1)X1 端子。

X1 端子接口包括 8 个数字输出,其定义如图 4-2-4 所示。

(2)X2 端子。

X2 端子接口包括 8 个数字输出,其定义如图 4-2-5 所示。

X1端子接口定义

	X1端子编号	使用定义	地址分配
01	1	OUTPUT CH1	0
02	2	OUTPUT CH2	1
03	3	OUTPUT CH3	2
04	4	OUTPUT CH4	3
05	5	OUTPUT CH5	4
06	6	OUTPUT CH6	5
07	7	OUTPUT CH7	6
08	8	OUTPUT CH8	7
09	9	0V	
10	10	24V	

图 4-2-4　X1 端子接口定义

X2端子接口定义

	X2端子编号	使用定义	地址分配
01	1	OUTPUT CH9	8
02	2	OUTPUT CH10	9
03	3	OUTPUT CH11	10
04	4	OUTPUT CH12	11
05	5	OUTPUT CH13	12
06	6	OUTPUT CH14	13
07	7	OUTPUT CH15	14
08	8	OUTPUT CH16	15
09	9	0V	
10	10	24V	

图 4-2-5　X2 端子接口定义

(3)X3 端子。

X3 端子接口包括 8 个数字输入,其定义如图 4-2-6 所示。

(4)X4 端子。

X4 端子接口包括 8 个数字输入,其定义如图 4-2-7 所示。

X3端子接口定义

	X3端子编号	使用定义	地址分配
01	1	IUTPUT CH1	0
02	2	IUTPUT CH2	1
03	3	IUTPUT CH3	2
04	4	IUTPUT CH4	3
05	5	IUTPUT CH5	4
06	6	IUTPUT CH6	5
07	7	IUTPUT CH7	6
08	8	IUTPUT CH8	7
09	9	0V	
10	10	未使用	

图 4-2-6　X3 端子接口定义

X4端子接口定义

	X4端子编号	使用定义	地址分配
01	1	IUTPUT CH9	8
02	2	IUTPUT CH10	9
03	3	IUTPUT CH11	10
04	4	IUTPUT CH12	11
05	5	IUTPUT CH13	12
06	6	IUTPUT CH14	13
07	7	IUTPUT CH15	14
08	8	IUTPUT CH16	15
09	9	0V	
10	10	未使用	

图 4-2-7　X4 端子接口定义

(5)X5 端子。

X5 端子是 DeviceNet 接口,其定义如图 4-2-8 所示。

X5 端子编号 6～12 的跳线用来决定模块（I/O 板）在总线中的地址，可用范围为 10～63。如图 4-2-9 所示，如果将编号 8 和编号 10 的跳线剪去，2＋8＝10，就可以获得 10 的地址。

X5端子接口定义

	X5端子编号	使用定义
01	1	0V BLACK
02	2	CAN信号线low BLUE
03	3	屏蔽线
04	4	CAN信号线high WHITE
05	5	24V RED
06	6	GND 地址选择公共端
07	7	模块ID bit0（LSB）
08	8	模块ID bit1（LSB）
09	9	模块ID bit2（LSB）
10	10	模块ID bit3（LSB）
11	11	模块ID bit4（LSB）
12	12	模块ID bit5（LSB）

图 4-2-8　X5 端子接口定义

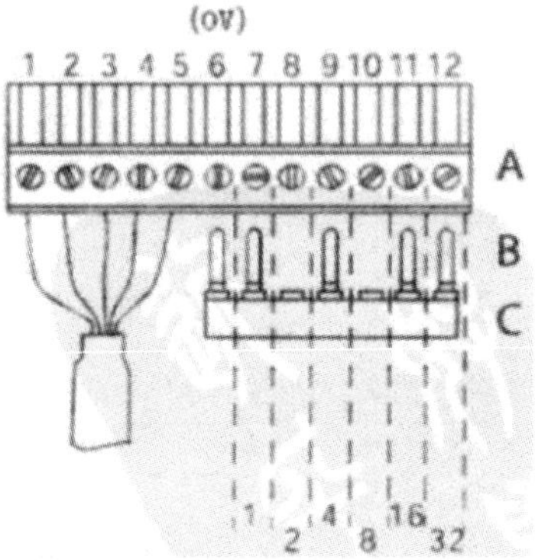

图 4-2-9　地址分配

3. 掌握新知

问题 1：常见的 I/O 板和 I/O 信号有哪些？将答案填入表 4-2-1 中。

表 4-2-1　常见 I/O 类型总结表

序号	I/O 板类型	I/O 信号种类
1		
2		
3		
4		
5		
6		

问题 2：DSQC652 型 I/O 板有几种信号？每种信号分别有几个？地址范围是什么？将答案填入表 4-2-2 中。

表 4-2-2　DSQC652 型 I/O 板总结表

序号	所包含 I/O 信号种类	信号个数	地址范围
1			
2			
3			
4			
5			
6			

知识库

※RobotStudio 软件中仿真配置 I/O 的相关参数说明

I/O 参数说明如图 4-2-10 所示。

<table>
<tr><th>列</th><th colspan="2">描述</th></tr>
<tr><td>名称</td><td colspan="2">显示信号的名称，名称由设备配置确定，不能在I/O系统进行改变</td></tr>
<tr><td rowspan="9">类型</td><td colspan="2">使用下表中列出的缩写显示信号类型</td></tr>
<tr><td>缩写</td><td>描述</td></tr>
<tr><td>DI</td><td>数字输入信号</td></tr>
<tr><td>DO</td><td>数字输出信号</td></tr>
<tr><td>AI</td><td>模拟输入信号</td></tr>
<tr><td>AO</td><td>模拟输出信号</td></tr>
<tr><td>GI</td><td>信号组，作为一个输入信号</td></tr>
<tr><td>GO</td><td>信号组，作为一个输出信号</td></tr>
<tr><td colspan="2">信号类型由设备配置确定，不能在I/O系统进行改变</td></tr>
<tr><td>值</td><td colspan="2">显示信号的值，双击信号行可编辑值</td></tr>
<tr><td>最小值</td><td colspan="2">显示信号的最小值</td></tr>
<tr><td>最大值</td><td colspan="2">显示信号的最大值</td></tr>
<tr><td>逻辑状态</td><td colspan="2">显示信号的仿真状态。当信号被仿真时，可以指定一个值来覆盖实际信号值。
通过打开/关闭仿真，可以在I/O系统改变信号的逻辑状态</td></tr>
<tr><td>单位</td><td colspan="2">显示信号所属的设备。此项由设备配置确定，不能在I/O系统进行改变</td></tr>
<tr><td>总线</td><td colspan="2">定义信号所属的工业网络。此项由工业网络配置确定，不能在I/O系统进行改变</td></tr>
<tr><td>仿真</td><td colspan="2">显示I/O设备在所连接的工业网络是否仿真</td></tr>
<tr><td>网络</td><td colspan="2">显示此I/O设备物理上连接的工业网络</td></tr>
<tr><td>设备</td><td colspan="2">显示真实I/O设备的逻辑表示</td></tr>
<tr><td>装置映射</td><td colspan="2">显示在指定I/O设备的I/O存储器中映射的I/O信号</td></tr>
<tr><td>类别</td><td colspan="2">显示I/O信号的自由文字分类</td></tr>
<tr><td>标签</td><td colspan="2">显示在I/O配置数据库中定义的信号标识标签</td></tr>
</table>

图 4-2-10　I/O 参数说明

※配置 I/O 板的步骤

I/O 板类型与地址需与实际设备一致，现使用 RobotSudio 软件仿真配置地址为 10 的 DSQC652 型 I/O 板。操作步骤如下。

(1)添加 I/O 板，如图 4-2-11 所示。

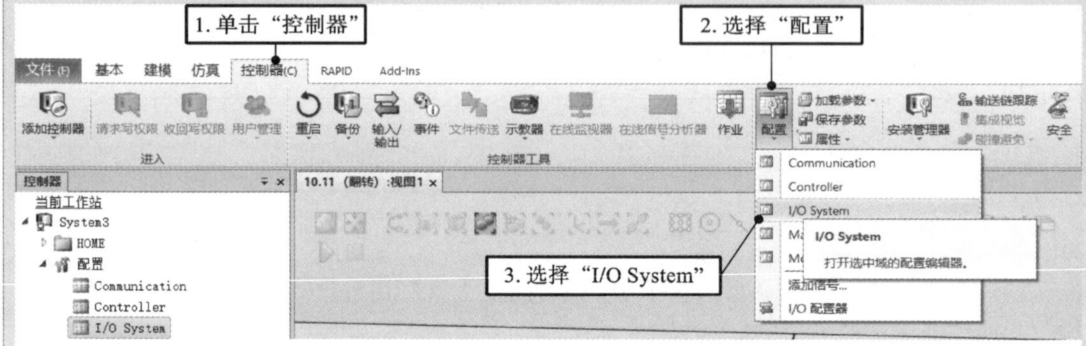

(a)

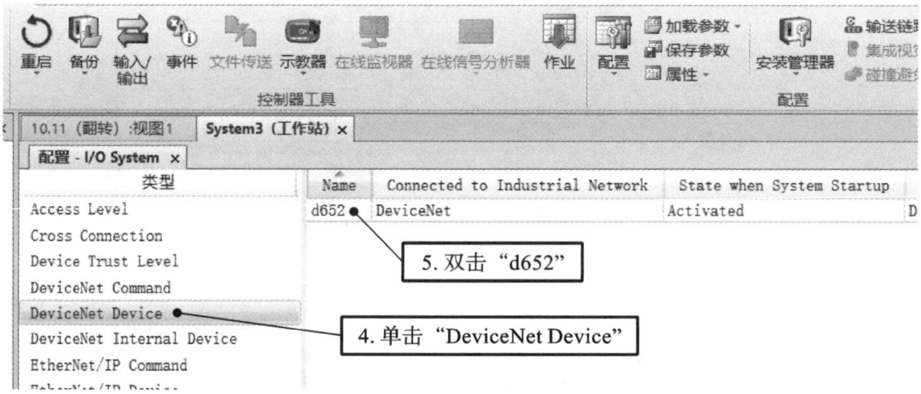

(b)

图 4-2-11　添加 I/O 板

(2)设定 I/O 板相关参数，如图 4-2-12 所示。

图 4-2-12　设定 I/O 板相关参数

※配置 I/O 信号的步骤

DSQC652 型 I/O 板有 16 个数字输入信号(地址范围为 0～15)和 16 个数字输出信号(地址范围为 0～15)。每个信号的地址均需与实际接线一致,设定 DO_fanzhuan 的地址为 1。具体操作步骤如下。

(1)创建信号，如图 4-2-13 所示。

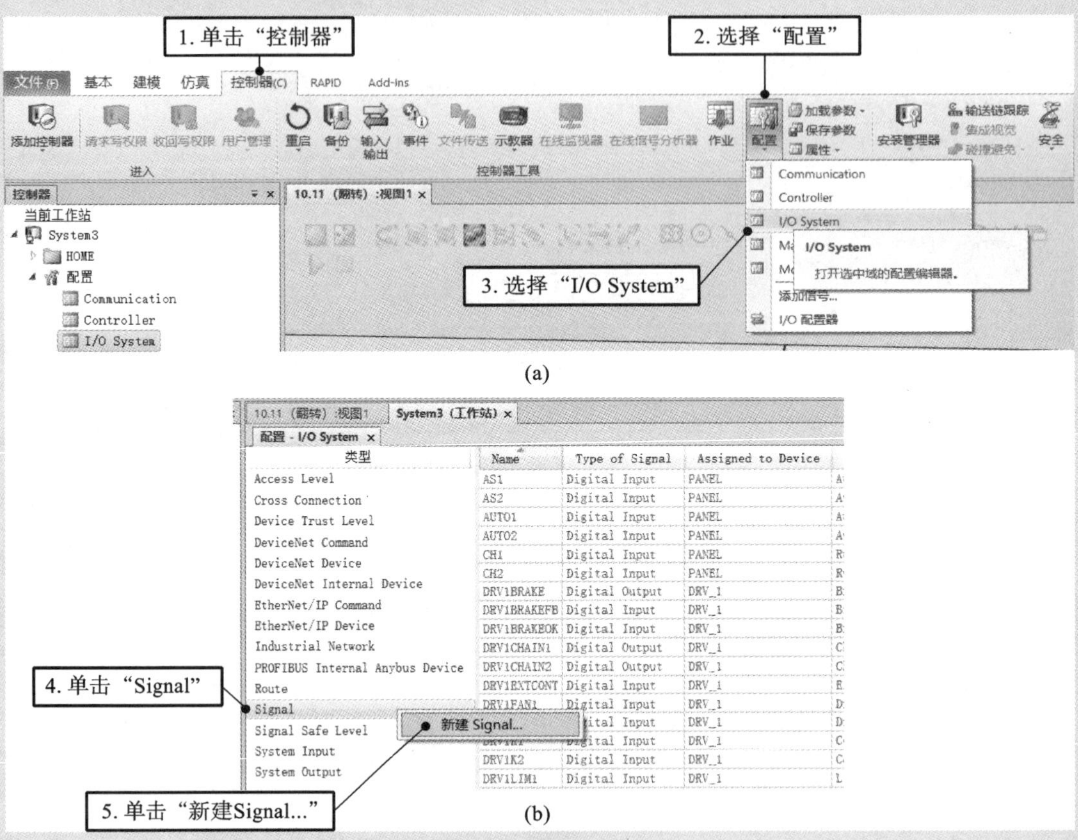

图 4-2-13　创建信号

(2)设定数字输出信号 DO_fanzhuan 的参数，如图 4-2-14 所示。

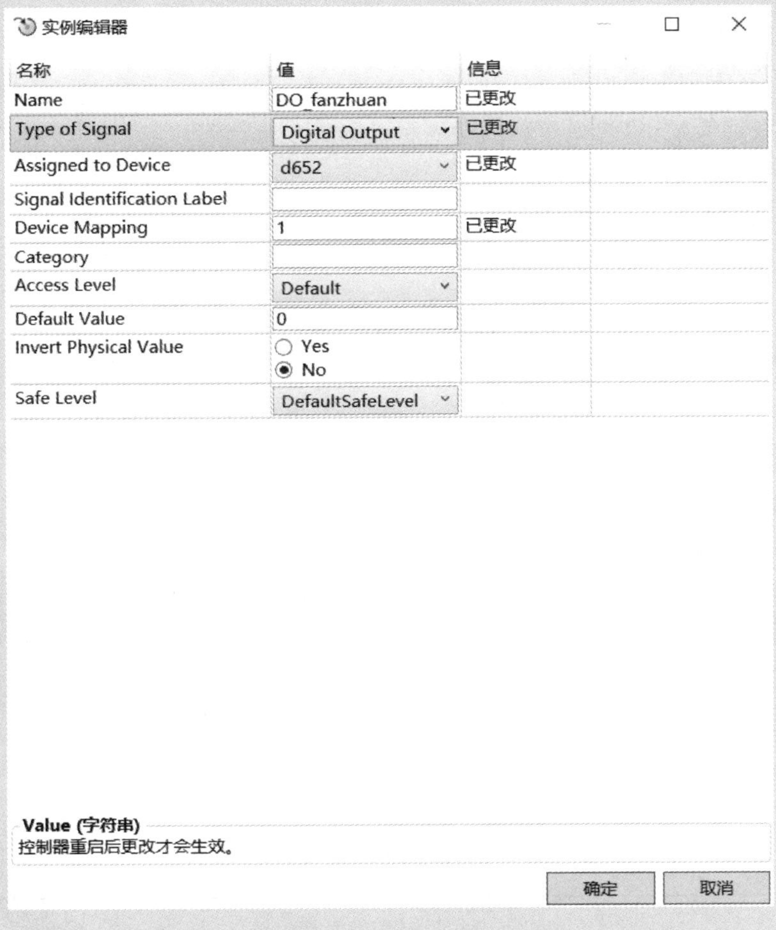

图 4-2-14　设定数字输出信号 DO_fanzhuan 的参数

问题 3:配置 I/O 板需要设定的相关参数有哪些?

问题 4:配置 I/O 信号需要设定的相关参数有哪些?

协作探究，实施展示

任务指引：开展小组内讨论，每个同学对任务二进行分析，组长综合每位同学的意见，确定小组讨论后最终答案，每组派 1 位同学展示或陈述小组结论。

1. 小组组建

小组分工表见表 4-2-3。

表 4-2-3　小组分工表

班级		组名	
组长		学号	
组员	姓名	学号	分工

2. 基础任务

任务二：请按照任务要求配置 I/O 板与 I/O 信号，配置完毕后完成以下目标。

目标 1：请按照表 4-2-4 填写配置此任务 I/O 板需要设定的参数。

表 4-2-4　I/O 板配置参数表

参数名称	设定值	说明
DeviceNet Device		设定 DeviceNet 总线连接单元
Name		设定 I/O 板在系统中的名字
Address		设定 I/O 板在总线中的地址

目标 2：请按照表 4-2-5 填写配置 I/O 信号需要设定的参数。

表 4-2-5　I/O 信号配置参数表

参数名称	设定值	说明
Name		设定 I/O 信号的名字
Type of Signal		设定信号的类型
Assigned to Unit		设定信号所在的 I/O 模块
Unit Mapping		设定信号所占用的地址

3. 提高任务

岗位任务：请在 RobotStudio 软件中按照表 4-2-6 和表 4-2-7 配置 I/O 板与 I/O 信号。

表 4-2-6　I/O 板配置参数要求

参数名称	设定值	说明
Name	D652	设定 I/O 板在系统中的名字
Address	25	设定 I/O 板在总线中的地址

表 4-2-7　I/O 信号配置参数要求

信号类型	信号名称	信号地址
数字输入信号	DI0	0
数字输出信号	DO0	0

4. 决策评估

方案决策单见表 4-2-8。

表 4-2-8　方案决策单

方案决策						
组别		组长		日期		
学习任务	配置 I/O					
岗位情景	完成 I/O 的配置					
方案 1 描述						
方案 2 描述						
方案 3 描述						
评估决策						
序号	可行性	经济性	操作性	实施难度	方案等级评价	
方案 1	□高　□低	□好　□差	□强　□弱	□高　□低	□优　□良　□中　□差	
方案 2	□高　□低	□好　□差	□强　□弱	□高　□低	□优　□良　□中　□差	
方案 3	□高　□低	□好　□差	□强　□弱	□高　□低	□优　□良　□中　□差	
评价决策	综合评价					
	终选方案	□方案 1　□方案 2　□方案 3				

检查评价，总结反思

1. 学生自评

活动过程自评表见表 4-2-9。

表 4-2-9　活动过程自评表

班级		组名		日期	
序号	评价要素			分值	分数
1	能了解并熟悉常用的 I/O 板			5	
2	能说出常见的 I/O 信号的类型			10	
3	能说出 DSQC652 型 I/O 板的模块分配			20	
4	能说出 DSQC652 型 I/O 板的数字输入信号和数字输出信号的地址范围			10	

续表

序号	评价要素	分值	分数
5	能正确分辨数字输入信号与数字输出信号	5	
6	能够根据任务要求正确配置 I/O 板	20	
7	能够根据任务要求正确配置 I/O 信号	30	
自评分数			
自我总结与反思			

2. 小组互评

活动过程评价小组互评表见表 4-2-10。

表 4-2-10　活动过程评价小组互评表

班级		被评组名		日期	
序号	评价要素			分值	分数
1	与教师、同学之间能够保持多向、丰富、适宜的信息交流			10	
2	与教师、同学之间相互尊重、理解			10	
3	能处理好合作学习和独立思考之间的关系，做到有效学习			10	
4	能提出有意义的问题或能发表个人见解			20	
5	能按要点正确操作，能够倾听、协作、分享			20	
6	能发现问题、提出问题、分析问题、解决问题、创新问题			20	
7	能严肃、认真地对待自评，并能独立完成自测试题			10	
自评分数					
简要评述					

3. 教师评价

教师评价表见表 4-2-11。

表 4-2-11　教师评价表

姓名		组别		日期	
序号	评分点	分值	评分标准	得分	
1	(1)表述仪态自然,吐字清晰	10	表述仪态不自然或吐字模糊酌情扣分		
	(2)表述思路清晰、层次分明、准确		表述思路模糊或层次不清酌情扣分		
2	(1)分析配置 I/O 信号的关键点准确	10	I/O 信号分析不准确酌情扣分		
	(2)理论知识回顾完整,分组分工明确		知识不完整、分工不明确酌情扣分		
3	(1)能说出至少 5 个常见的 I/O 板与 6 个常见的 I/O 信号	10	错误一个扣 1 分,扣完为止		
	(2)能正确分析任务,确定需要配置 I/O 信号的类型	10	分析错误一个扣 5 分,扣完为止		
4	(1)完成提高任务中 I/O 板的配置	10	正确得 10 分,错误得 0 分		
	(2)完成提高任务中 I/O 信号的配置	20	正确配置一个信号得 10 分,错误得 0 分		
	(3)完成基础任务中表格的填写	10	正确得 10 分,错误得 0 分		
	(4)在任务完成过程中纪律良好	10	根据课堂表现酌情扣分		
5	(1)依据自评分数	5			
	(2)依据个人总结评价报告	5			
	满分	100	得分		

4. 总结反思

任务实施完成后,学生需要根据实际情况,通过指导老师对实施情况的点评来分析自身的不足之处,寻找三个关键问题进行思考,填写表 4-2-12,做到及时的自查自省和总结。

表 4-2-12　总结反思问题记录表

序号	任务目标	存在的问题	解决的方法
1			

续表

序号	任务目标	存在的问题	解决的方法
2			
3			

任务三　添加事件管理器

情景导入，任务发布

1. 任务发布

事件管理器是仿真软件独特的功能，本任务通过添加事件管理器控制自动翻转机旋转。在工作站中，工业机器人将手机外壳从正面边缘涂胶完毕后，发出信号，自动翻转机将手机外壳旋转翻面后发出信号给工业机器人，工业机器人进行手机外壳反面涂胶。

2. 任务分析

任务分析	
任务名称	添加事件管理器。
任务地位	正确添加事件管理器，是控制自动翻转机旋转的关键。
任务流程	(1)了解常见的事件触发类型和动作类型。 (2)在 RobotStudio 软件中打开事件管理器。 (3)选择合适的事件触发类型、触发信号和触发器条件。 (4)选择合适的动作类型控制自动翻转机旋转。 (5)正确设置动作类型的相关参数。

3. 目标要求

任务目标要求	
岗位要求	本任务要求工业机器人系统操作员能使用 RobotStudio 软件添加事件管理器，控制自动翻转机的旋转。
课程目标	知识目标 (1)能区分常用的事件触发类型。 (2)能说出常用的动作类型。 技能目标 (1)能按照任务要求，正确分析并选择合适的事件触发类型、触发信号和触发器条件。 (2)能选择合适的动作类型控制自动翻转机旋转。 (3)能根据事件目的正确设置动作类型的相关参数。 情感目标 (1)通过分析任务，选择合适的事件触发类型和动作类型，培养学生的思考、钻研能力。 (2)通过小组合作学习，培养学生的团队协作精神。 (3)通过 8S 管理，提升学生的职业素养和培养学生的工匠精神。
大赛要求	能够综合展示工业机器人工作站系统工作效果。
证书技能要求	对应工业机器人系统操作员国家职业技能标准(高级工)技能点 能根据工业机器人工作站或系统的实际作业效果，调整周边配套设备。

问题引导，自主学习

4-3-1 添加事件管理器

1. 引导问题

引导问题 1：事件管理器中常用的事件触发类型有哪些？它们之间有什么区别？

引导问题 2：事件管理器中常用的动作类型有哪些？

引导问题 3：如何在 RobotStudio 软件中找到事件管理器？

引导问题 4：按照任务要求，将自动翻转机旋转 180°的触发信号是什么？触发器条件应该选择什么？

引导问题 5：要实现自动翻转机旋转 180°的动作，动作类型应该选择什么？动作类型的相关参数应该如何设置？

2. 任务知识点

1)概述

事件管理器的作用是定义满足特定触发器条件时工作站执行的操作。

2)事件触发类型

(1)I/O 信号已更改：更改数字 I/O 信号。

(2)I/O 连接：模拟 PLC 的行为。

(3)碰撞：碰撞集中对象间碰撞开始或结束，或差点碰撞上。

(4)仿真时间：设置激活的时间。

3)触发器参数

(1)0：用作触发切换至 False 的 I/O 信号。

(2)1：用作触发切换至 True 的 I/O 信号。

(3)已开始：在碰撞集中的一个碰撞开始，用作触发器条件。

(4)已结束：在碰撞集中的一个碰撞结束，用作触发器条件。

(5)接近丢失已开始：在碰撞集中的一个差点撞上事件开始，用作触发器条件。

(6)接近丢失已结束：在碰撞集中的一个差点撞上事件结束，用作触发器条件。

4)动作类型

(1)I/O 信号动作：更改数字 I/O 信号的数值。

(2)连接对象：将一个对象连接到另一个对象。

(3)分离对象：将一个对象与另一个对象分离。

(4)打开/关闭模拟监视器：切换特定机械装置的模拟监视器。

(5)打开/关闭计时器：切换过程计时器。

(6)将机械装置移至姿态：将选定的机械装置移至预定姿态，然后发送工作站信号。启动或停止过程计时器。

(7)移动图形对象：将图形对象移至新位置和新方位。

(8)显示/隐藏图形对象：显示或隐藏图形对象。

3. 掌握新知

问题 1：事件管理器中常用的事件触发类型有哪些？它们之间有什么区别？将答案填入表 4-3-1 中。

表 4-3-1　常见事件触发类型总结表

序号	类型	说明
1		
2		
3		
4		

问题 2:事件管理器中常用的动作类型有哪些？将答案填入表 4-3-2 中。

表 4-3-2　常见动作类型总结表

序号	类型	说明
1		
2		
3		
4		
5		
6		
7		
8		

知识库

※打开事件管理器

“事件管理器”选项在 RobotStudio 软件中的位置较为隐秘，打开“事件管理器”操作如图 4-3-1 所示。

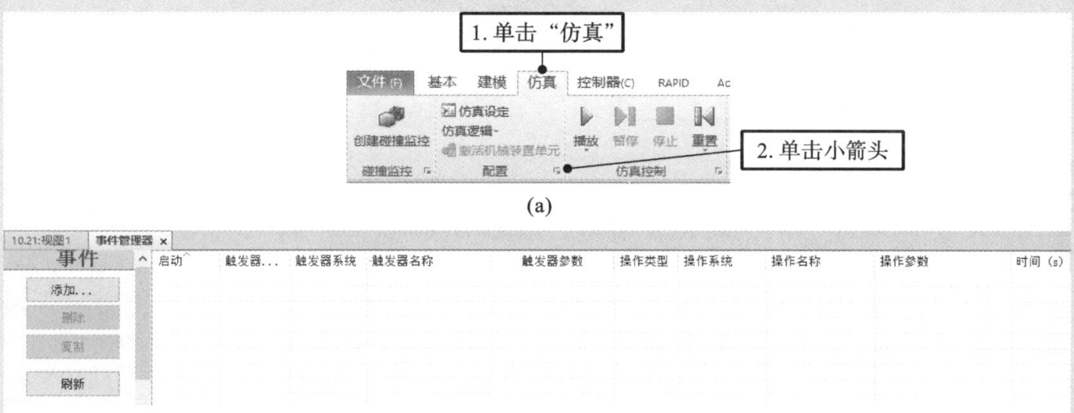

(b)

图 4-3-1　打开事件管理器

※触发器相关参数选择

触发器相关参数包含事件触发类型、触发信号和触发器条件。设定触发器相关参数的具体操作步骤如下。

(1)选择事件触发类型，如图 4-3-2 所示。

(2)选择触发信号与触发器条件。根据任务要求，使用数字输出信号 DO_fanzhuan 作为触发信号，“触发器条件”设为“信号是 True(‘1’)”，如图 4-3-3 所示。

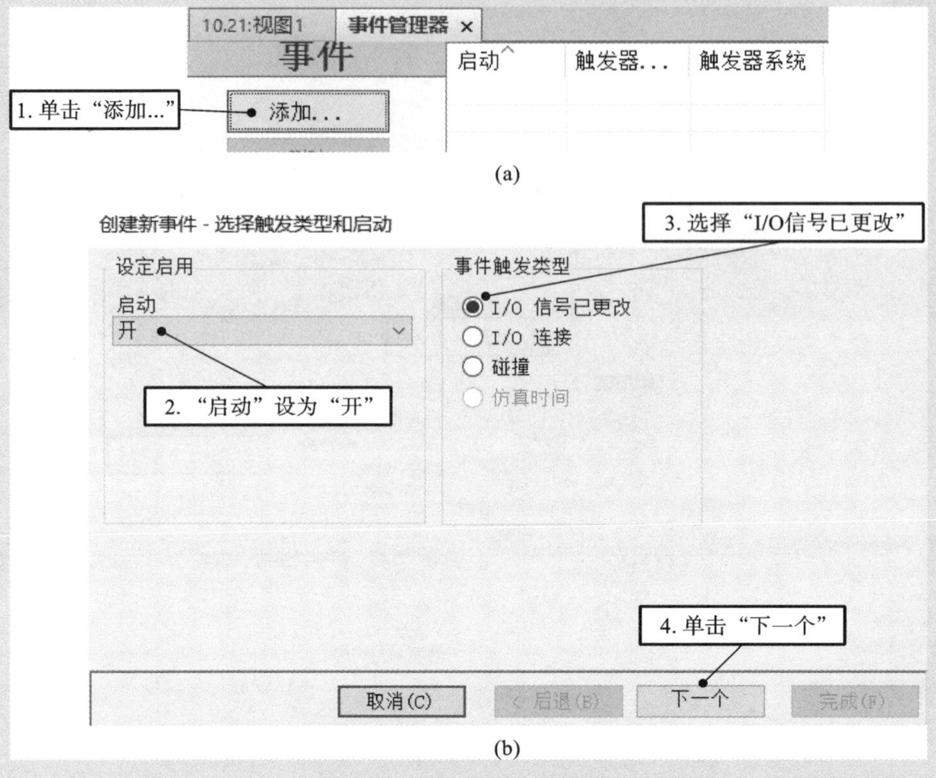

图 4-3-2　选择事件触发类型

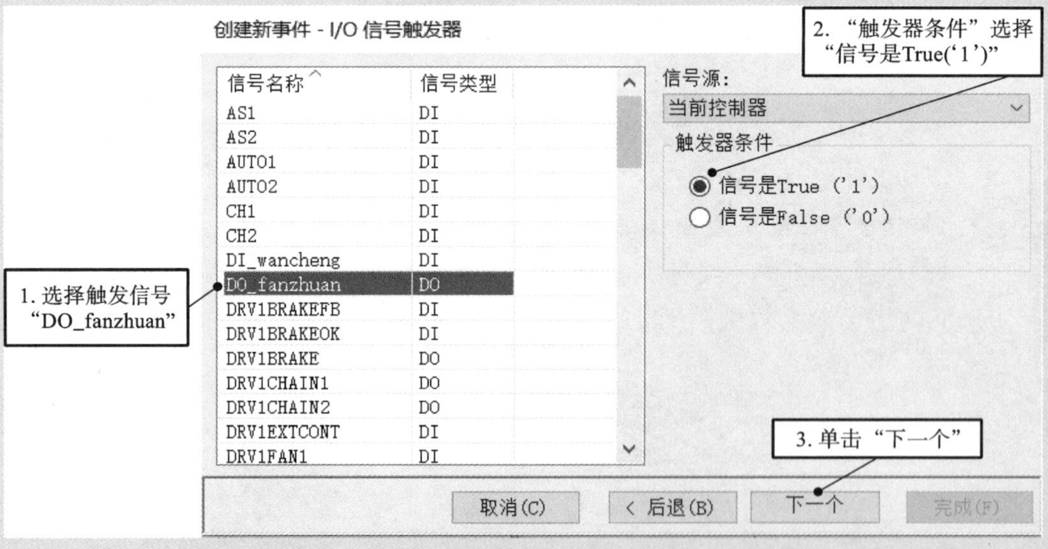

图 4-3-3　选择触发信号与触发器条件

问题 3：如何在 RobotStudio 软件中找到事件管理器？

问题 4：按照任务要求，将自动翻转机旋转 180°的触发信号是什么？触发器条件应该选择什么？

知识库

※将自动翻转机旋转180°的动作类型选择与相关参数设置

由于本任务所使用的自动翻转机为本项目任务一中创建的机械装置，因此动作类型选择“将机械装置移至姿态”。

在任务一中自动翻转机设置了两个姿态，分别是原点位置（即 0°位置）和旋转位置（即 180°位置），本任务需将自动翻转机旋转到 180°位置，因此机械装置的姿态应选择“旋转位置”。具体操作步骤如图 4-3-4 所示。

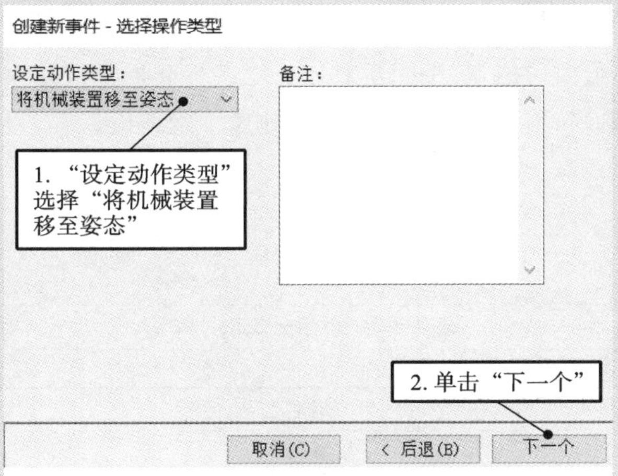

(a)

图 4-3-4　动作类型选择与相关参数设置

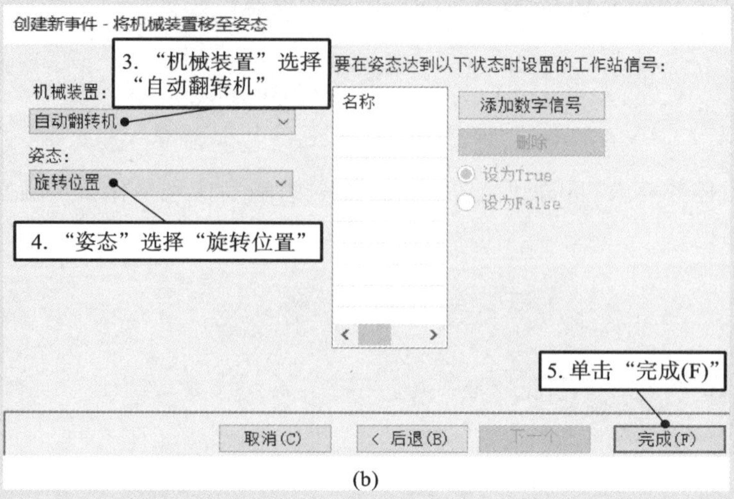

(b)

续图 4-3-4

问题 5:要实现自动翻转机旋转 180°的动作,动作类型应该选择什么? 动作类型的相关参数应该如何设置?

协作探究,实施展示

任务指引:开展小组内讨论,每个同学对任务三进行分析,组长综合每位同学的意见,确定小组讨论后最终答案,每组派 1 位同学展示或陈述小组结论。

1. 小组组建

小组分工表见表 4-3-3。

表 4-3-3　小组分工表

班级		组名	
组长		学号	
组员	姓名	学号	分工

2. 基础任务

任务三：请添加事件管理器，用信号 DO_fanzhuan 控制自动翻转机的旋转与回正，并完成以下目标。

目标 1：填写控制自动翻转机旋转的操作步骤(可适当添加或删减步骤)。

第一步：____

____。

第二步：____

____。

第三步：____

____。

第四步：____

____。

第五步：____

____。

第六步：____

____。

目标 2：根据添加事件管理器的知识与技能填空。

(1)事件触发类型选择____________。

(2)触发信号选择____________，触发器条件选择____________。

(3)动作类型选择____________。

(4)动作类型的相关参数如何设置？

____。

(5)控制自动翻转机旋转与回正的区别在于____________________。

3. 提高任务

岗位任务：请设计完成图 4-3-5 所示的往复型机械装置(滑台)控制，要求数字输出信号 DO0 控制滑块在滑道上的往复运动。

4. 决策评估

方案决策单见表 4-3-4。

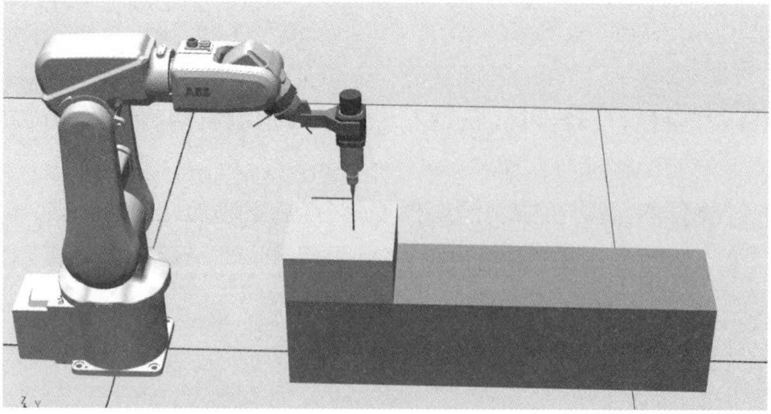

图 4-3-5　往复型机械装置

表 4-3-4　方案决策单

<table>
<tr><td colspan="7">方案决策</td></tr>
<tr><td>组别</td><td></td><td>组长</td><td></td><td>日期</td><td colspan="2"></td></tr>
<tr><td>学习任务</td><td colspan="6">添加事件管理器</td></tr>
<tr><td>岗位情景</td><td colspan="6">完成事件管理器的添加</td></tr>
<tr><td>方案 1 描述</td><td colspan="6"></td></tr>
<tr><td>方案 2 描述</td><td colspan="6"></td></tr>
<tr><td>方案 3 描述</td><td colspan="6"></td></tr>
<tr><td colspan="7">评估决策</td></tr>
<tr><td>序号</td><td>可行性</td><td>经济性</td><td>操作性</td><td>实施难度</td><td colspan="2">方案等级评价</td></tr>
<tr><td>方案 1</td><td>□高　□低</td><td>□好　□差</td><td>□强　□弱</td><td>□高　□低</td><td colspan="2">□优　□良　□中　□差</td></tr>
<tr><td>方案 2</td><td>□高　□低</td><td>□好　□差</td><td>□强　□弱</td><td>□高　□低</td><td colspan="2">□优　□良　□中　□差</td></tr>
<tr><td>方案 3</td><td>□高　□低</td><td>□好　□差</td><td>□强　□弱</td><td>□高　□低</td><td colspan="2">□优　□良　□中　□差</td></tr>
<tr><td rowspan="2">评价决策</td><td>综合评价</td><td colspan="5"></td></tr>
<tr><td>终选方案</td><td colspan="5">□方案 1　□方案 2　□方案 3</td></tr>
</table>

检查评价，总结反思

1. 学生自评

活动过程自评表见表 4-3-5。

表 4-3-5　活动过程自评表

班级		组名		日期	
序号	评价要素			分值	分数
1	能了解并区分常用的事件触发类型			10	
2	能区分常用的动作类型			15	
3	能选择合适的事件触发类型			5	
4	能够按照任务要求选择合适的触发信号和相应的触发器条件			10	
5	能够根据事件目的选择合适的动作类型			20	
6	能够正确选择动作类型的相关参数			10	
7	能够控制自动翻转机旋转			15	
8	能够控制自动翻转机回正			15	
自评分数					
自我总结与反思					

2. 小组互评

活动过程评价小组互评表见表 4-3-6。

表 4-3-6　活动过程评价小组互评表

班级		被评组名		日期	
序号	评价要素			分值	分数
1	与教师、同学之间能够保持多向、丰富、适宜的信息交流			10	
2	与教师、同学之间相互尊重、理解			10	
3	能处理好合作学习和独立思考之间的关系，做到有效学习			10	
4	能提出有意义的问题或能发表个人见解			20	
5	能按要点正确操作，能够倾听、协作、分享			20	
6	能发现问题、提出问题、分析问题、解决问题、创新问题			20	
7	能严肃、认真地对待自评，并能独立完成自测试题			10	
自评分数					
简要评述					

3. 教师评价

教师评价表见表 4-3-7。

表 4-3-7 教师评价表

姓名		组别		日期	
序号	评分点	分值	评分标准	得分	
1	(1)表述仪态自然,吐字清晰	10	表述仪态不自然或吐字模糊酌情扣分		
	(2)表述思路清晰、层次分明、准确		表述思路模糊或层次不清酌情扣分		
2	(1)分析控制自动翻转机旋转的关键点准确	10	分析不准确酌情扣分		
	(2)理论知识回顾完整,分组分工明确		知识不完整、分工不明确酌情扣分		
3	(1)能选择合适的事件触发类型、触发信号和触发器条件	10	每错一项扣 5 分,扣完为止		
	(2)能选择合适的动作类型及动作类型的相关参数	10	动作类型错误扣 5 分,相应参数错误扣 5 分		
4	(1)按照任务要求控制自动翻转机的旋转与回正	20	一项正确得 10 分		
	(2)完成基础任务的填空	10	每错一项扣 1 分,扣完为止		
	(3)完成提高任务中往复型机械装置的往返控制	10	正确得 10 分,错误得 0 分		
	(4)在任务完成过程中纪律良好	10	根据课堂表现酌情扣分		
5	(1)依据自评分数	5			
	(2)依据个人总结评价报告	5			
	满分	100	得分		

4. 总结反思

任务实施完成后,学生需要根据实际情况,通过指导老师对实施情况的点评来分析自身的不足之处,寻找三个关键问题进行思考,填写表 4-3-8,做到及时的自查自省和总结。

表 4-3-8　总结反思问题记录表

序号	任务目标	存在的问题	解决的方法
1			
2			
3			

任务四　创建输送带

情景导入，任务发布

1. 任务发布

在 RobotStudio 软件中，输送带是可以直接通过“创建输送带”命令自主定义的，定义成功的输送带在仿真过程中能够自动复制物料，并完成物料的上料、传送与下料，与现实的输送带在功能上毫无差别。本任务需要通过创建输送带将已经涂胶完毕的手机外壳传送到下一工位。

2. 任务分析

任务分析	
任务名称	创建输送带。
任务地位	正确创建输送带，是工业机器人涂胶仿真工作站的最后一步。

续表

任务分析	
任务流程	(1)了解创建输送带的属性参数和运动参数。 (2)导入输送带模型和运动对象模型。 (3)断开输送带模型与库的连接。 (4)创建输送带,按照模型尺寸填写属性参数和运动参数。 (5)仿真模拟运行。

3. 目标要求

任务目标要求	
岗位要求	本任务要求工业机器人系统操作员能使用 RobotStudio 软件创建输送带,传送已经涂胶完毕的手机外壳。
课程目标	知识目标 (1)能说出创建输送带的属性参数和运动参数。 (2)能按照模型尺寸正确填写“传送带长度”和“节距”参数。 技能目标 (1)能正确创建或导入输送带模型和运动对象模型。 (2)能断开输送带模型与库的连接。 (3)能正确创建输送带。 情感目标 (1)通过计算传送带参数,培养学生精益求精的工匠精神。 (2)通过自主探究式学习,培养学生的钻研精神。 (3)通过 8S 管理,提升学生的职业素养和培养学生的工匠精神。
大赛要求	能够按照给定要求,在 RobotStudio 软件中进行建模。
证书技能要求	对应工业机器人系统操作员国家职业技能标准技能点 能使用离线编程软件创建机器人系统作业场景。

问题引导，自主学习

4-4-1　创建输送带

1. 引导问题

引导问题1:输送带属性参数的含义分别是什么?

引导问题2:输送带运动参数有哪些?分别有什么含义?

引导问题3:哪一种模型能够被创建为输送带,且无须断开与库的连接?

引导问题4:若输送带模型长度为4600 mm,运动对象模型长度为500 mm,则填写输送带属性参数时,传送带长度应设为多少?填写输送带运动参数时,节距应不小于多少?

2. 任务知识点

在"创建输送带"对话框中可以设置输送带属性参数,各个属性参数的具体含义如下。

(1)参考框架:以"参考"选项下选定的坐标系为参考对象,设置物料在输送带上的初始位置和姿态。

(2)传送带几何结构:选择用作输送带本体的模型。

(3)类型:选择输送带的类型,一般情况下只能选择"线性"。

(4)传送带长度:设定物料在输送带上传送的有效长度,传送带长度=输送带模型长度－物料模型长度。

(5)正在重复:激活此选项后,仿真运行时输送带会自动复制出新物料并实现上料传送。

在"传送带对象"对话框中可以设置输送带运动参数,各个运动参数的具体含义如下。

(1)部件:选择要用输送带传送的物料模型。

(2)节距:设定物料在输送带上传送时两两之间的距离。

(3)偏移位置:设定物料在输送带上传送时,相对于其初始位置的偏移距离值。

(4)偏移朝向:设定物料在输送带上传送时,相对于其初始位置的偏移角度值。

3. 掌握新知

问题1:输送带属性参数的含义分别是什么?将答案填入表4-4-1中。

表4-4-1　输送带属性参数总结表

序号	属性参数	说明
1	参考框架	
2	传送带几何结构	
3	类型	

续表

序号	属性参数	说明
4	传送带长度	
5	正在重复	

问题 2:输送带运动参数有哪些？分别有什么含义？将答案填入表 4-4-2 中。

表 4-4-2　输送带运动参数总结表

序号	运动参数	说明
1	部件	
2	节距	
3	偏移位置	
4	偏移朝向	

知识库

※创建输送带的步骤

(1)在左侧浏览树中用鼠标右键单击“输送带模型”,在弹出的快捷菜单中选择“断开与库的连接”,断开输送带模型与设备模型库的连接关系,使其成为一个独立的模型,如图 4-4-1 所示。

注:若输送带模型是从设备模型库中导入的,则需要先断开与库的连接,否则在创建输送带时,无法选取输送带模型。

(2)在“建模”选项卡的“机械”命令组中,单击“创建输送带”,弹出“创建输送带”对话框,根据模型尺寸填写输送带属性参数,如图 4-4-2 所示。

输送带创建完成后,左侧浏览树中“输送带模型”消失,同时生成“输送链”,表示输送带机构编译成功。

(3)在左侧浏览树中用鼠标右键单击生成的“输送链”,在弹出的快捷菜单中选择“添加对象”,弹出“传送带对象”对话框,根据实际情况填写输送带运动参数,如图 4-4-3 所示。

图 4-4-1　断开与库的连接

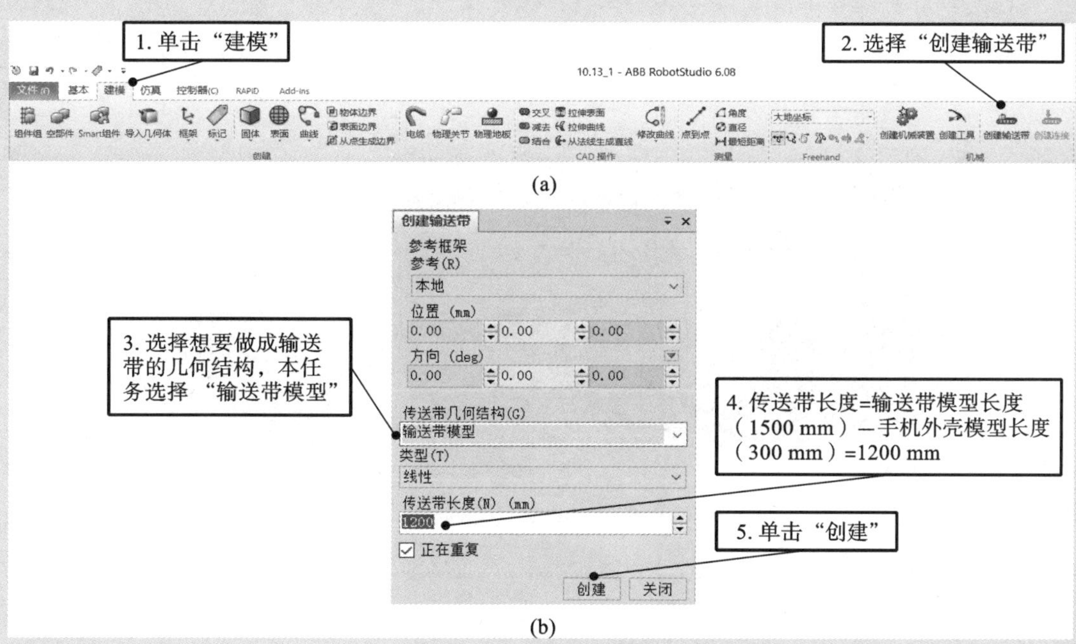

图 4-4-2　填写输送带属性参数

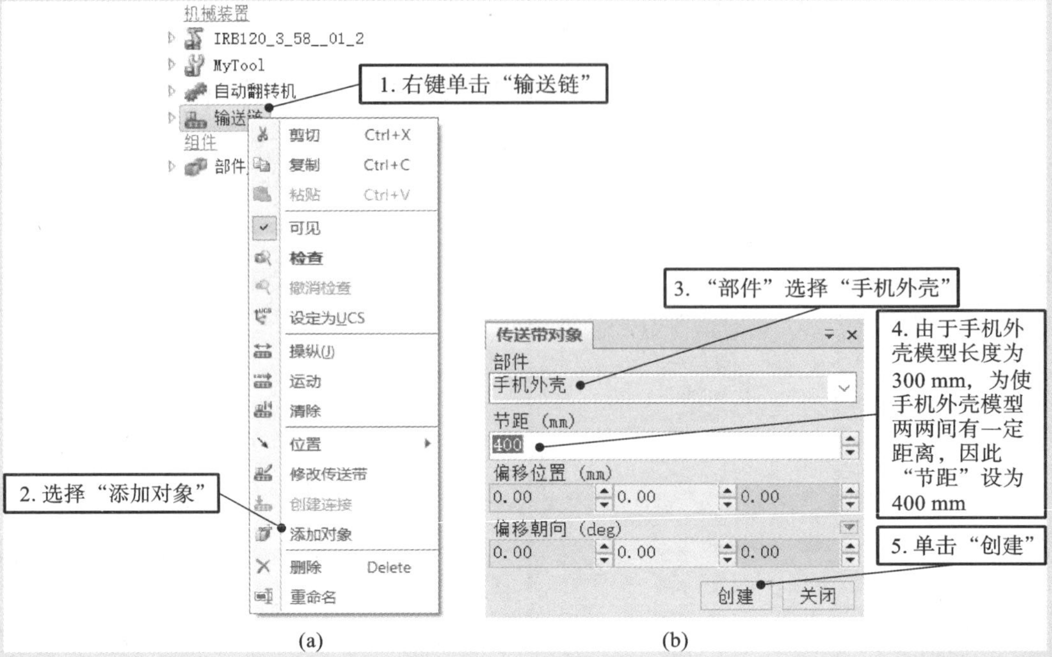

图 4-4-3 填写输送带运动参数

创建完成后，左侧浏览树中的物料模型文件移动到“输送链”下的“对象源”中。同时，软件工作区中输送带上的物料模型消失不见，只留下输送带模型。

(4)仿真播放。在软件“仿真”选项卡中单击“播放”，可以看到输送带上出现物料，并开始对其进行传送，实际播放效果如图 4-4-4 所示。

图 4-4-4 实际播放效果

问题 3：哪一种模型能够被创建为输送带，且无须断开与库的连接？

(1)设备模型库中的 950_4000_h2_2，如图 4-4-5 所示。

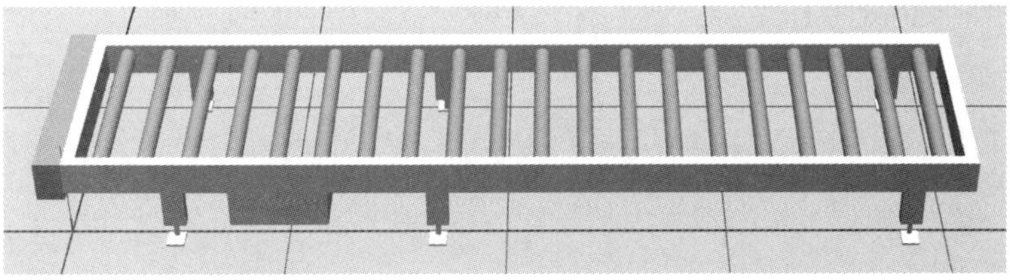

图 4-4-5　模型一

(2)设备模型库中的 1600_3str_h2_2,如图 4-4-6 所示。

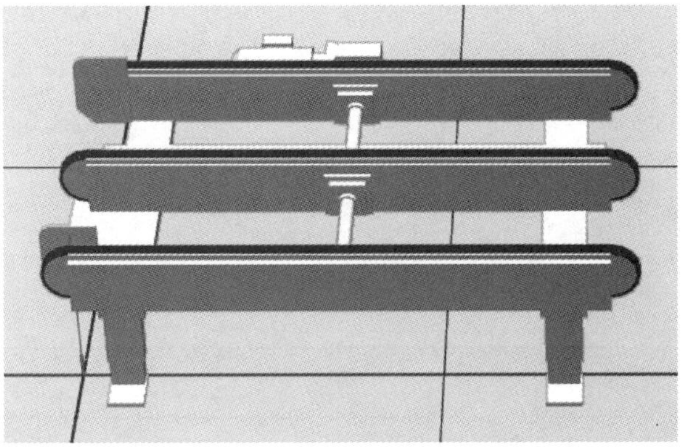

图 4-4-6　模型二

(3)设备模型库中的 400_guide_2,如图 4-4-7 所示。

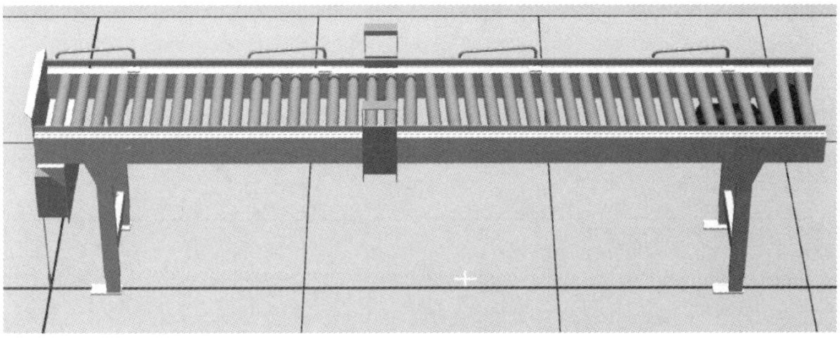

图 4-4-7　模型三

(4)自行创建的长方体模型,如图 4-4-8 所示。

图 4-4-8　模型四

问题 4:若输送带模型长度为 4600 mm,运动对象模型长度为 500 mm,则填写输送带属性参数时,传送带长度应设为多少?填写输送带运动参数时,节距应不小于多少?

协作探究,实施展示

任务指引:开展小组内讨论,每个同学对任务四进行分析,组长综合每位同学的意见,确定小组讨论后最终答案,每组派 1 位同学展示或陈述小组结论。

1. 小组组建

小组分工表见表 4-4-3。

表 4-4-3　小组分工表

班级		组名	
组长		学号	
组员	姓名	学号	分工

2. 基础任务

任务四:请在 RobotStudio 软件中自行创建输送带,并完成以下目标。

目标 1:请回答问题。

创建输送带时,输送带模型何时需要断开与库的连接,何时不需要断开与库的连接?

目标 2：请回答问题。

“传送带长度”参数的计算公式是什么？

3. 提高任务

岗位任务：请设计完成图 4-4-9 所示输送带的创建，要求如下。

(1)输送带模型选择设备模型库中的 950_4000_h2_2。

(2)动作对象为矩形，尺寸为 600 mm×800 mm×100 mm。

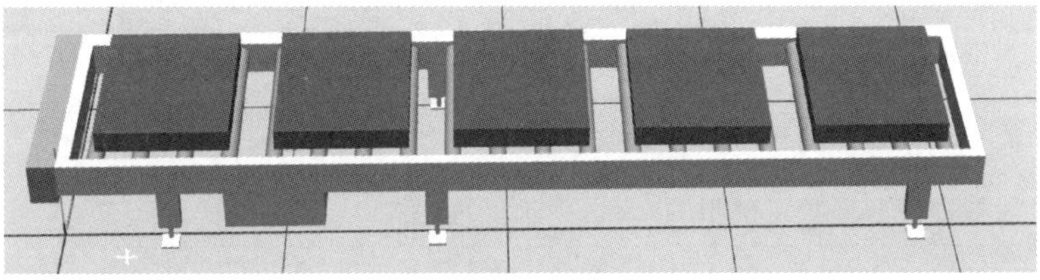

图 4-4-9　输送带

4. 决策评估

方案决策单见表 4-4-4。

表 4-4-4　方案决策单

方案决策									
组别			组长			日期			
学习任务	创建输送带								
岗位情景	完成输送带的创建								
方案 1 描述									
方案 2 描述									
方案 3 描述									
评估决策									
序号	可行性	经济性	操作性	实施难度	方案等级评价				
方案 1	□高　□低	□好　□差	□强　□弱	□高　□低	□优　□良　□中　□差				
方案 2	□高　□低	□好　□差	□强　□弱	□高　□低	□优　□良　□中　□差				
方案 3	□高　□低	□好　□差	□强　□弱	□高　□低	□优　□良　□中　□差				
评价决策	综合评价								
	终选方案	□方案 1　□方案 2　□方案 3							

检查评价，总结反思

1. 学生自评

活动过程自评表见表 4-4-5。

表 4-4-5　活动过程自评表

班级		组名		日期	
序号	评价要素			分值	分数
1	能了解并熟知输送带属性参数的含义			15	
2	能了解并熟知输送带动作参数的含义			15	
3	能根据模型参数正确填写“传送带长度”参数			15	
4	能根据模型参数填写合适的“节距”参数			15	
5	输送带创建完毕后，动作对象能够在输送带上正确的位置进行传送			30	
6	能够演示输送带运行效果			10	
自评分数					
自我总结与反思					

2. 小组互评

活动过程评价小组互评表见表 4-4-6。

表 4-4-6　活动过程评价小组互评表

班级		被评组名		日期	
序号	评价要素			分值	分数
1	与教师、同学之间能够保持多向、丰富、适宜的信息交流			10	
2	与教师、同学之间相互尊重、理解			10	
3	能处理好合作学习和独立思考之间的关系，做到有效学习			10	

续表

序号	评价要素	分值	分数
4	能提出有意义的问题或能发表个人见解	20	
5	能按要点正确操作，能够倾听、协作、分享	20	
6	能发现问题、提出问题、分析问题、解决问题、创新问题	20	
7	能严肃、认真地对待自评，并能独立完成自测试题	10	
自评分数			
简要评述			

3. 教师评价

教师评价表见表 4-4-7。

表 4-4-7　教师评价表

姓名		组别		日期	
序号	评分点	分值	评分标准	得分	
1	(1)表述仪态自然，吐字清晰	10	表述仪态不自然或吐字模糊酌情扣分		
	(2)表述思路清晰、层次分明、准确		表述思路模糊或层次不清酌情扣分		
2	(1)分析输送带的关键点准确	10	输送带分析不准确酌情扣分		
	(2)理论知识回顾完整，分组分工明确		知识不完整、分工不明确酌情扣分		
3	(1)完成输送带的简单建模工作	10	一个模型创建错误扣 5 分		
	(2)断开输送带模型与库的连接	10	符合要求得 10 分，不符合要求得 0 分		
4	(1)正确创建输送带	20	正确得 20 分，错误得 0 分		
	(2)完成基础任务的填空	10	每错一项扣 1 分，扣完为止		
	(3)完成提高任务中输送带的创建	10	正确得 10 分，错误得 0 分		
	(4)在任务完成过程中纪律良好	10	根据课堂表现酌情扣分		
5	(1)依据自评分数	5			
	(2)依据个人总结评价报告	5			
	满分	100	得分		

4. 总结反思

任务实施完成后，学生需要根据实际情况，通过指导老师对实施情况的点评来分析自身的不足之处，寻找三个关键问题进行思考，填写表 4-4-8，做到及时的自查自省和总结。

表 4-4-8　总结反思问题记录表

序号	任务目标	存在的问题	解决的方法
1			
2			
3			

项目总结

本项目为工业机器人涂胶仿真工作站，包括四个任务。任务一为创建机械装置，涵盖简单建模、机械装置类型和节点参数、创建机械装置的步骤等内容。任务二为配置 I/O，涵盖配置 I/O 板和 I/O 信号等内容。任务三为添加事件管理器，涵盖触发器参数、事件触发类型和动作类型等内容。任务四为创建输送带，涵盖输送带属性参数、输送带动作参数以及创建输送带的步骤等内容。

项目四　拓展升华

项目五
工业机器人码垛仿真工作站

项目描述

RobotStudio 软件具有强大的建模及仿真功能，能实时呈现工作站内各三维物体的运动情况。在工业机器人工程项目应用中，工程人员一般先使用 RobotStudio 软件进行软布局，验证机器人程序、动作是否能完成任务，以及预测可能发生的碰撞等风险，以求机器人的效率及安全性达到要求。验证成功后，工程人员方可进行后续工作。

在本项目中以 ABB 2600 工业机器人的码垛仿真工作站为载体，学生在完成任务的过程中能够学会搭建工作站、对动态传送带及夹具进行仿真、创建码垛程序、设定工作站逻辑以及实施仿真调试。在任务实施部分，学生可从搭建工作站开始，利用所学知识一步一步实现仿真功能，实现自我突破。

学习情境

联华金属制品工艺有限公司在新投产的生产线中，需要布局一个码垛工作站，工作站设有夹具、传送带及托盘，要求机器人将传送带传送过来的工件夹取到托盘上码放好。

作为工程部的机器人调试员，主管要求你先在 RobotStudio 仿真软件中建立工作站并验证机器人的轨迹、程序及工作站各部件运作的合理性。RobotStudio 仿真软件中，Smart 组件能生成逼真、高效的运行动画，方便工程人员调试工作站。

工业机器人码垛仿真工作站（见图 5-0-1）应完成夹具及传送带的 Smart 组件的搭建、Smart 组件之间以及 Smart 组件与机器人之间的联动，实现功能。

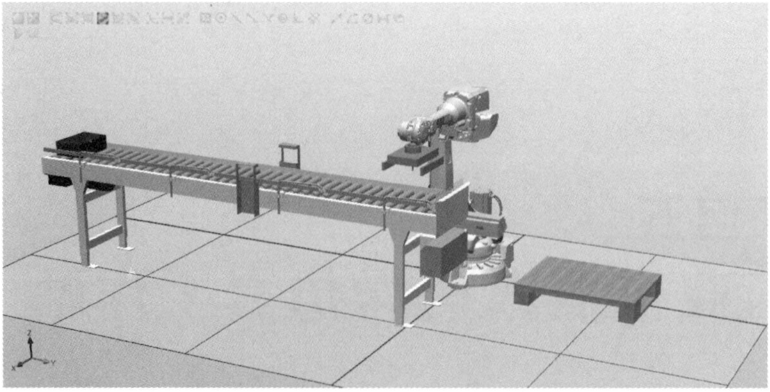

图 5-0-1　工业机器人码垛仿真工作站

学习提纲

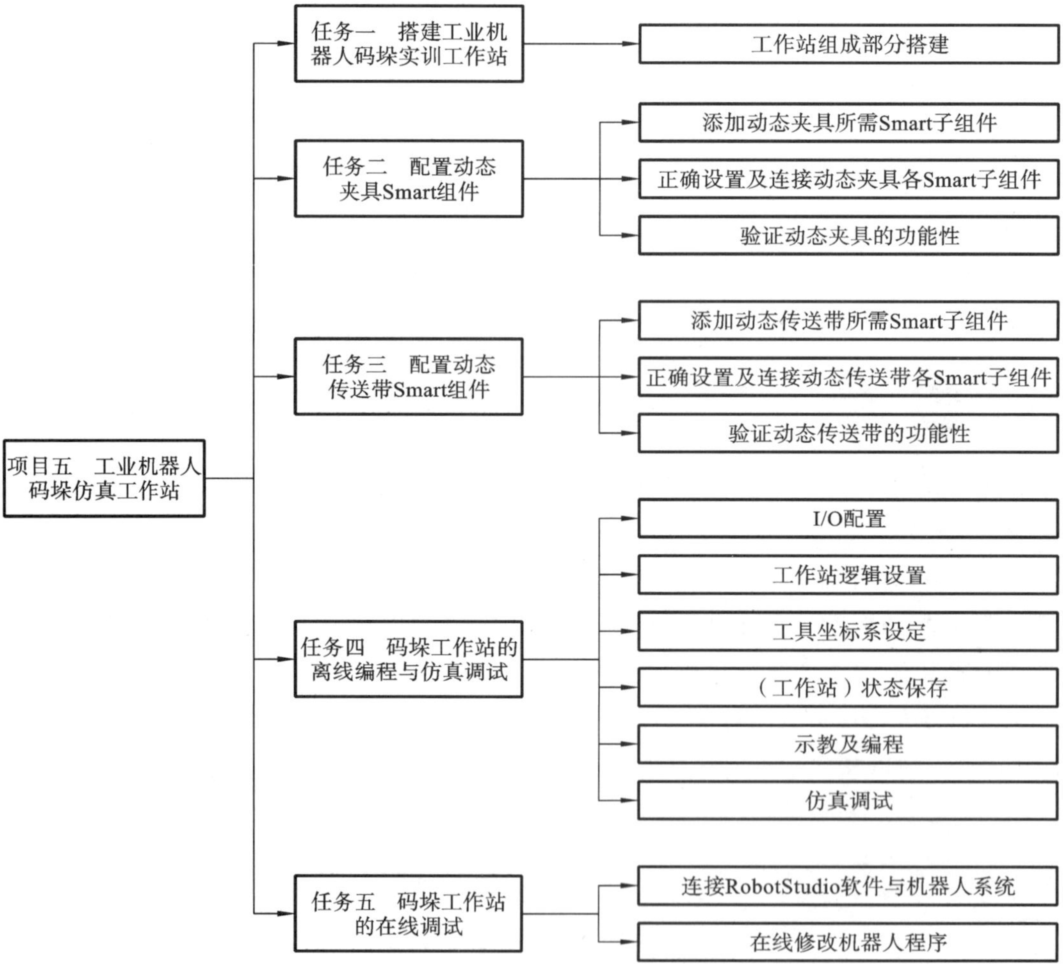

任务一　搭建工业机器人码垛实训工作站

情景导入，任务发布

1. 任务发布

本任务介绍如何利用 RobotStudio 软件搭建工业机器人码垛实训工作站，合理搭建码垛实训工作站才能为后续的学习奠定基础。

2. 任务分析

任务分析	
任务名称	搭建工业机器人码垛实训工作站。
任务地位	正确搭建工业机器人码垛实训工作站，是学习本项目的基础。
任务流程	(1)选择机器人型号。 (2)导入传送带模型并放置。 (3)导入夹具模型并放置。

3. 目标要求

任务目标要求	
岗位要求	本任务要求工业机器人系统操作员能使用 RobotStudio 软件搭建工业机器人码垛实训工作站。
课程目标	知识目标 (1)能说出码垛工作站一般有哪些应用。 (2)能说出码垛工作站一般包含哪几个部分。

续表

任务目标要求	
课程目标	技能目标 (1)能正确选择机器人型号。 (2)能正确放置传送带。 (3)能(为机器人)正确安装夹具。 情感目标 (1)通过自身努力理顺学习资源逻辑,培养学生热爱学习的精神。 (2)通过查阅学习资料自行完成任务,培养学生的独立钻研精神。
大赛要求	能够按照给定要求,在 RobotStudio 软件中进行建模。
证书技能要求	对应工业机器人系统操作员国家职业技能标准技能点 能使用离线编程软件创建机器人系统作业场景。

问题引导，自主学习

5-1-1　搭建码垛工作站

1. 引导问题

引导问题 1:码垛工作站具有哪些应用?

引导问题 2:码垛工作站一般包含哪几个部分?

引导问题 3:在工作站添加了夹具后,如何安装到机器人上?

引导问题 4:在工作站添加了传送带后,如何设定传送带的位置?

2. 任务知识点

码垛工作站可应用在农业和制造业等需要搬运码放的环节中。

码垛工作站一般包含机器人、夹具、传送带、工件、码放平台 5 个部分。

3. 掌握新知

问题 1:码垛工作站具有哪些应用?

问题 2:码垛工作站一般包含哪几个部分?

问题 3：在工作站添加了夹具后，如何安装到机器人上？

知识库

※导入夹具

按要求导入夹具并正确安装。操作步骤如图 5-1-1～图 5-1-6 所示。

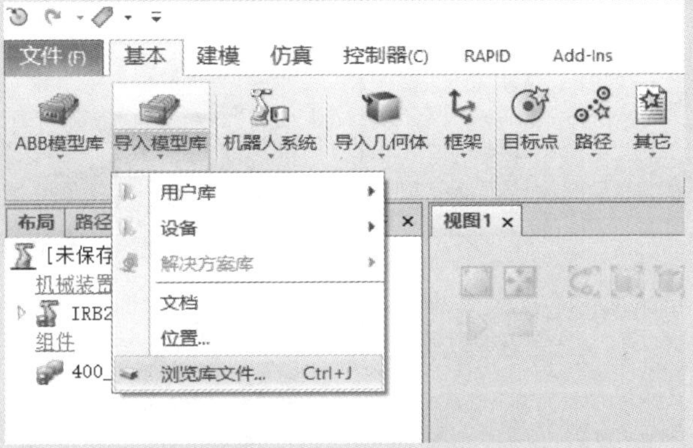

图 5-1-1　在“导入模型库”中选择“浏览库文件...”

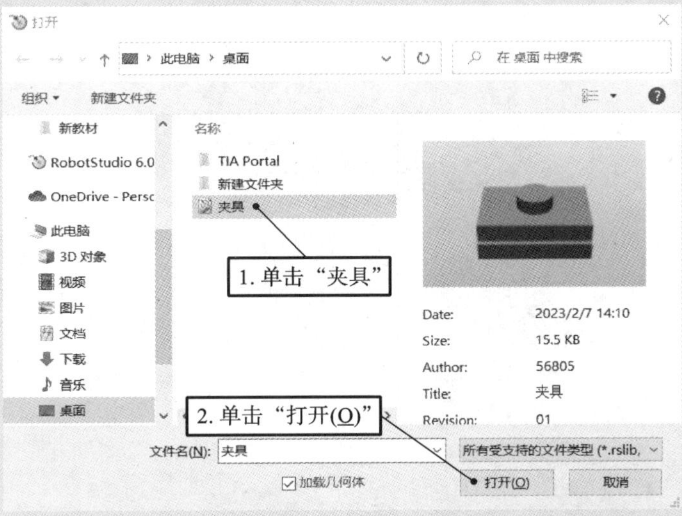

图 5-1-2　在弹出窗口中选择“夹具”

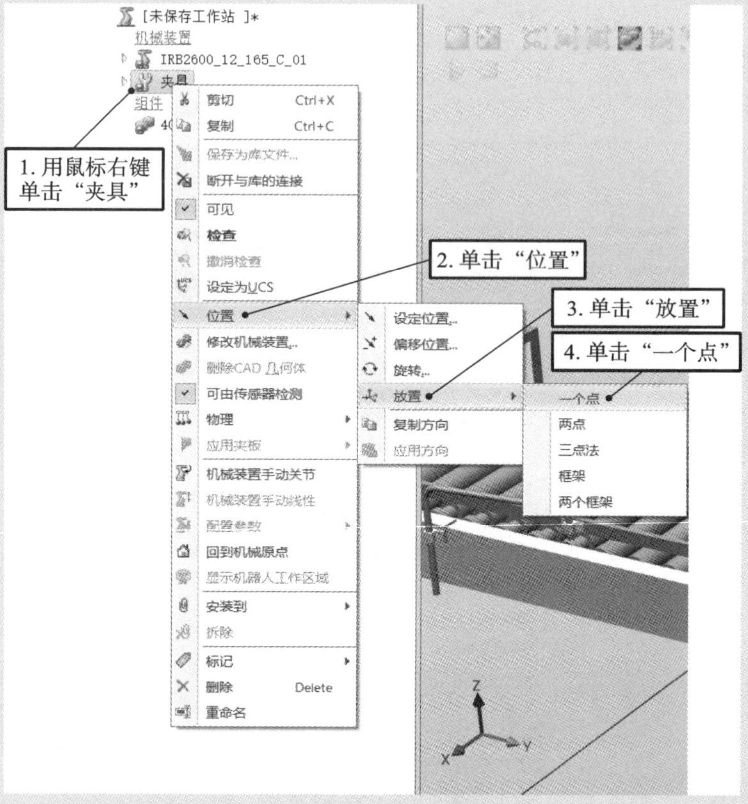

图 5-1-3　用一点法将夹具安装到机器人法兰盘

图 5-1-4　夹具到位后效果图

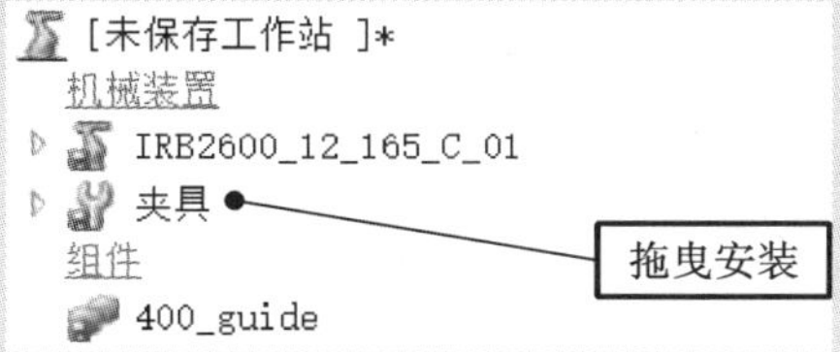

图 5-1-5　将“夹具”拖曳到机器人安装

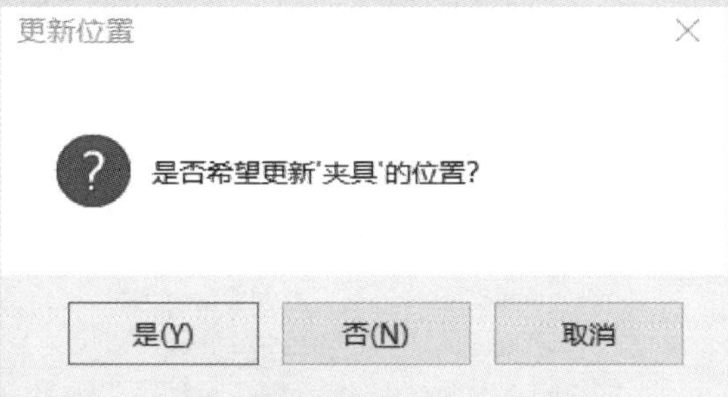

图 5-1-6　在弹出的对话框中选“否(N)”

问题 4：在工作站添加了传送带后，如何设定传送带的位置？

知识库

※按要求选择传送带型号并正确放置

在设备中选择“输送链 Guide”，在弹出对话框中单击“确定”。添加完毕后重新设定传送带的位置。操作步骤如图 5-1-7 和图 5-1-8 所示。

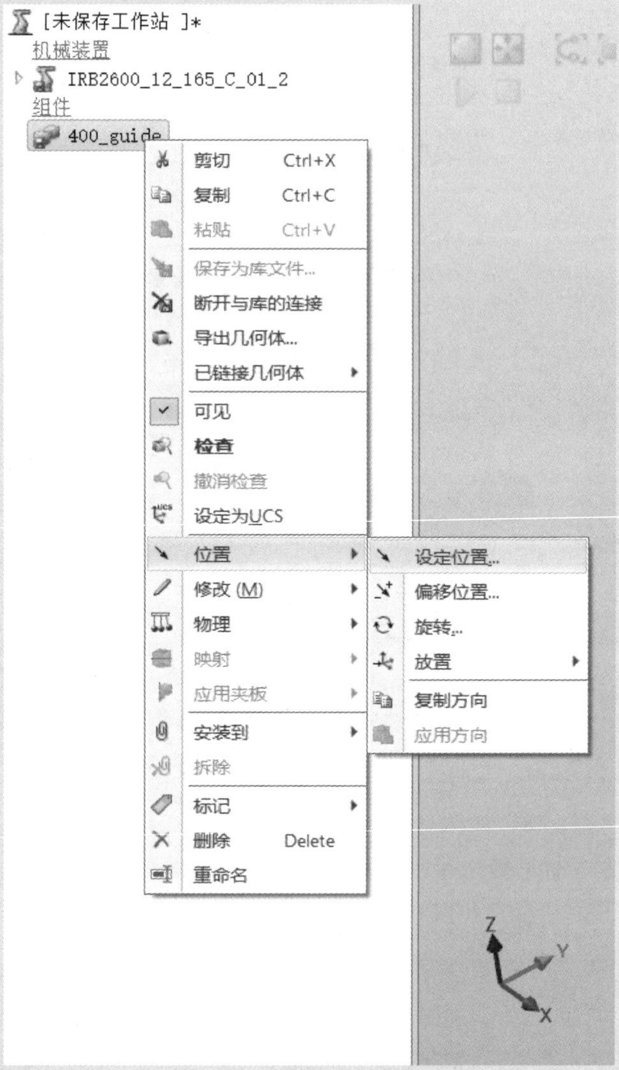

图 5-1-7 对传送带设定位置

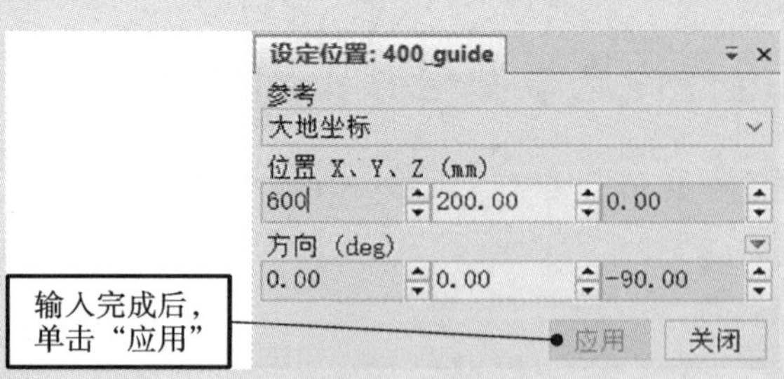

图 5-1-8 在坐标框中输入数值

添加长方体作为工件，并放置在传送带上，工件大小及位置数据如图 5-1-9 所示。

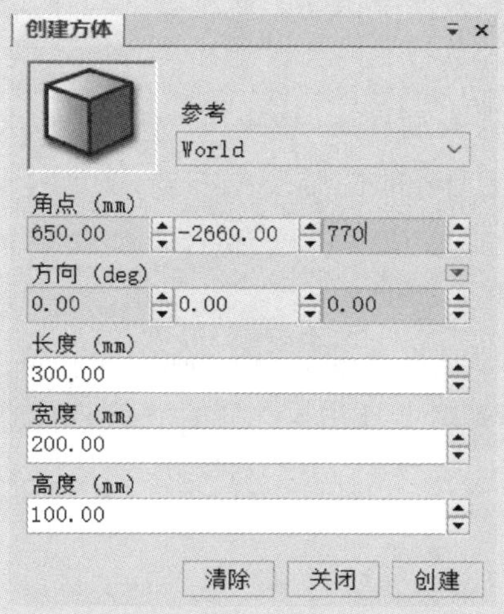

图 5-1-9　工件大小及位置数据

添加完成后，工作站布局效果如图 5-0-1 所示。

协作探究，实施展示

任务指引：开展小组内讨论，每个同学对任务一进行分析，组长综合每位同学的意见，确定小组讨论后最终答案，每组派 1 位同学展示或陈述小组结论。

1. 小组组建

小组分工表见表 5-1-1。

表 5-1-1　小组分工表

班级		组名	
组长		学号	
组员	姓名	学号	分工

2. 基础任务

任务一：请在 RobotStudio 软件中搭建工业机器人码垛实训工作站，并完成以下目标。

目标 1：正确选择机器人型号。

填空题：本任务选择的机器人型号为(品牌)________(型号全称)________。

问答题 1：为什么选择上述型号的机器人？它与 ABB 的 IRB 120 机器人在性能参数上有何不同？

目标 2：正确放置传送带及安装夹具。

问答题 2：针对本任务，你认为传送带(在 RobotStudio 软件布局里)放置依据是什么？

问答题 3：查阅文件，机器人与夹具相连，它们安装的角度是随意的吗？它们是通过什么方式进行定位的？

3. 提高任务

岗位任务：请设计图 5-1-10 所示的双托盘码垛工作站，各部件不需要精确放置，摆放位置大致如图即可。

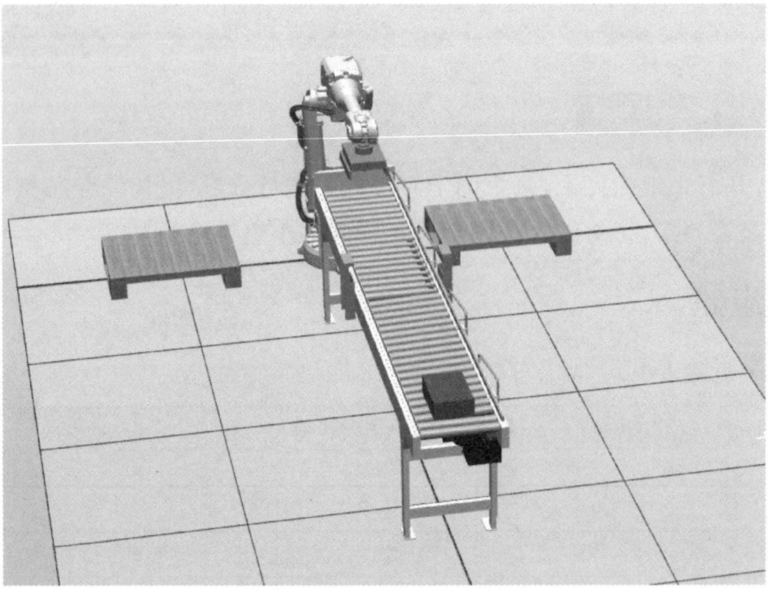

图 5-1-10　双托盘码垛工作站

4. 决策评估

方案决策单见表 5-1-2。

表 5-1-2　方案决策单

<table>
<tr><td colspan="7">方案决策</td></tr>
<tr><td>组别</td><td></td><td>组长</td><td colspan="2"></td><td>日期</td><td></td></tr>
<tr><td>学习任务</td><td colspan="6">搭建工业机器人码垛实训工作站</td></tr>
<tr><td>岗位情景</td><td colspan="6">在 RobotStudio 软件中完成工业机器人码垛实训工作站的搭建</td></tr>
<tr><td>方案 1 描述</td><td colspan="6"></td></tr>
<tr><td>方案 2 描述</td><td colspan="6"></td></tr>
<tr><td>方案 3 描述</td><td colspan="6"></td></tr>
<tr><td colspan="7">评估决策</td></tr>
<tr><td>序号</td><td>可行性</td><td>经济性</td><td>操作性</td><td>实施难度</td><td colspan="2">方案等级评价</td></tr>
<tr><td>方案 1</td><td>□高　□低</td><td>□好　□差</td><td>□强　□弱</td><td>□高　□低</td><td colspan="2">□优　□良　□中　□差</td></tr>
<tr><td>方案 2</td><td>□高　□低</td><td>□好　□差</td><td>□强　□弱</td><td>□高　□低</td><td colspan="2">□优　□良　□中　□差</td></tr>
<tr><td>方案 3</td><td>□高　□低</td><td>□好　□差</td><td>□强　□弱</td><td>□高　□低</td><td colspan="2">□优　□良　□中　□差</td></tr>
<tr><td rowspan="2">评价决策</td><td>综合评价</td><td colspan="5"></td></tr>
<tr><td>终选方案</td><td colspan="5">□方案 1　□方案 2　□方案 3</td></tr>
</table>

检查评价，总结反思

1. 学生自评

活动过程自评表见表 5-1-3。

表 5-1-3　活动过程自评表

<table>
<tr><td>班级</td><td></td><td>组名</td><td></td><td>日期</td><td></td></tr>
<tr><td>序号</td><td colspan="3">评价要素</td><td>分值</td><td>分数</td></tr>
<tr><td>1</td><td colspan="3">能说出工业机器人码垛工作站的应用场景</td><td>10</td><td></td></tr>
<tr><td>2</td><td colspan="3">能说出传送带的功能</td><td>10</td><td></td></tr>
<tr><td>3</td><td colspan="3">能在 RobotStudio 软件中选择合适的机器人型号</td><td>20</td><td></td></tr>
<tr><td>4</td><td colspan="3">能在 RobotStudio 软件布局中按要求合理放置传送带</td><td>30</td><td></td></tr>
<tr><td>5</td><td colspan="3">能在 RobotStudio 软件中为机器人安装夹具</td><td>30</td><td></td></tr>
<tr><td colspan="4">自评分数</td><td colspan="2"></td></tr>
<tr><td>自我总结
与反思</td><td colspan="5"></td></tr>
</table>

2. 小组互评

活动过程评价小组互评表见表 5-1-4。

表 5-1-4 活动过程评价小组互评表

班级		被评组名		日期	
序号	评价要素			分值	分数
1	与教师、同学之间能够保持多向、丰富、适宜的信息交流			10	
2	与教师、同学之间相互尊重、理解			10	
3	能处理好合作学习和独立思考之间的关系，做到有效学习			10	
4	能提出有意义的问题或能发表个人见解			20	
5	能按要点正确操作，能够倾听、协作、分享			20	
6	能发现问题、提出问题、分析问题、解决问题、创新问题			20	
7	能严肃、认真地对待自评，并能独立完成自测试题			10	
自评分数					
简要评述					

3. 教师评价

教师评价表见表 5-1-5。

表 5-1-5 教师评价表

姓名		组别		日期	
序号	评分点		分值	评分标准	得分
1	（1）表述仪态自然，吐字清晰		10	表述仪态不自然或吐字模糊酌情扣分	
	（2）表述思路清晰、层次分明、准确			表述思路模糊或层次不清酌情扣分	

续表

序号	评分点	分值	评分标准	得分
2	(1)分析码垛工作站的应用场景准确	10	码垛工作站应用场景分析不准确酌情扣分	
	(2)分析码垛工作站的组成部分准确		码垛工作站组成部分分析不准确酌情扣分	
3	(1)完成机器人选型及摆放	10	选型错误扣 5 分,摆放错误扣 5 分	
	(2)完成基础任务的填空题及问答题 1	10	填空题正确得 5 分,错误得 0 分;问答题视质量给分	
4	(1)正确添加传送带并放置到位	20	正确得 20 分,错误得 0 分	
	(2)完成基础任务的问答题 2	10	问答题视质量给分	
	(3)正确导入夹具并安装至机器人	10	正确得 10 分,错误得 0 分	
	(4)完成基础任务的问答题 3	10	问答题视质量给分	
5	(1)依据自评分数	5		
	(2)依据个人总结评价报告	5		
	满分	100	得分	

4. 总结反思

任务实施完成后,学生需要根据实际情况,通过指导老师对实施情况的点评来分析自身的不足之处,寻找三个关键问题进行思考,填写表 5-1-6,做到及时的自查自省和总结。

表 5-1-6　总结反思问题记录表

序号	任务目标	存在的问题	解决的方法
1			
2			
3			

任务二　配置动态夹具 Smart 组件

情景导入，任务发布

1. 任务发布

码垛实训工作站中还有一个重要的部件——动态夹具需要配置。动态夹具安装在机器人末端，用于夹取及放置工件。本任务中我们将介绍动态夹具 Smart 组件的构建及仿真。

2. 任务分析

任务分析	
任务名称	配置动态夹具 Smart 组件。
任务地位	动态夹具是码垛实训工作站的核心部分之一，按要求正确配置动态夹具 Smart 组件，是工作站运行的关键。
任务流程	(1)确定动态夹具在工业机器人码垛实训工作站的仿真功能。 (2)根据功能选择合适的 Smart 子组件。 (3)正确设置及连接各 Smart 子组件。 (4)对动态夹具 Smart 组件进行调试并仿真。

3. 目标要求

任务目标要求	
岗位要求	本任务要求工业机器人系统操作员能配置动态夹具 Smart 组件。
课程目标	知识目标 (1)能说出常用的 Smart 子组件类型及其对应的功能。 (2)能说出动态夹具所需要的 Smart 子组件。

续表

任务目标要求	
课程目标	技能目标 (1)能正确添加动态夹具所需要的 Smart 子组件。 (2)能正确设置及连接动态夹具各 Smart 子组件。 (3)能验证动态夹具的功能性。 情感目标 (1)通过自主分析,正确匹配相关要素,使学生进一步提高自我学习能力。 (2)通过深入学习,简化复杂问题,提高学生的学习积极性。
证书技能要求	对应工业机器人系统操作员国家职业技能标准技能点 能配置动态夹具 Smart 组件。

问题引导,自主学习

1. 引导问题

引导问题 1:在 RobotStudio 软件中常用的 Smart 子组件有哪些类型?对应的功能分别是什么?

引导问题 2:动态夹具需要哪些 Smart 子组件?

引导问题 3:各 Smart 子组件应如何设置?你认为哪些 Smart 子组件是具有关联性的?

引导问题 4:请简述验证动态夹具功能性的具体步骤。

2. 任务知识点

1)RobotStudio 软件中的 Smart 组件分类及介绍

对于一般大型工业机器人应用工作站,均需要在软件中先建模,验证功能性及其他特性无重大问题后,再进行深入设计。验证时需要用到 RobotStudio 软件中的 Smart 组件。Smart 子组件表示在自动工业中使用的整套的基本搭建组件,可以组成执行更复杂动作的用户定义的 Smart 组件。Smart 子组件包括:“信号与属性”子组件、“参数与建模”子组件、“传感器”子组件、“动作”子组件、“本体”子组件及“其他”子组件。下面介绍常用的子组件。

(1)“传感器”子组件。

常用“传感器”子组件包括 CollisionSensor、LineSensor 及 PlaneSensor。表 5-2-1 所示为“传感器”子组件功能表。

表 5-2-1 “传感器”子组件功能表

“传感器”子组件	功能
CollisionSensor	碰撞检测
LineSensor	检测靠近物件
PlaneSensor	检测到位物件

(2)“信号与属性”子组件。

“信号与属性”子组件的主要功能是处理工作站运行中的各种数字信号的相互逻辑运算关系，从而获得预期的动态效果，常用的子组件包括 LogicGate、LogicExpression 和 Timer。其可使用的逻辑运算有：AND 与、OR 或、XOR 异或、NOT 非及 NOP 空操作。

(3)“动作”子组件。

常用的“动作”子组件有 Attacher、Detacher、Source、Sink 等。它们的主要功能见表 5-2-2。

表 5-2-2 “动作”子组件功能表

“动作”子组件	功能
Attacher	安装
Detacher	拆除
Source	生成物件
Sink	使物件消失

(4)“本体”及“其他”子组件。

常用的“本体”及“其他”子组件有 LinearMover、PoseMover、Queue 等。

2)动态夹具所需 Smart 子组件

在仿真环境里，动态夹具应具备检测靠近物件(用于确定安装哪个工件)、安装及拆除(在仿真环境下安装即把工件安装至夹具，拆除同理)、开合动作(仿真环境下需赋予夹具机械装置开合动作)功能。根据动态夹具应具备的仿真功能及 Smart 子组件的特性，可以得出表 5-2-3 所示内容。

表 5-2-3 仿真功能和 Smart 子组件对应表

仿真功能	对应 Smart 子组件
检测靠近物件	LineSensor(线传感器)

续表

仿真功能	对应 Smart 子组件
安装及拆除	Attacher(安装)、Detacher(拆除)、LogicGate(非门)
开合动作	PoseMover(开动作)、PoseMover(合动作)、LogicGate(非门)

由表 5-2-3 可知,安装及拆除、开合动作均是互斥事件,若用同一个信号控制,需加入非门组成互锁功能。而这个控制信号一般是动态夹具的输入信号,用来接收来自外部的指令。

3. 掌握新知

问题 1:在 RobotStudio 软件中常用的 Smart 子组件有哪些类型?对应的功能分别是什么?

问题 2:动态夹具需要哪些 Smart 子组件?

5-2-1　添加动态夹具 Smart 子组件

知识库

1. 添加动态夹具 Smart 子组件

(1)创建夹具 Smart 组件及完成准备工作,如图 5-2-1～图 5-2-4 所示。

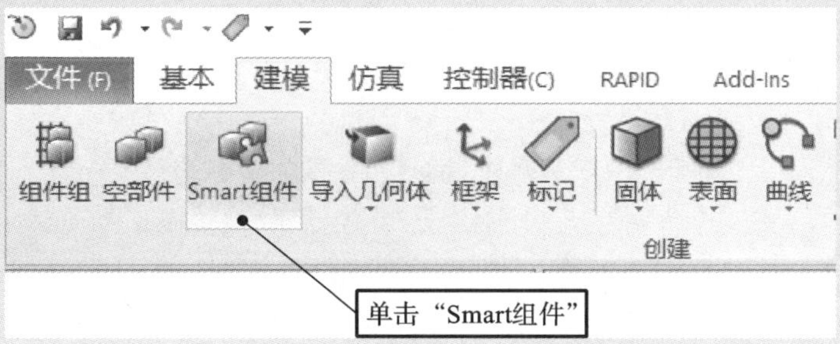

图 5-2-1　创建 Smart 组件

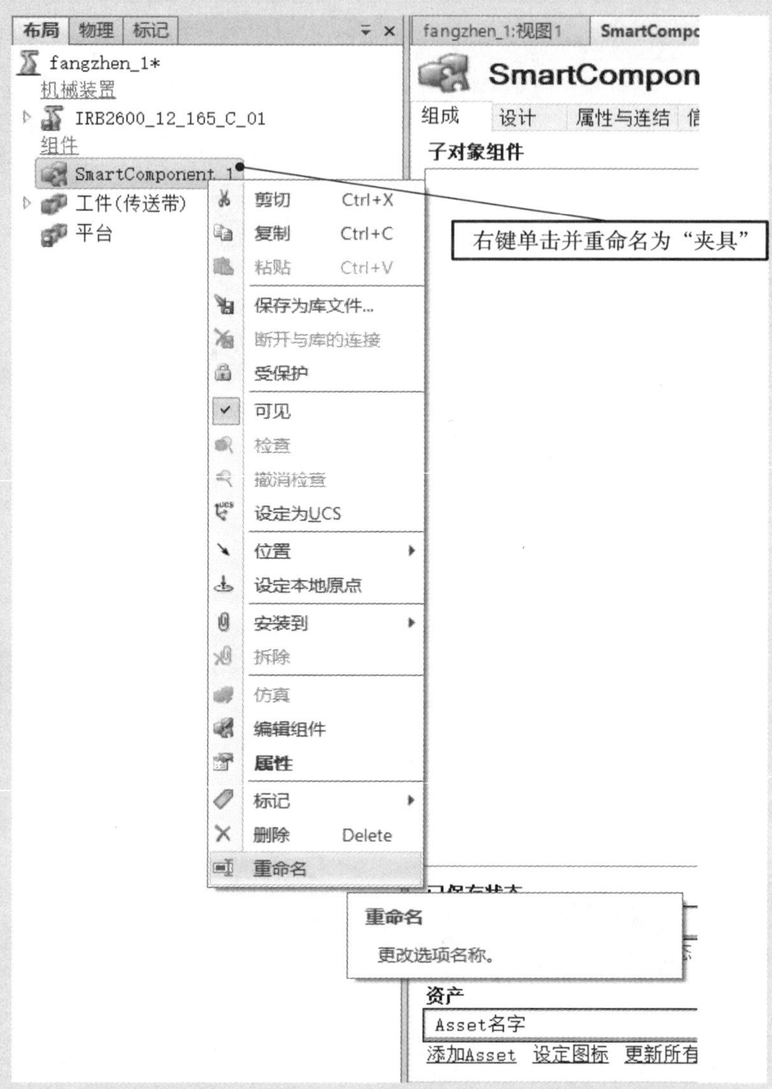

图 5-2-2　将新建的 Smart 组件重命名为“夹具”

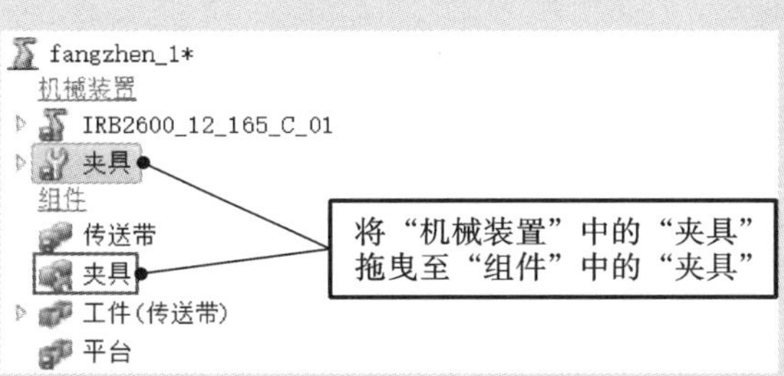

图 5-2-3　将“机械装置”中的“夹具”拖曳至“组件”中的“夹具”

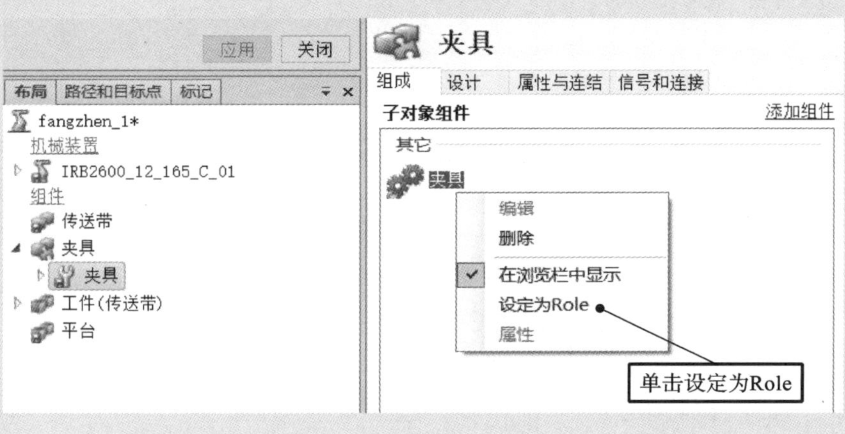

图 5-2-4　将“夹具”设定为 Role

(2)添加 LogicGate，如图 5-2-5 所示。

(3)添加 LineSensor，如图 5-2-6 所示。

(4)添加 Attacher 及 Detacher，如图 5-2-7 所示。

(5)添加 2 个 PoseMover，如图 5-2-8 所示。

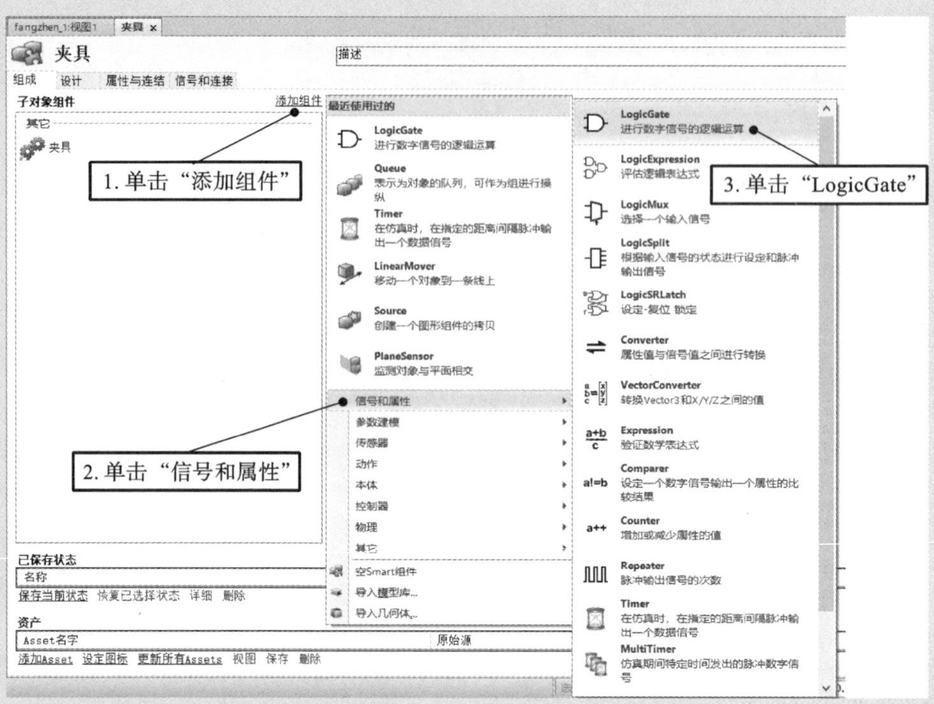

图 5-2-5 添加 LogicGate

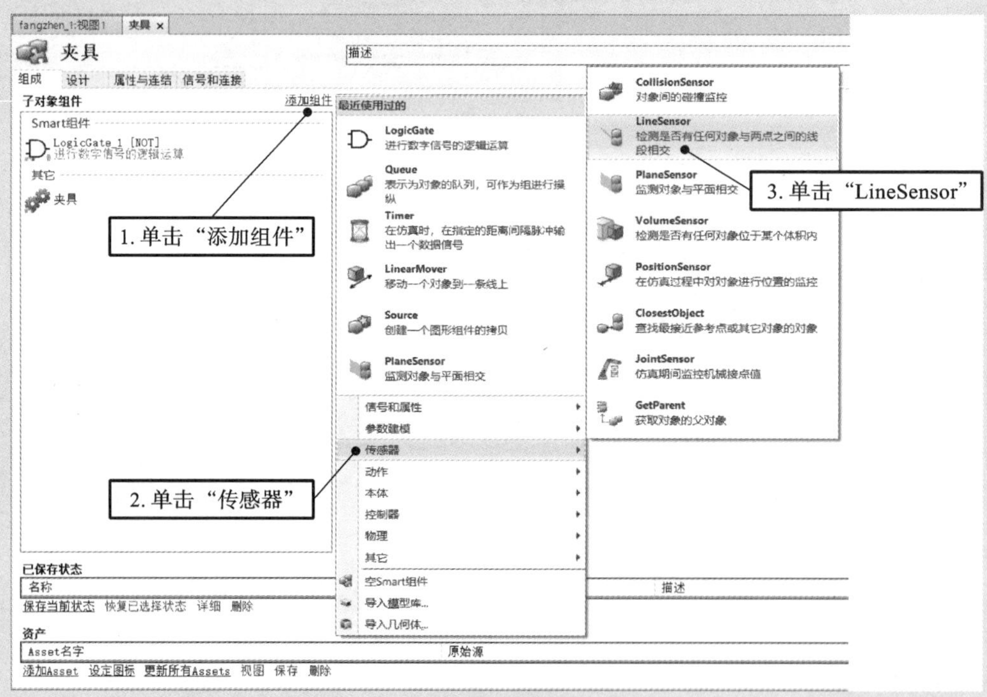

图 5-2-6 添加 LineSensor

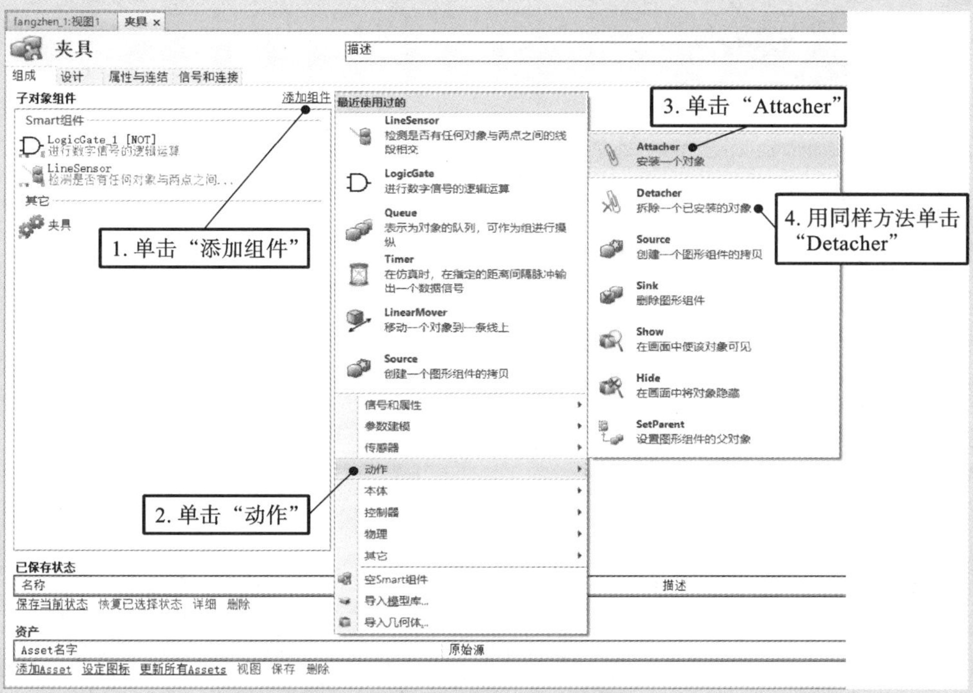

图 5-2-7　添加 Attacher 及 Detacher

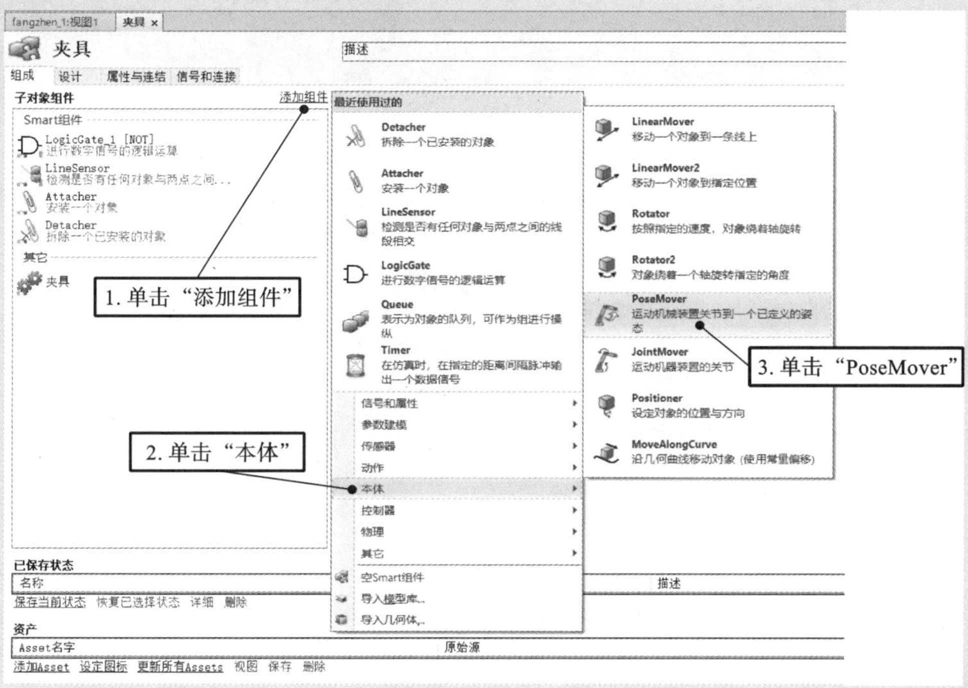

图 5-2-8　添加 2 个 PoseMover

问题 3：各 Smart 子组件应如何设置？你认为哪些 Smart 子组件是具有关联性的？

知识库

我们以每个仿真功能为例，介绍动态夹具 Smart 子组件的设置与连接。

(1)检测靠近物件，如图 5-2-9～图 5-2-11 所示。

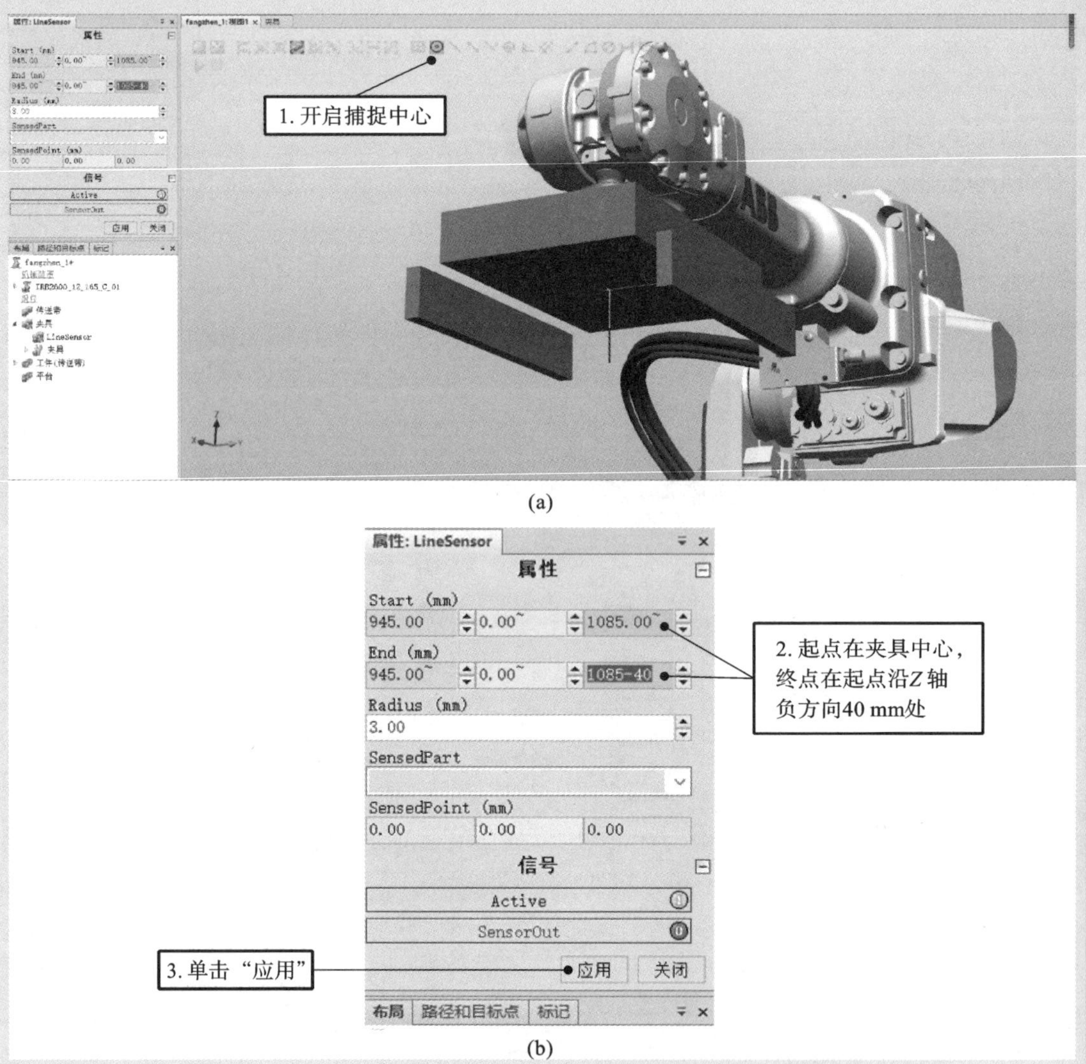

图 5-2-9　设置 LineSensor 属性

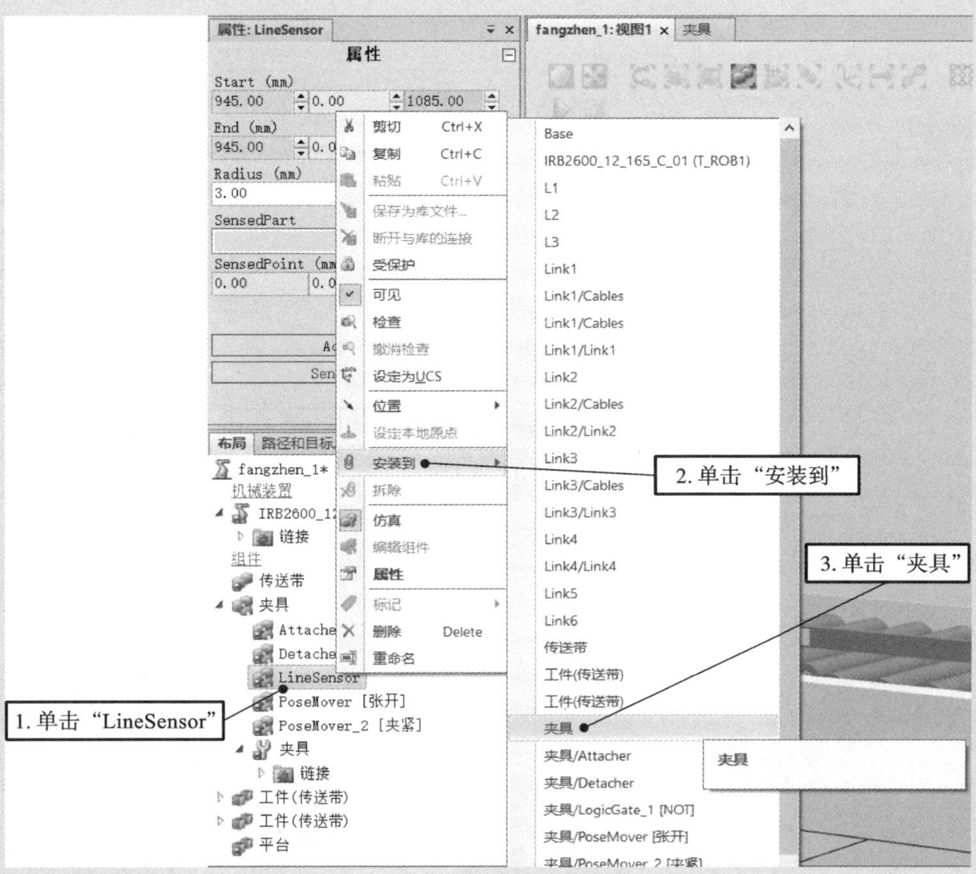

图 5-2-10　将 LineSensor 安装至夹具

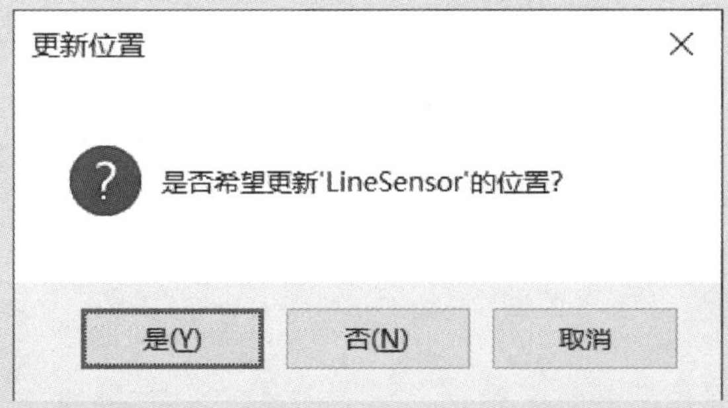

图 5-2-11　在弹出的对话框中选"否(N)"

注意,在设置前将机器人姿态调整至 5 轴 90°,其余各轴 0°。

(2)安装及拆除,如图 5-2-12 所示。

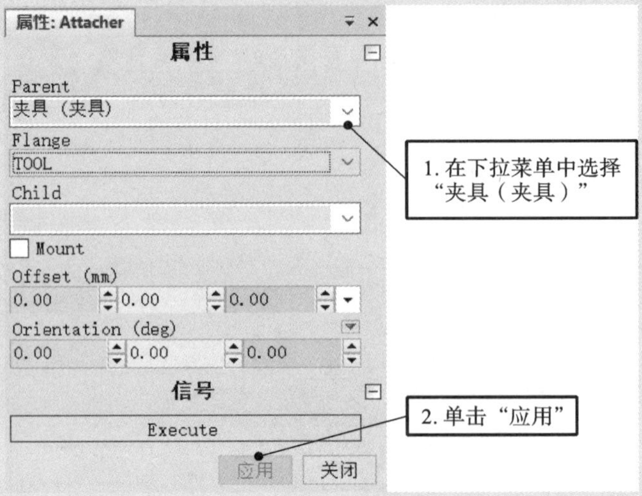

图 5-2-12　设置 Attacher 属性

(3)开合动作，如图 5-2-13 和图 5-2-14 所示。

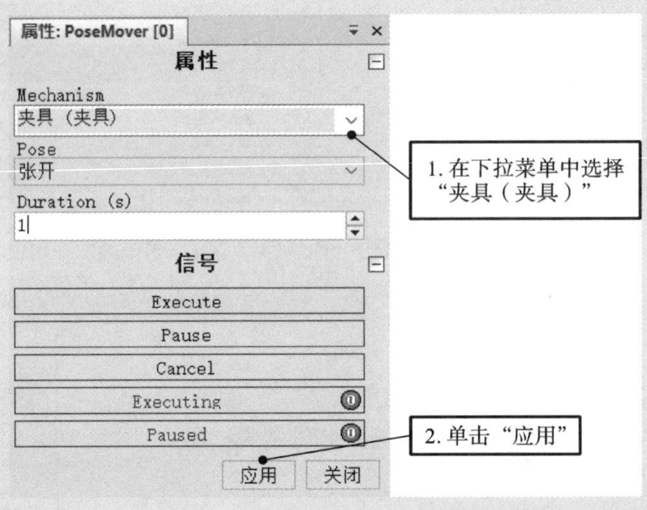

图 5-2-13　设置 PoseMover(张开)属性

(4)Smart 子组件连接。

①添加夹具输入信号，如图 5-2-15 和图 5-2-16 所示。

5-2-2　连接动态夹具 Smart 子组件

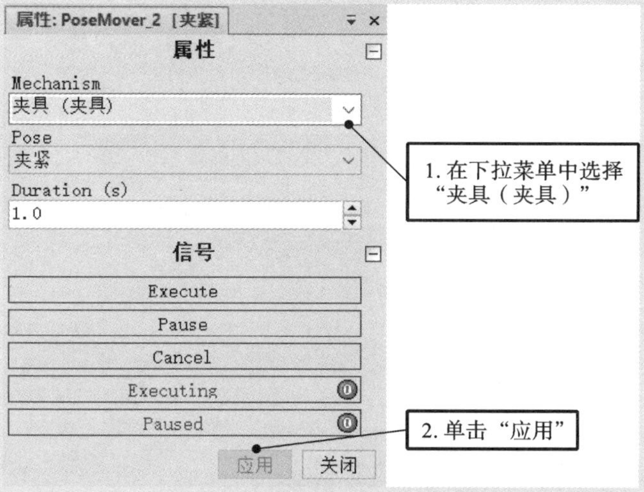

图 5-2-14　设置 PoseMover(夹紧)属性

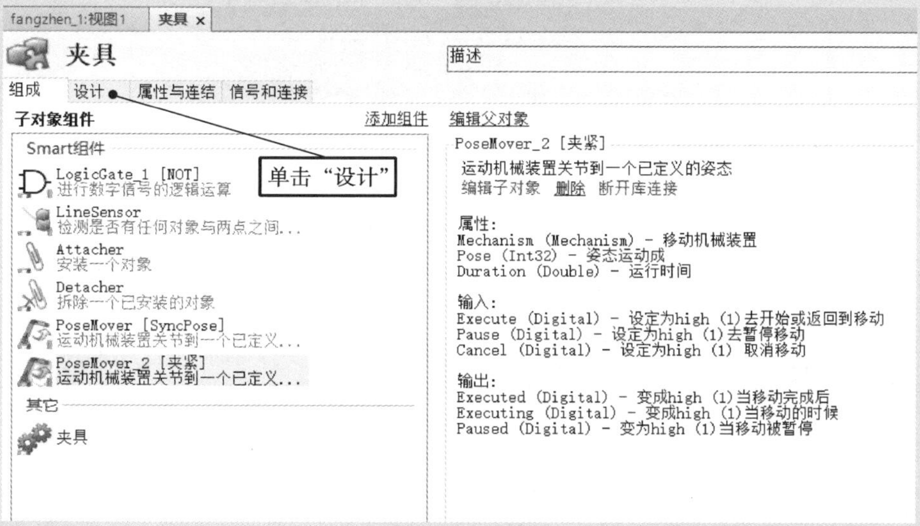

图 5-2-15　单击“设计”

5-2-3　设置动态
夹具 Smart 子组件

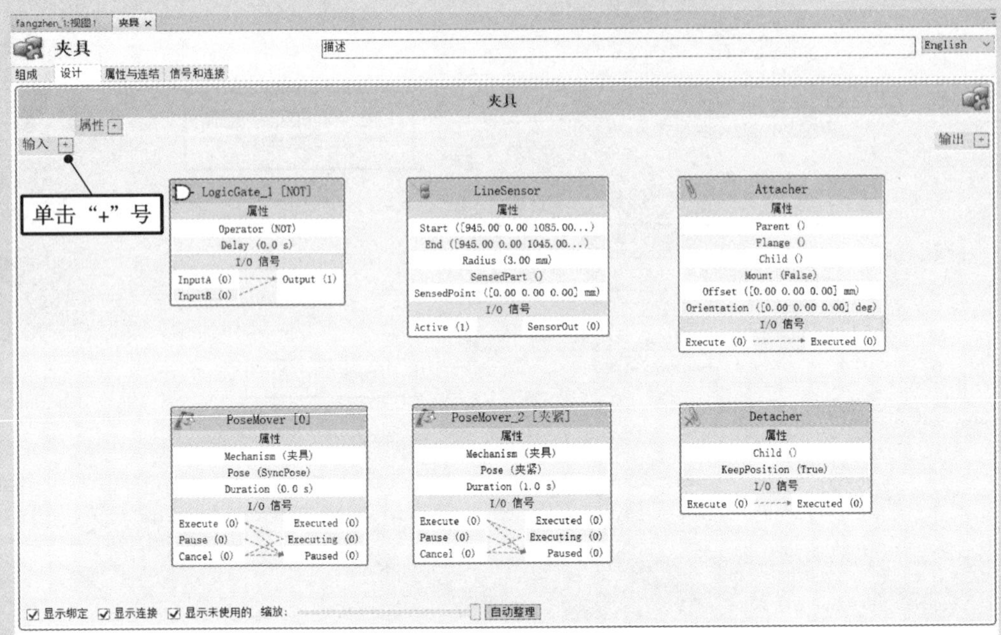

(a)

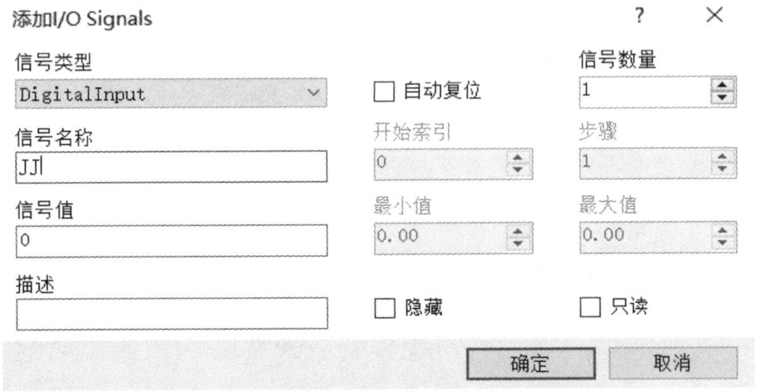

(b)

图 5-2-16　设置添加夹具输入信号

②添加夹具信号和连接，如图 5-2-17～图 5-2-24 所示。

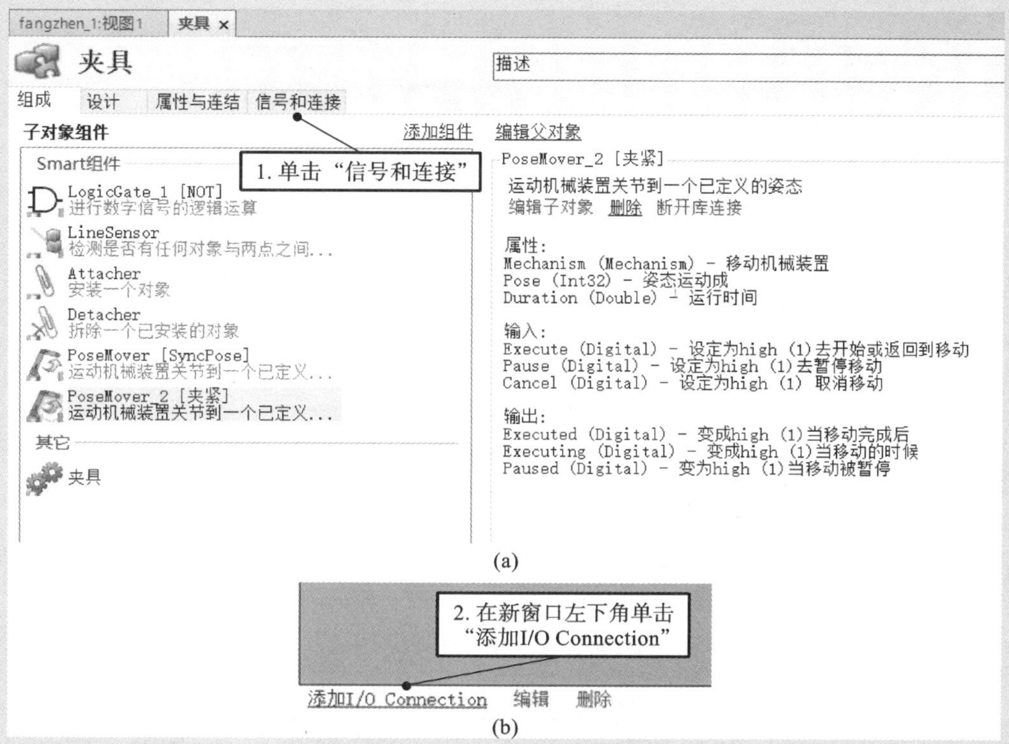

图 5-2-17　添加 I/O Connection

源对象	源信号	目标对象	目标信号或属性
夹具	JJ	LogicGate_1 [NOT]	InputA
夹具	JJ	LineSensor	Active
夹具	JJ	PoseMover_2 [夹紧]	Execute
LogicGate_1 [NOT]	Output	PoseMover [张开]	Execute
夹具	JJ	Attacher	Execute
LogicGate_1 [NOT]	Output	Detacher	Execute

图 5-2-18　按此表由左至右依次添加 I/O Connection

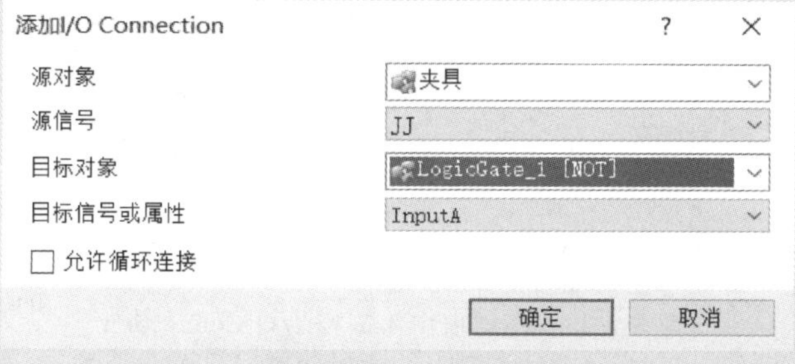

图 5-2-19　添加表中第一行 I/O Connection

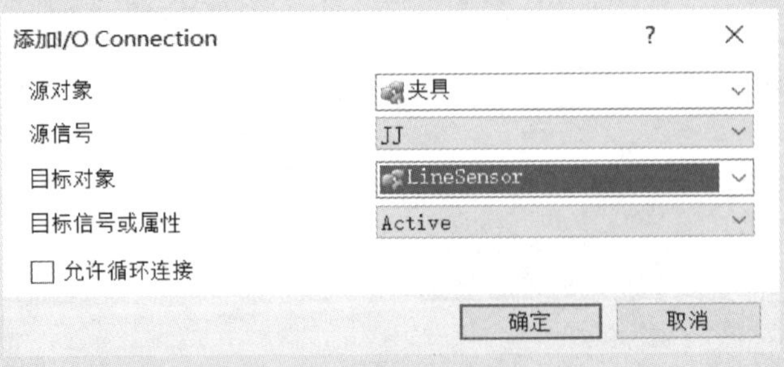

图 5-2-20　添加表中第二行 I/O Connection

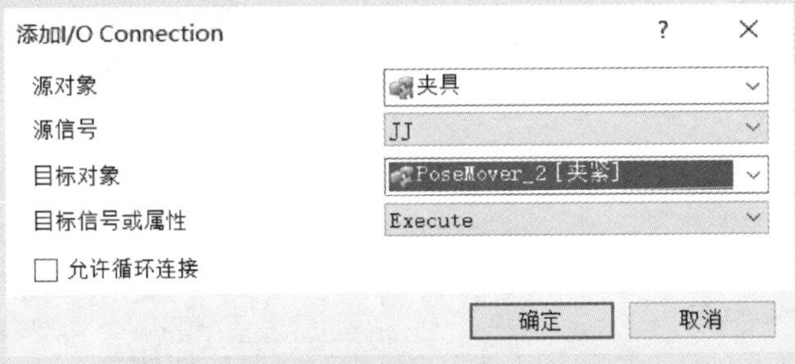

图 5-2-21　添加表中第三行 I/O Connection

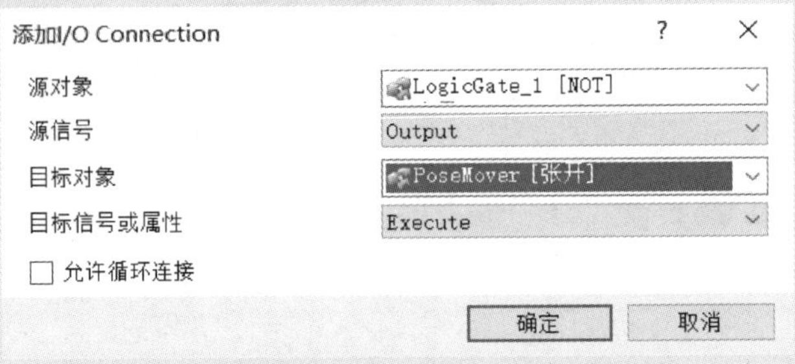

图 5-2-22　添加表中第四行 I/O Connection

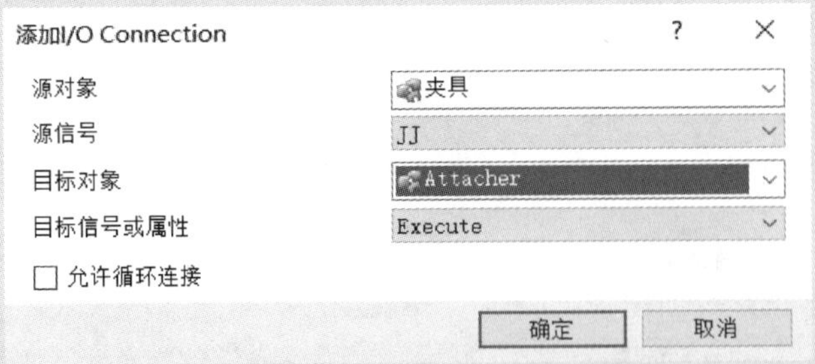

图 5-2-23　添加表中第五行 I/O Connection

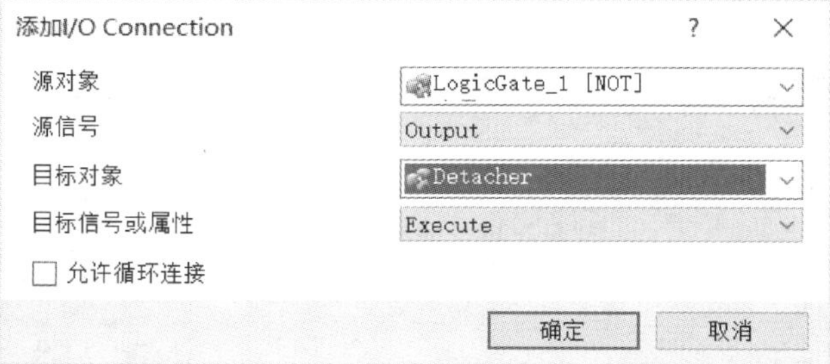

图 5-2-24　添加表中第六行 I/O Connection

③添加属性与连结，如图 5-2-25～图 5-2-28 所示。

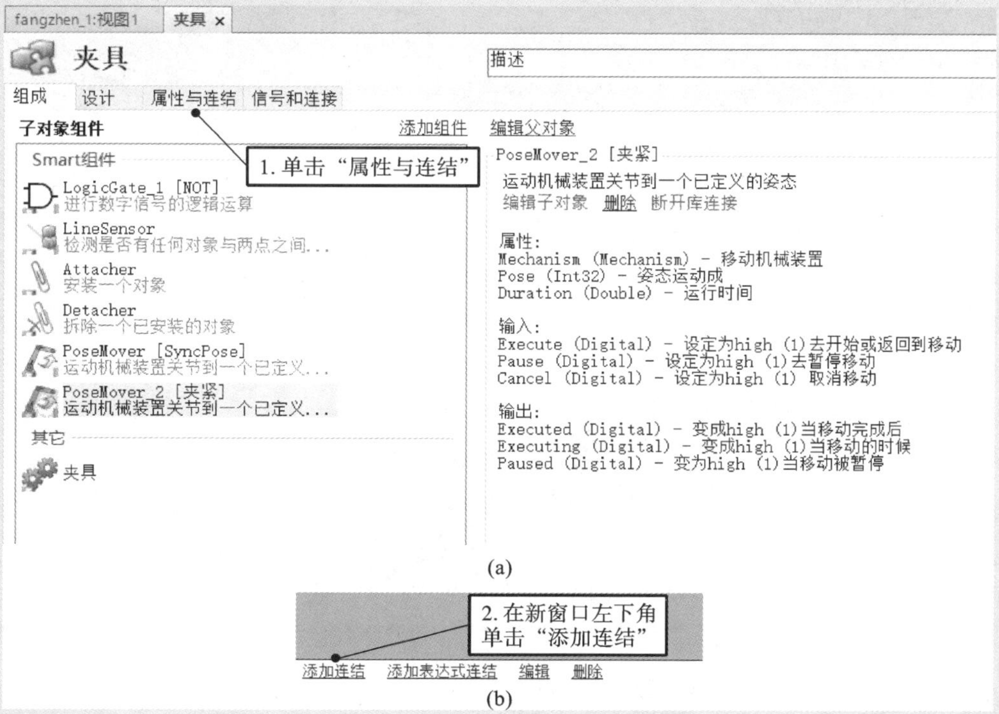

图 5-2-25　添加属性与连结

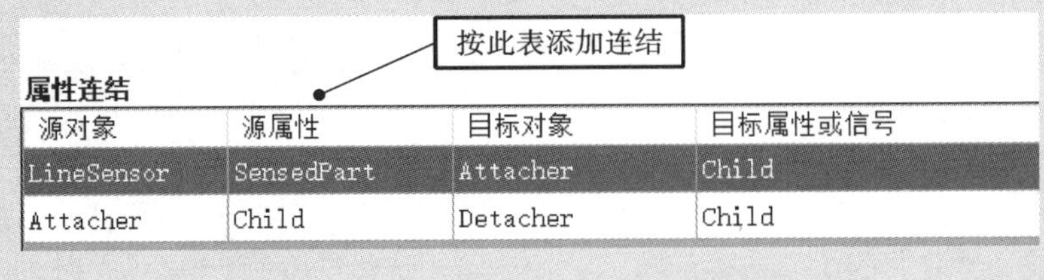

图 5-2-26 按此表添加连结

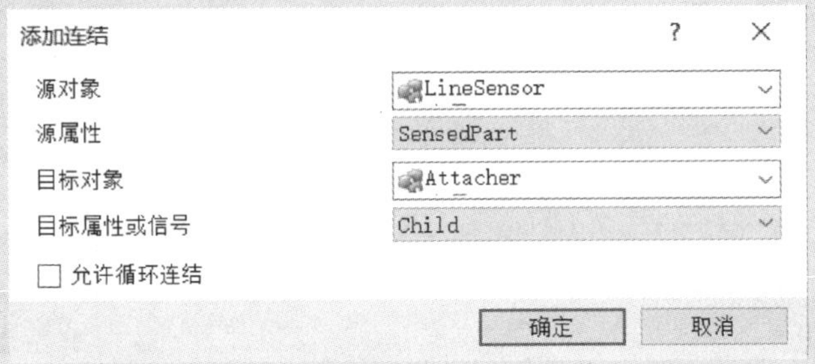

图 5-2-27 添加表中第一行连结

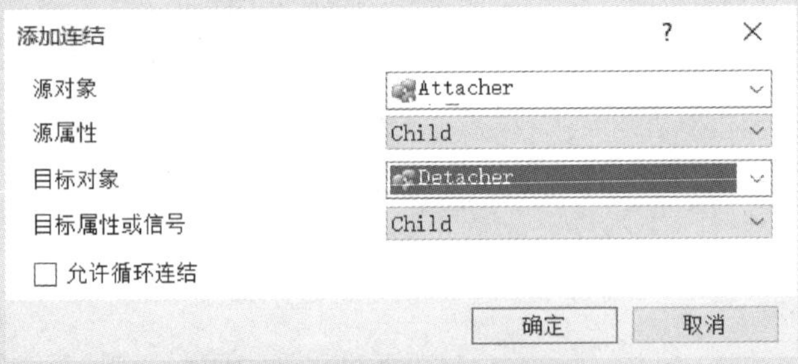

图 5-2-28 添加表中第二行连结

至此，动态夹具 Smart 组件配置完毕。

问题 4：请简述验证动态夹具功能性的具体步骤。

5-2-4 验证动态夹具功能性

知识库

验证动态夹具功能性，如图 5-2-29～图 5-2-32 所示。

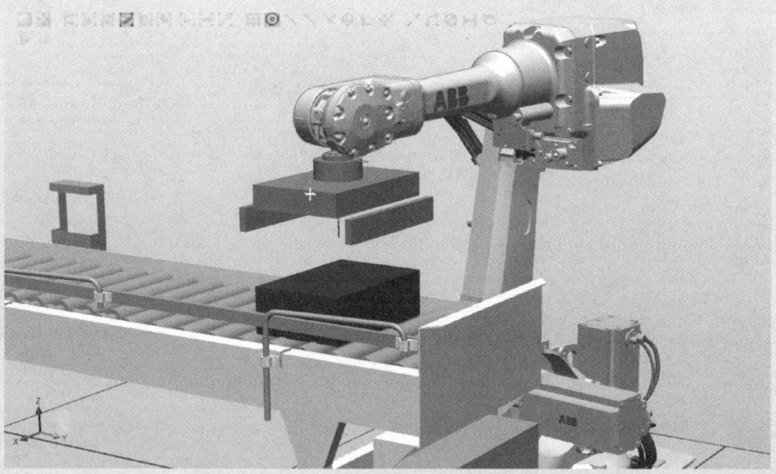

图 5-2-29　复制一个工件并移动至传送带末端处用于验证

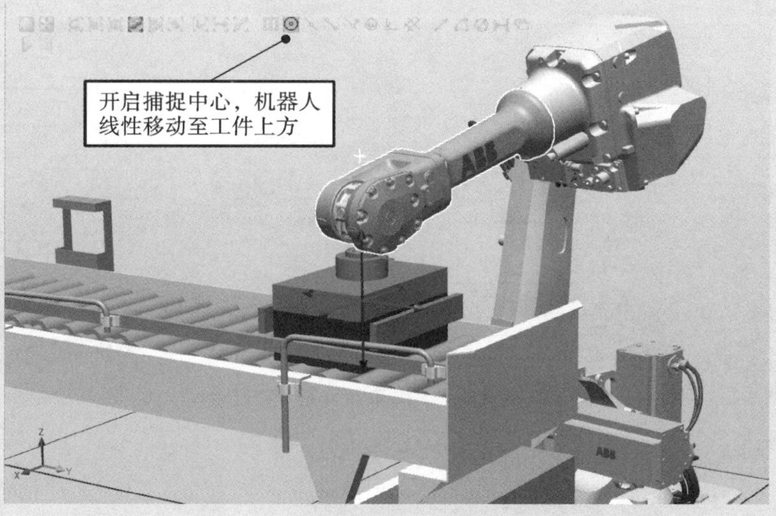

图 5-2-30　将机器人移动到工件夹取位置

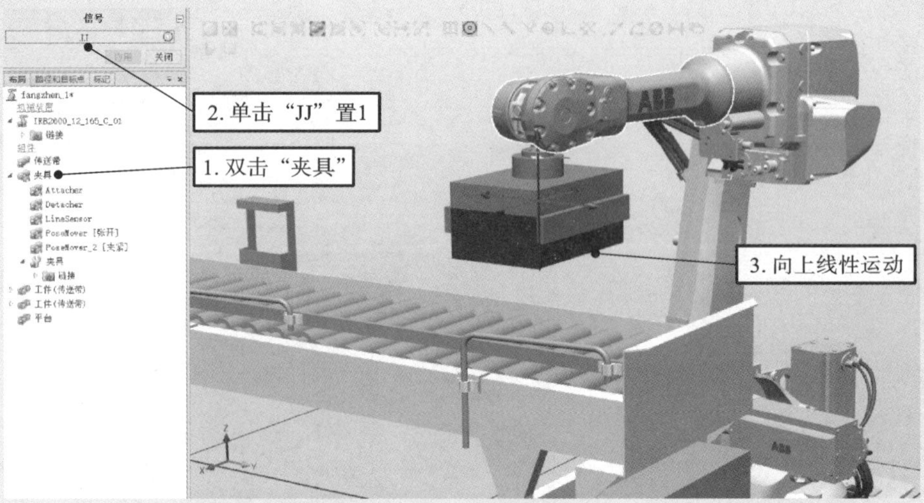

图 5-2-31　JJ 信号置 1 夹起工件

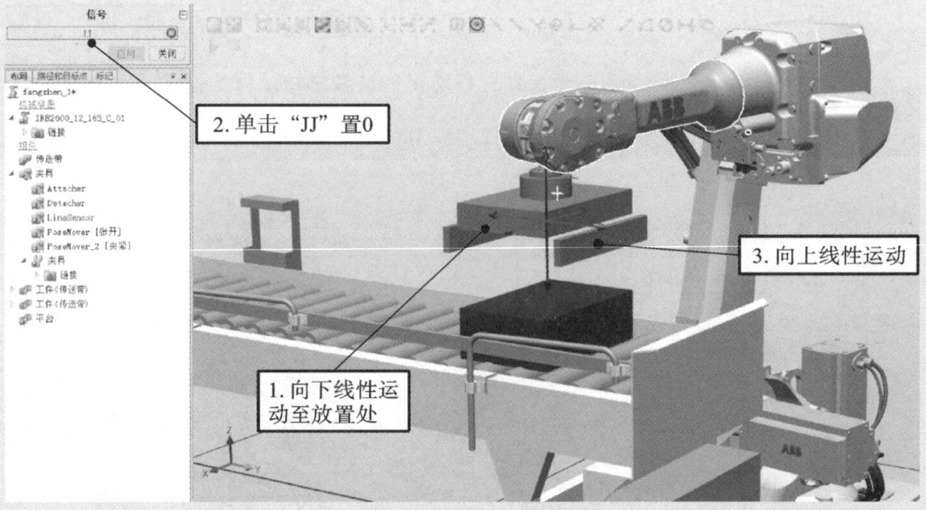

图 5-2-32　JJ 信号置 0 放下工件

以上步骤若能完成，则说明夹具 Smart 能正确实现功能。

协作探究，实施展示

任务指引：开展小组内讨论，每个同学对任务二进行分析，组长综合每位同学的意见，确定小组讨论后最终答案，每组派 1 位同学展示或陈述小组结论。

1. 小组组建

小组分工表见表 5-2-4。

表 5-2-4　小组分工表

<table>
<tr><td>班级</td><td></td><td>组名</td><td></td></tr>
<tr><td>组长</td><td></td><td>学号</td><td></td></tr>
<tr><td rowspan="6">组员</td><td>姓名</td><td>学号</td><td>分工</td></tr>
<tr><td></td><td></td><td></td></tr>
<tr><td></td><td></td><td></td></tr>
<tr><td></td><td></td><td></td></tr>
<tr><td></td><td></td><td></td></tr>
<tr><td></td><td></td><td></td></tr>
</table>

2. 基础任务

任务二：配置动态夹具 Smart 组件。

目标 1：确定动态夹具在工作站的功能。

单选题 1：以下哪些不是动态夹具在工作站中的功能（　　）。

A. 开合动作　　B. 安装及拆除

C. 定时生成工件　　D. 检测靠近物件

目标 2：确定动态夹具所需 Smart 子组件。

多选题：以下哪些 Smart 子组件不是动态夹具所需的？

A. LogicGate　　B. PoseMover

C. Queue　　D. LineSensor

E. Source

目标 3：掌握设置动态夹具各 Smart 子组件的属性及关联性。

单选题 2：根据动态夹具特性，以下 Smart 子组件组合错误的是（　　）。

A. PoseMover 及 LogicGate　　B. PlaneSensor 及 LogicGate

C. Attacher、Detacher 及 LogicGate　　D. LineSensor 及 LogicGate

目标 4：验证动态夹具的功能性。

问答题：应如何验证动态夹具的功能性？

3. 提高任务

岗位任务：请自行导入点焊机机械装置，并设计基于电焊机机械装置的 Smart 组件，如图 5-2-33 和图 5-2-34 所示。要求：具备开合点焊动作（点焊时火花等物理效果不需要配置），以及控制点焊的输入信号。

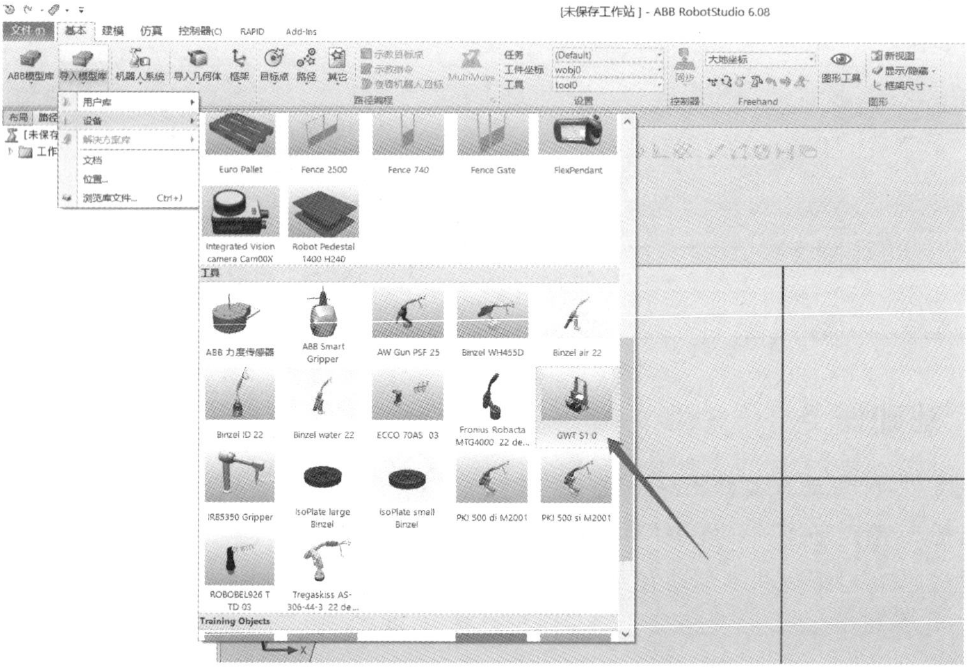

图 5-2-33　添加点焊机途径

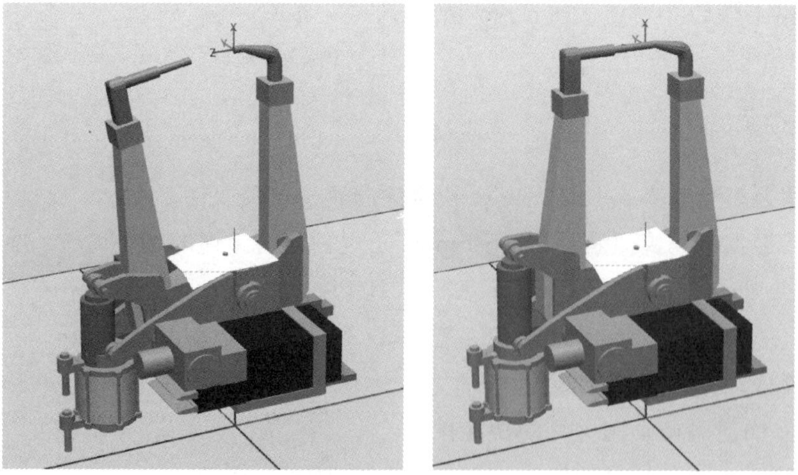

(a)　　　　　　　　　　(b)

图 5-2-34　点焊机开合状态（闭合为点焊状态）

4. 决策评估

方案决策单见表 5-2-5。

表 5-2-5 方案决策单

方案决策						
组别		组长		日期		
学习任务	配置动态夹具 Smart 组件					
岗位情景	正确设置并连接动态夹具的 Smart 子组件、验证动态夹具的功能性					
方案 1 描述						
方案 2 描述						
方案 3 描述						
评估决策						
序号	可行性	经济性	操作性	实施难度	方案等级评价	
方案 1	□高 □低	□好 □差	□强 □弱	□高 □低	□优 □良 □中 □差	
方案 2	□高 □低	□好 □差	□强 □弱	□高 □低	□优 □良 □中 □差	
方案 3	□高 □低	□好 □差	□强 □弱	□高 □低	□优 □良 □中 □差	
评价决策	综合评价					
	终选方案	□方案 1 □方案 2 □方案 3				

检查评价，总结反思

1. 学生自评

活动过程自评表见表 5-2-6。

表 5-2-6 活动过程自评表

班级		组名		日期	
序号	评价要素			分值	分数
1	能说出动态夹具所具备的仿真功能			10	
2	能说出动态夹具所需的 Smart 子组件			30	

续表

序号	评价要素	分值	分数
3	能对动态夹具的 Smart 子组件进行正确设置及连接	40	
4	能正确验证动态夹具的功能性	20	
自评分数			
自我总结与反思			

2. 小组互评

活动过程评价小组互评表见表 5-2-7。

表 5-2-7　活动过程评价小组互评表

班级		被评组名		日期	
序号	评价要素			分值	分数
1	与教师、同学之间能够保持多向、丰富、适宜的信息交流			10	
2	与教师、同学之间相互尊重、理解			10	
3	能处理好合作学习和独立思考之间的关系，做到有效学习			10	
4	能提出有意义的问题或能发表个人见解			20	
5	能按要点正确操作，能够倾听、协作、分享			20	
6	能发现问题、提出问题、分析问题、解决问题、创新问题			20	
7	能严肃、认真地对待自评，并能独立完成自测试题			10	
自评分数					
简要评述					

3. 教师评价

教师评价表见表 5-2-8。

表 5-2-8　教师评价表

姓名		组别		日期	
序号	评分点	分值	评分标准	得分	
1	(1)表述仪态自然,吐字清晰	10	表述仪态不自然或吐字模糊酌情扣分		
	(2)表述思路清晰、层次分明、准确		表述思路模糊或层次不清酌情扣分		
2	(1)分析动态夹具的仿真功能准确	10	动态夹具仿真功能分析不准确酌情扣分		
	(2)完成基础任务的单选题 1		正确得 5 分,错误得 0 分		
3	(1)正确分析并说出动态夹具的 Smart 子组件并完成所有 Smart 子组件的添加	10	子组件添加错误,多添加、少添加均扣 5 分		
	(2)完成基础任务的多选题	10	正确得 10 分,错误得 0 分		
4	(1)正确设置动态夹具各 Smart 子组件属性	20	全部正确得 20 分,错误 1 处扣 5 分,扣完即止		
	(2)完成基础任务的单选题 2	10	正确得 10 分,错误得 0 分		
5	(1)正确验证动态夹具的功能性	10	正确得 10 分,错误得 0 分		
	(2)完成基础任务的问答题	10	问答题视质量给分		
6	(1)依据自评分数	5			
	(2)依据个人总结评价报告	5			
	满分	100	得分		

4. 总结反思

任务实施完成后,学生需要根据实际情况,通过指导老师对实施情况的点评来分析自身的不足之处,寻找三个关键问题进行思考,填写表 5-2-9,做到及时的自查自省和总结。

表 5-2-9　总结反思问题记录表

序号	任务目标	存在的问题	解决的方法
1			

续表

序号	任务目标	存在的问题	解决的方法
2			
3			

任务三　配置动态传送带 Smart 组件

情景导入，任务发布

1. 任务发布

在布局好工作站后，接下来要利用 Smart 组件对工作站内各个部件进行改造，使其具备仿真功能。本任务我们将介绍动态传送带 Smart 组件的构建及仿真。

2. 任务分析

任务分析	
任务名称	配置动态传送带 Smart 组件。
任务地位	动态传送带是码垛实训工作站的核心部分之一，按要求正确配置动态传送带 Smart 组件，是工作站运行的关键。
任务流程	(1)确定动态传送带在工业机器人码垛实训工作站的仿真功能。 (2)根据功能选择合适的 Smart 子组件。 (3)正确设置及连接动态传送带各 Smart 子组件。 (4)对动态传送带 Smart 组件进行调试并仿真。

3. 目标要求

任务目标要求	
岗位要求	本任务要求工业机器人系统操作员能配置动态传送带 Smart 组件。
课程目标	知识目标 (1)能说出动态传送带所具备的仿真功能。 (2)能说出动态传送带所需要的 Smart 子组件。 技能目标 (1)能正确地添加动态传送带所需要的 Smart 子组件。 (2)能正确地设置及连接动态传送带各 Smart 子组件。 (3)能验证动态传送带的功能性。 情感目标 (1)通过鼓励学生解构复杂问题,提升学生学习的自信。 (2)通过由浅入深、循序渐进的教学模式,使学生容易理解学习内容,增强学生自主学习的积极性。
证书技能要求	对应工业机器人系统操作员国家职业技能标准技能点 能配置动态传送带 Smart 组件。

问题引导,自主学习

1. 引导问题

引导问题 1:动态传送带应具备哪些仿真功能?
引导问题 2:动态传送带需要添加哪些 Smart 子组件?
引导问题 3:各 Smart 子组件应如何设置?你认为哪些 Smart 子组件是具有关联性的?
引导问题 4:请简述验证动态传送带功能性的具体步骤。

2. 任务知识点

1)动态传送带应具备的仿真功能

在仿真环境里,动态传送带将自动(定时)生成的工件一个接一个地以匀速传送到指定位置(如传送带末端),待第一个工件到达指定位置后全部工件停止移动,待该工件移走后,后面的工件继续匀速移动,周而复始。

由此我们可以总结出动态传送带应具备以下仿真功能:

(1)定时生成工件;

(2)工件形成队列;

(3)工件队列做匀速直线移动;

(4)队首工件到位后整个工件队列停止,其移除后整个工件队列恢复移动。

2)**动态传送带需添加的 Smart 子组件**

根据动态传送带应具备的仿真功能及 Smart 子组件的特性,可以得出表 5-3-1 所示的内容。

表 5-3-1 动态传送带仿真功能和 Smart 子组件对应表

动态传送带仿真功能	对应 Smart 子组件
定时生成工件	定时器、源
工件形成队列	队列
工件队列做匀速直线移动	线性移动
队首工件到位后整个工件队列停止,其移除后整个工件队列恢复移动	面传感器、非门

3. 掌握新知

问题 1:动态传送带应具备哪些仿真功能?

问题 2:动态传送带需要添加哪些 Smart 子组件?

5-3-1 添加动态传送带 Smart 子组件

知识库

(1)创建动态传送带 Smart 组件,如图 5-3-1 和图 5-3-2 所示。

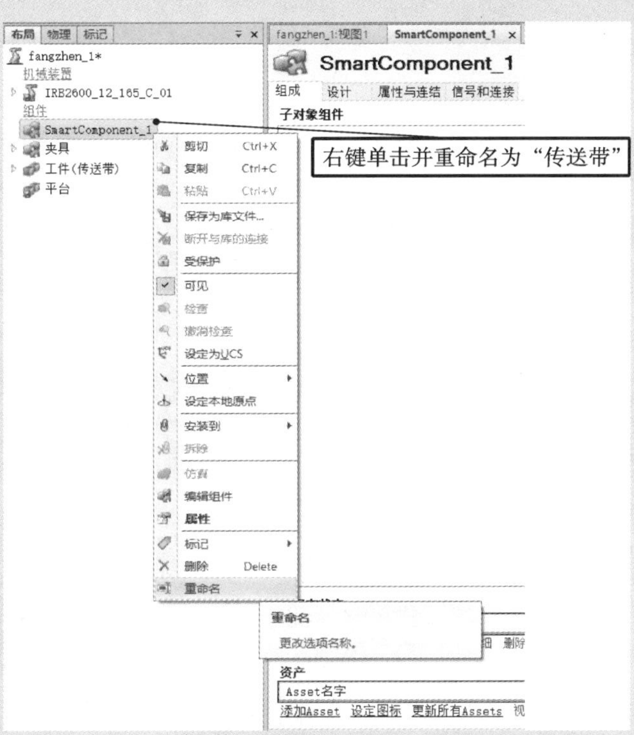

图 5-3-1　创建并将新建的 Smart 组件重命名为“传送带”

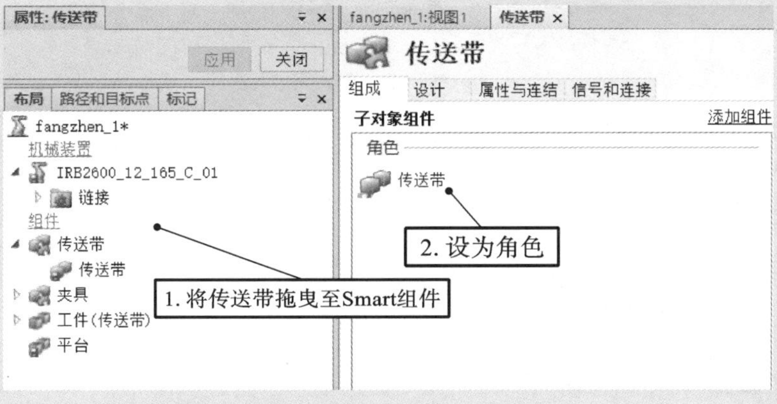

图 5-3-2　传送带 Smart 组件初始化

(2)添加动态传送带的 Smart 子组件，具体操作如下。

①添加 LogicGate，如图 5-3-3 所示。

图 5-3-3　添加 LogicGate(设置非门)

②添加 PlaneSensor，如图 5-3-4 所示。

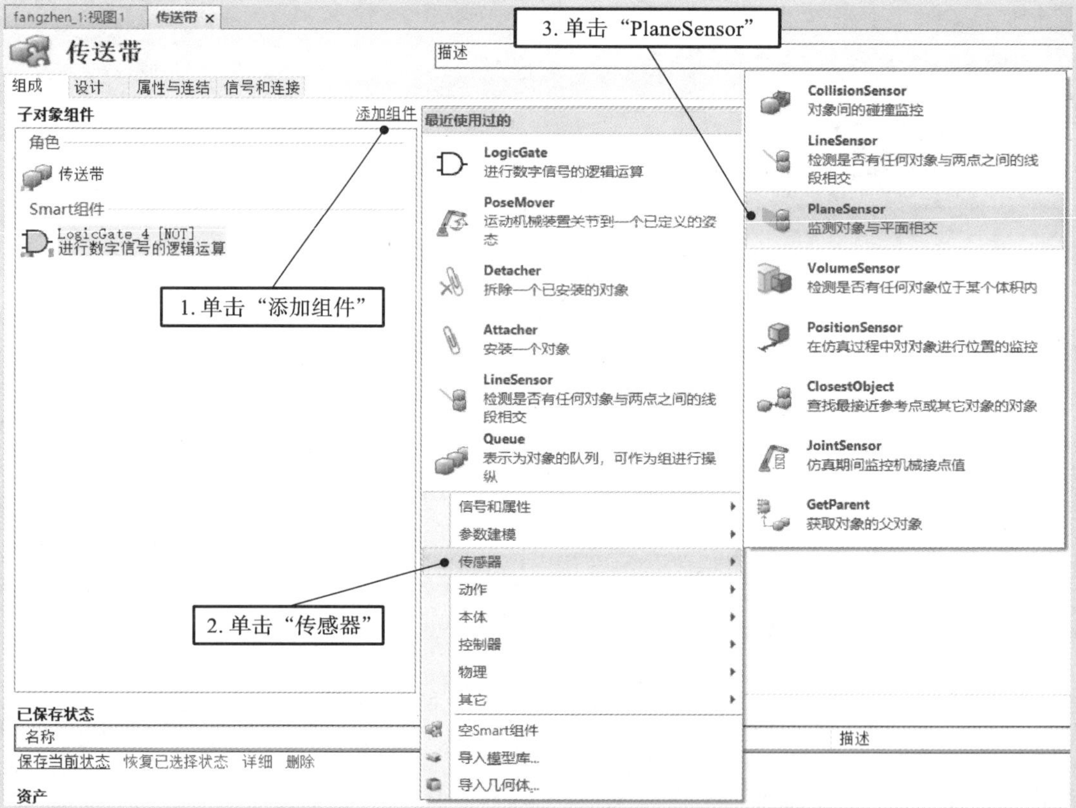

图 5-3-4　添加 PlaneSensor

③添加 Source，如图 5-3-5 所示。

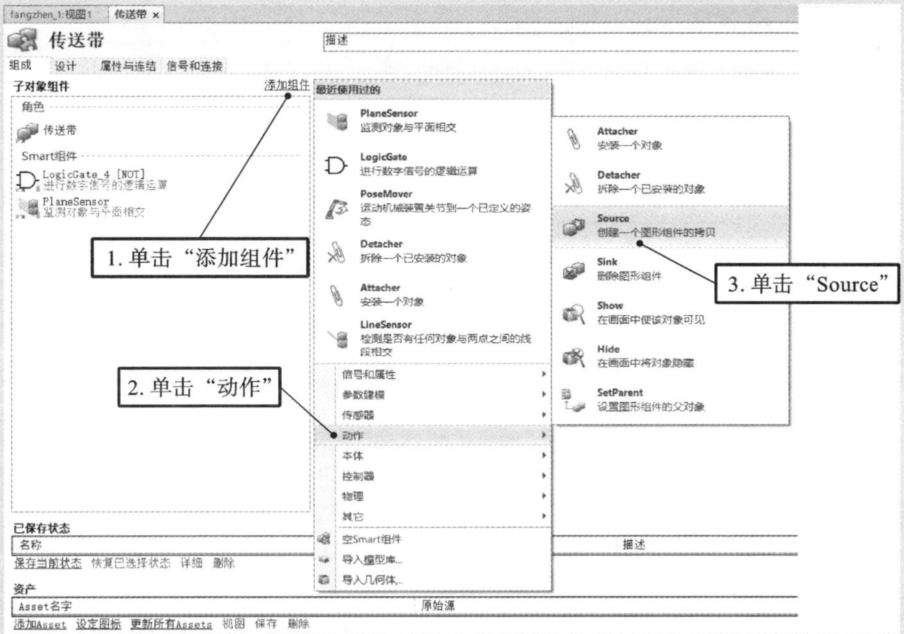

图 5-3-5　添加 Source

④添加 LinearMover，如图 5-3-6 所示。

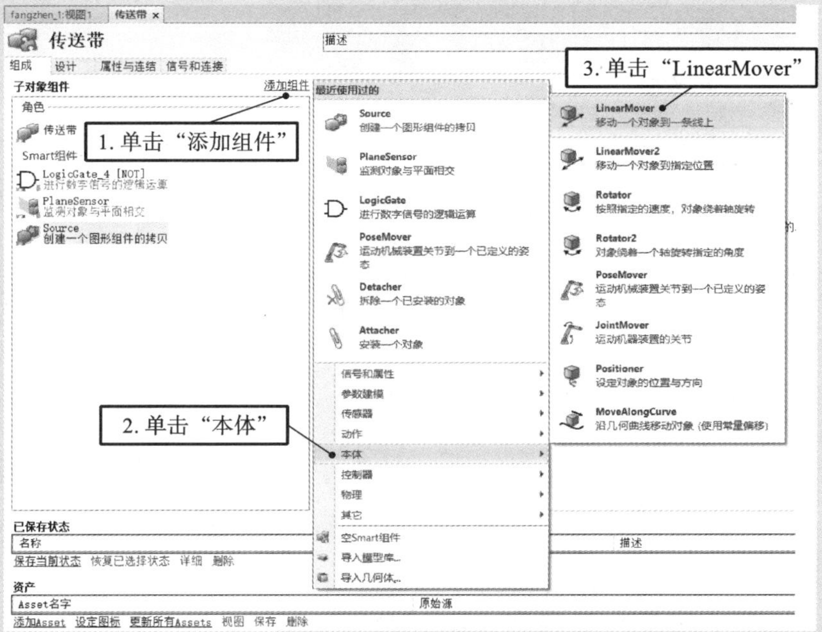

图 5-3-6　添加 LinearMover

⑤添加 Queue，如图 5-3-7 所示。

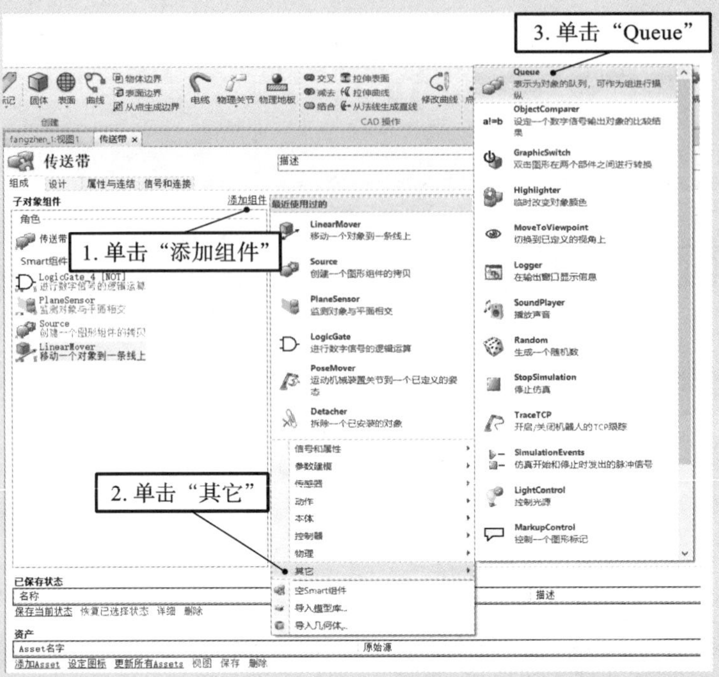

图 5-3-7 添加 Queue

⑥添加 Timer，如图 5-3-8 所示。

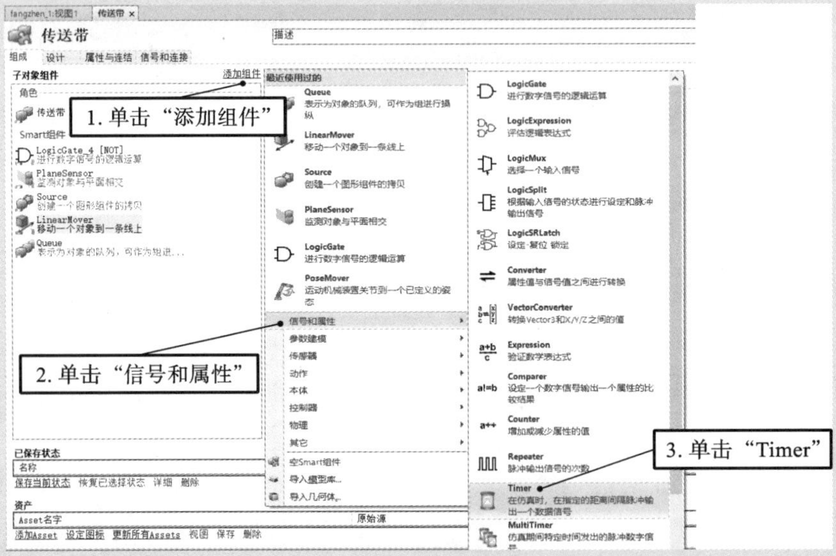

图 5-3-8 添加 Timer

至此，动态传送带的各个 Smart 子组件添加完毕。

问题 3：各 Smart 子组件应如何设置？你认为哪些 Smart 子组件是具有关联性的？

5-3-2　设置动态传送带 Smart 子组件

5-3-3　连接动态传送带 Smart 子组件

知识库

我们以仿真功能为例，介绍动态传送带 Smart 子组件的设置与连接。

(1)定时生成工件(Source 及 Timer 子组件)，如图 5-3-9 和图 5-3-10 所示。

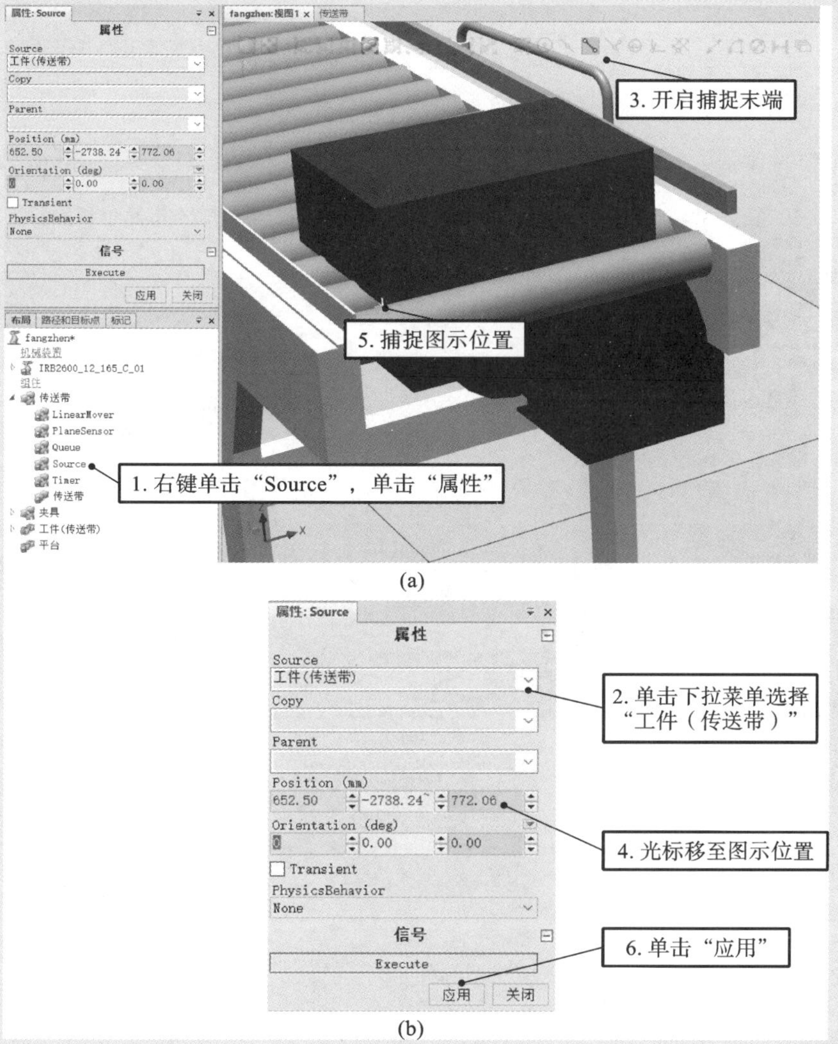

图 5-3-9　设置 Source 属性

(2)工件形成队列(Queue)。队列无须修改属性。

(3)工件队列做匀速直线移动(LinearMover),如图 5-3-11 所示。

图 5-3-10　设置 Timer 属性

图 5-3-11　设置 LinearMover 属性

(4)队首工件到位后整个工件队列停止,其移除后整个工件队列恢复移动,如图 5-3-12 所示。

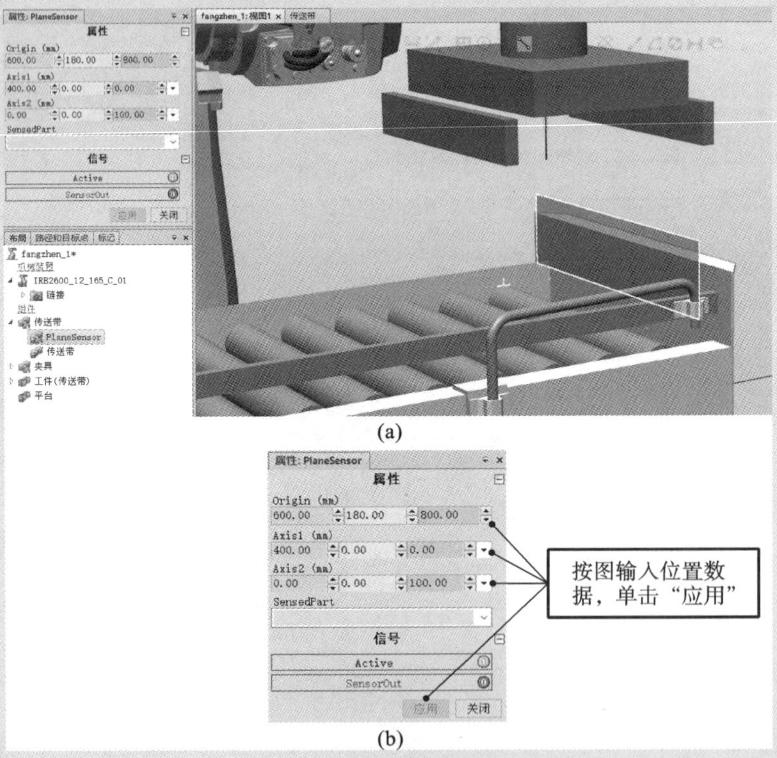

(a)

(b)

图 5-3-12　设置 PlaneSensor 属性

(5)子组件连接,如图 5-3-13～图 5-3-26 所示。

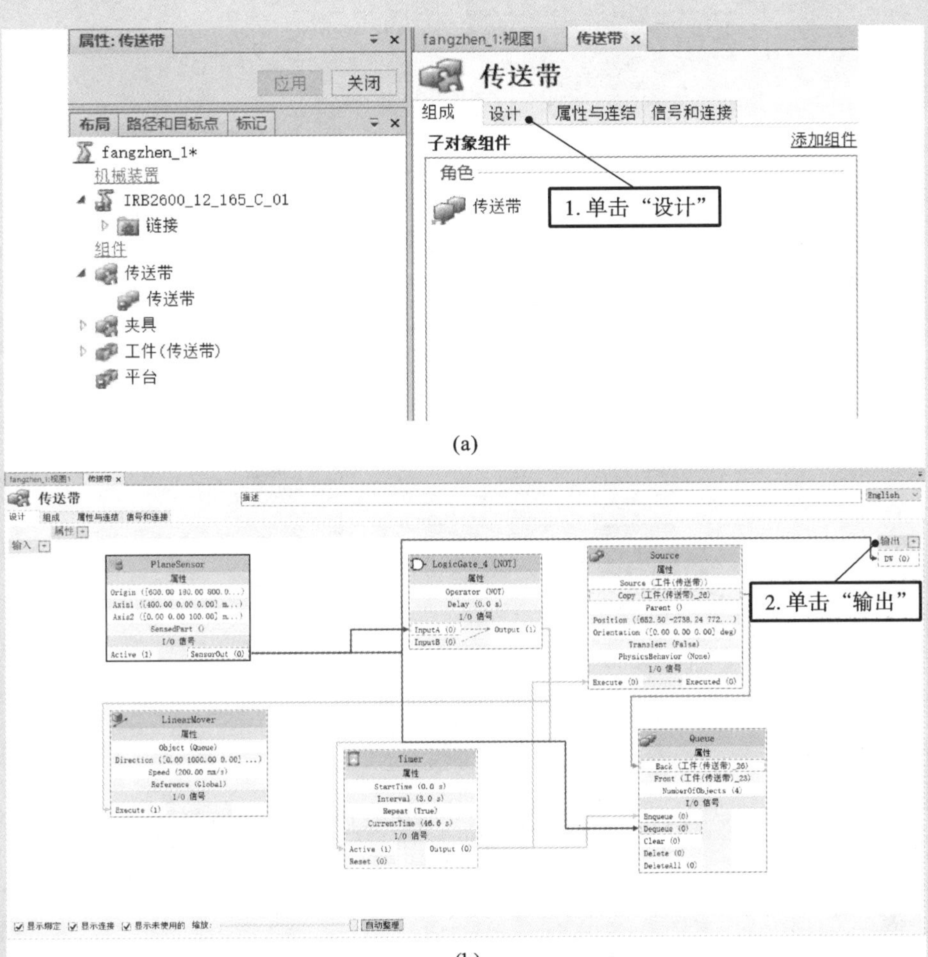

(a)

(b)

图 5-3-13　添加输出信号

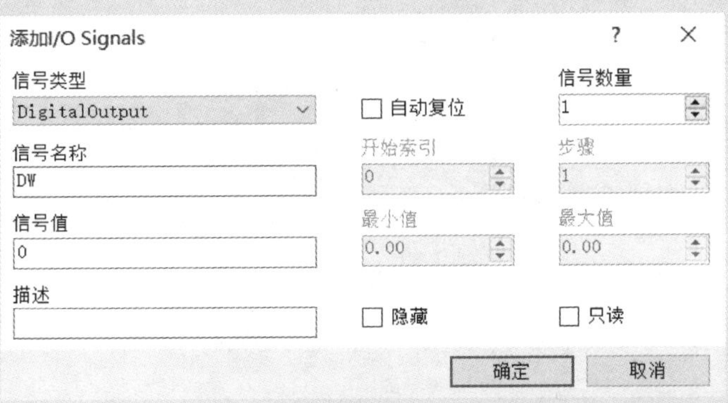

图 5-3-14　设置传送带输出信号

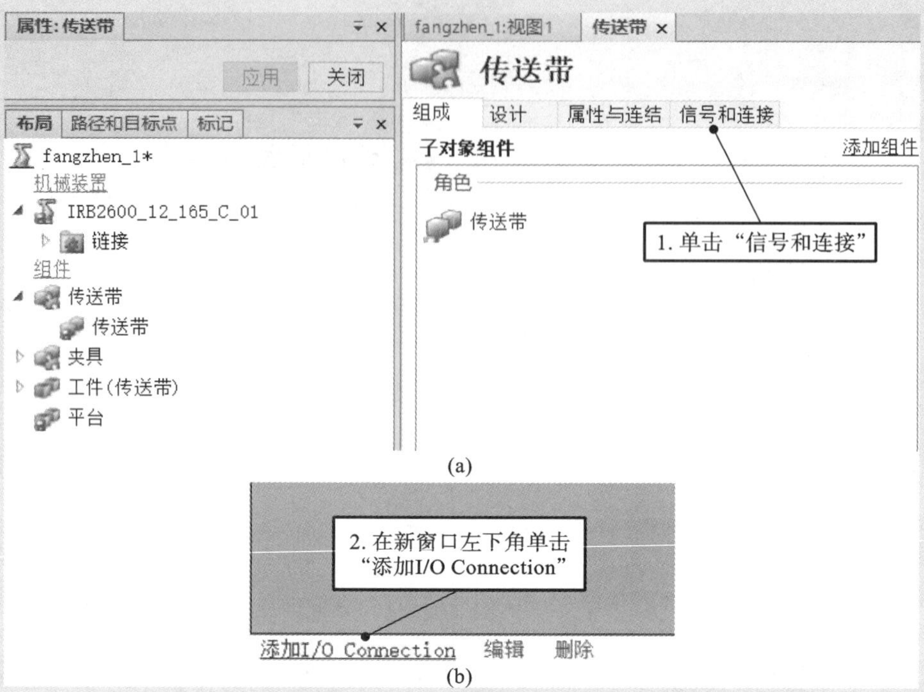

图 5-3-15　添加 I/O Connection

按此表添加I/O Connection

源对象	源信号	目标对象	目标信号或属性
Timer	Output	Source	Execute
PlaneSensor	SensorOut	传送带	DW
PlaneSensor	SensorOut	LogicGate_4 [NOT]	InputA
LogicGate_4 [NOT]	Output	LinearMover	Execute
PlaneSensor	SensorOut	Queue	Dequeue
Timer	Output	Queue	Enqueue
LogicGate_4 [NOT]	Output	Timer	Active

图 5-3-16　按此表添加 I/O Connection

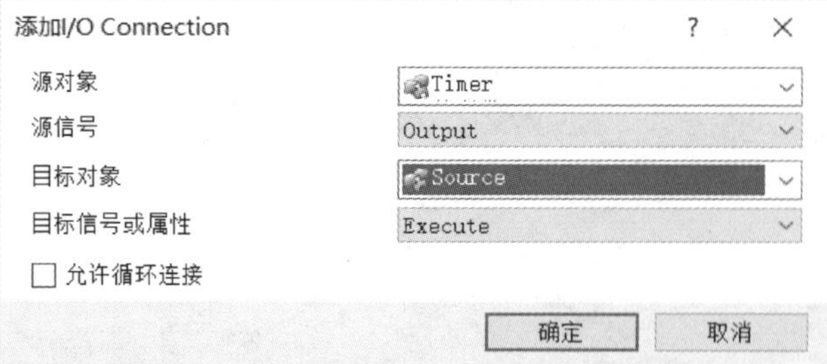

图 5-3-17　添加表中第一行 I/O Connection

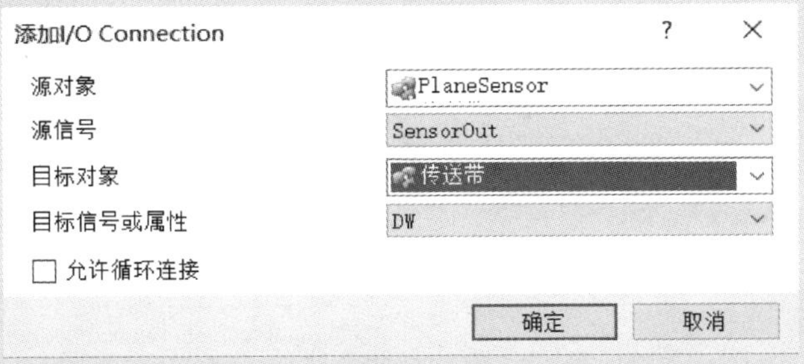

图 5-3-18　添加表中第二行 I/O Connection

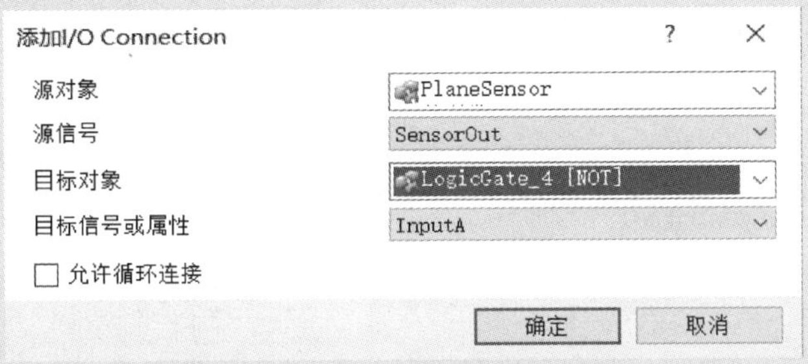

图 5-3-19　添加表中第三行 I/O Connection

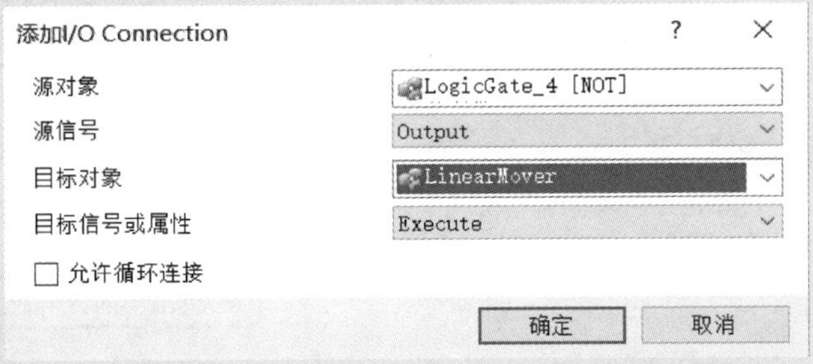

图 5-3-20　添加表中第四行 I/O Connection

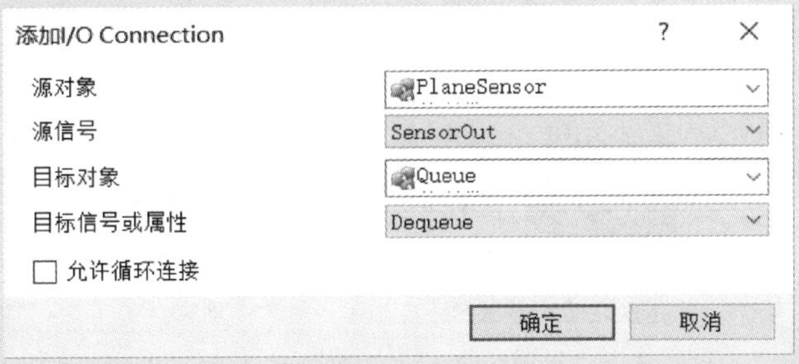

图 5-3-21　添加表中第五行 I/O Connection

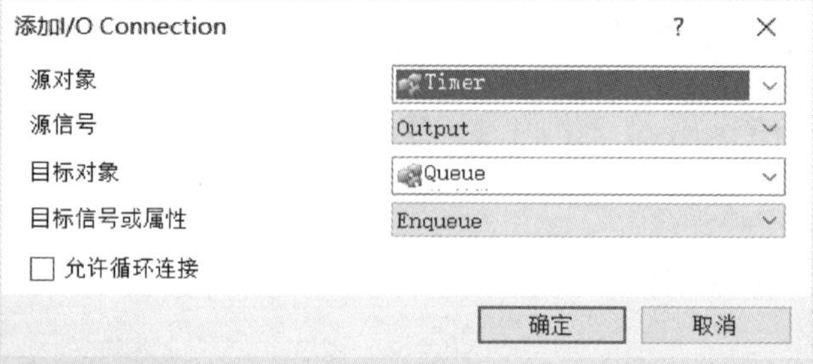

图 5-3-22　添加表中第六行 I/O Connection

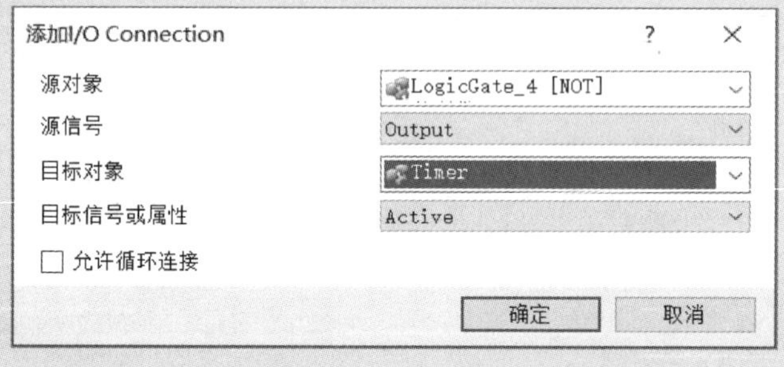

图 5-3-23　添加表中第七行 I/O Connection

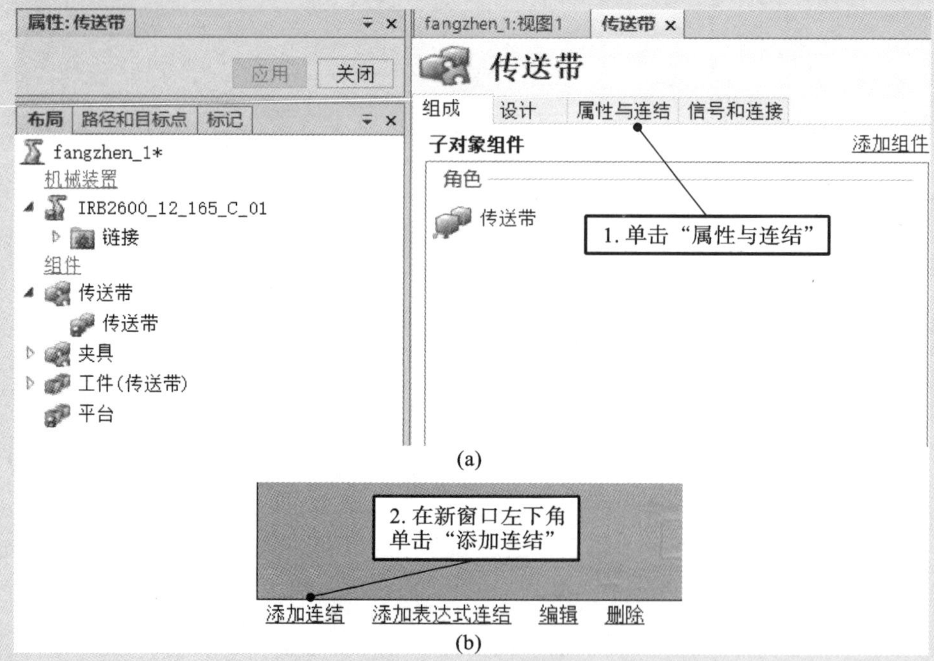

图 5-3-24　添加连结

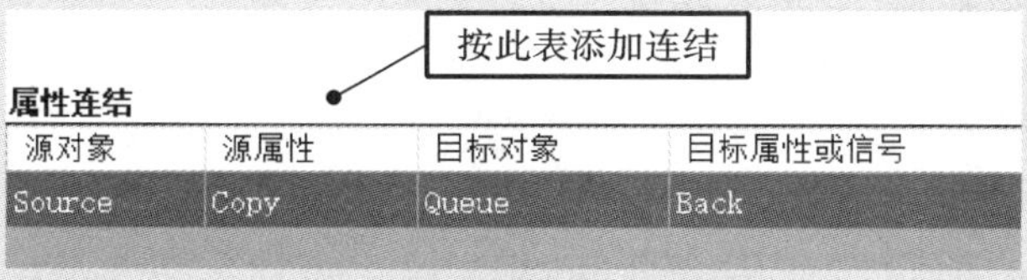

图 5-3-25　按此表添加连结

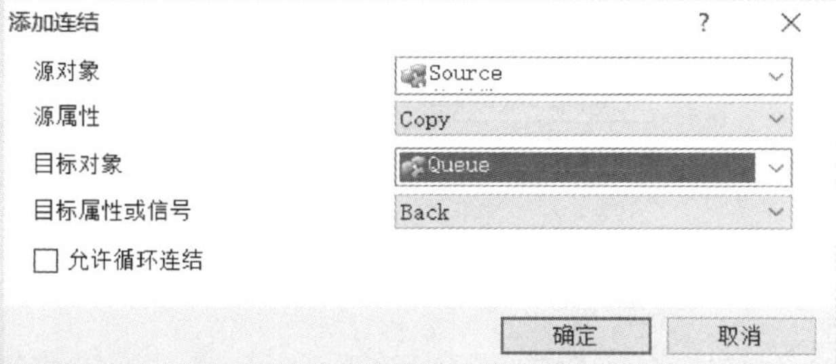

图 5-3-26　添加表中第一行连结

问题 4：请简述验证动态传送带功能性的具体步骤。

5-3-4　验证动态传送带功能性

知识库

“定时生成工件”“工件形成队列”“工件队列做匀速直线移动”这 3 个功能只需开启仿真即可判定是否实现，而“队首工件到位后整个工件队列停止，其移除后整个工件队列恢复移动”这个功能，可以通过移走队首工件，观察工件队列是否恢复移动即可。步骤如图 5-3-27 所示。

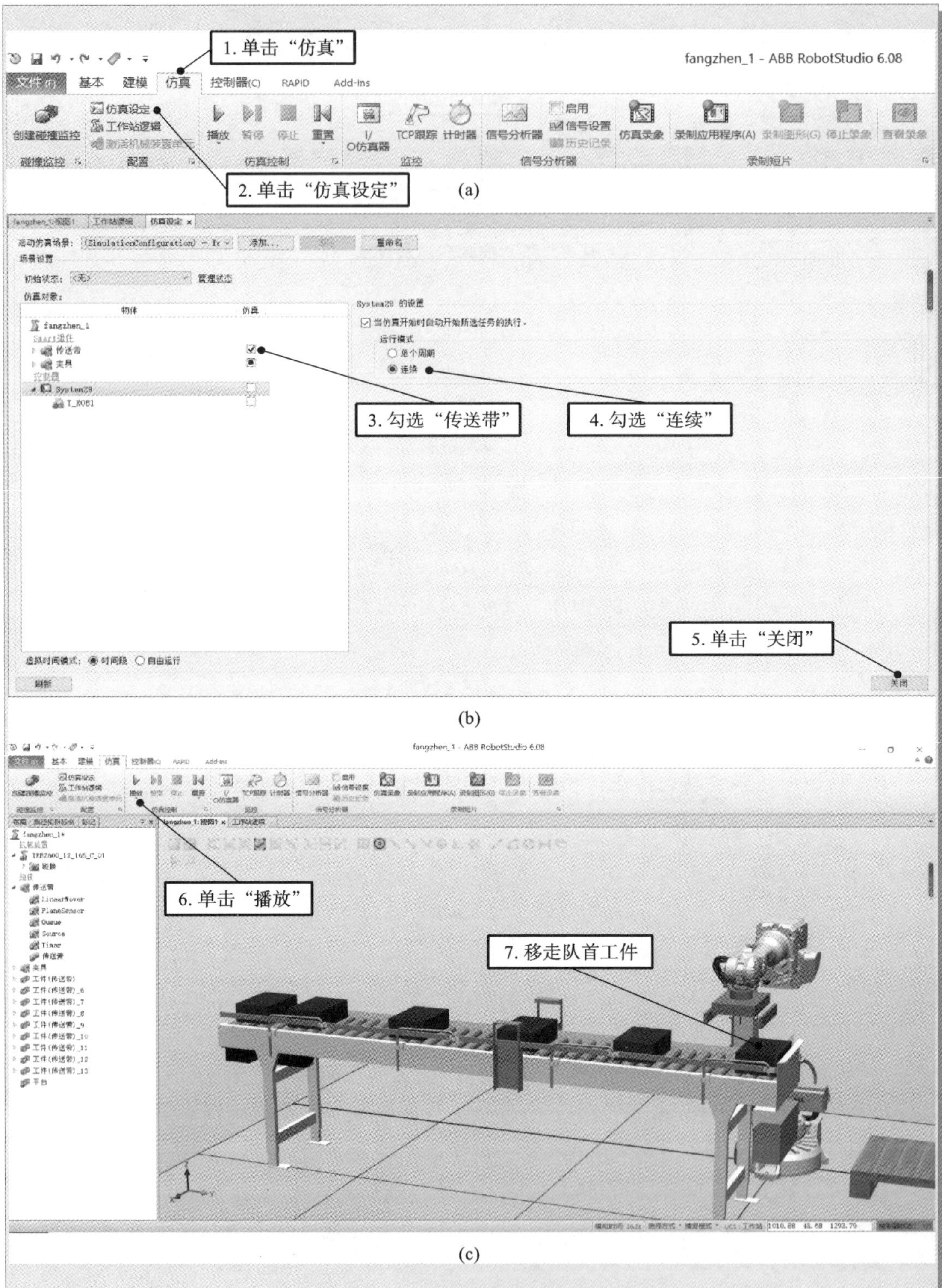

图 5-3-27　验证动态传送带功能性步骤图

协作探究，实施展示

任务指引：开展小组内讨论，每个同学对任务三进行分析，组长综合每位同学的意见，确定小组讨论后最终答案，每组派 1 位同学展示或陈述小组结论。

1. 小组组建

小组分工表见表 5-3-2。

表 5-3-2　小组分工表

<table>
<tr><td>班级</td><td></td><td>组名</td><td></td></tr>
<tr><td>组长</td><td></td><td>学号</td><td></td></tr>
<tr><td rowspan="6">组员</td><td>姓名</td><td>学号</td><td>分工</td></tr>
<tr><td></td><td></td><td></td></tr>
<tr><td></td><td></td><td></td></tr>
<tr><td></td><td></td><td></td></tr>
<tr><td></td><td></td><td></td></tr>
<tr><td></td><td></td><td></td></tr>
</table>

2. 基础任务

任务三：配置动态传送带 Smart 组件。

目标 1：确定动态传送带在工作站的仿真功能。

多选题 1：以下哪些是动态传送带在工作站中的仿真功能（　　）。

A. 定时生成工件

B. 工件形成队列

C. 工件队列做匀速直线移动

D. 队首工件到位后整个工件队列停止，其移除后整个工件队列恢复移动

E. 检测所有工件

F. 开合动作

目标 2：确定动态传送带所需 Smart 子组件。

多选题 2：以下哪个 Smart 子组件不是动态传送带所需的（　　）。

A. LogicGate　　B. PoseMover

C. Queue　　D. LineSensor

E. Source

目标 3:设置动态传送带各 Smart 子组件的属性及关联性。

单选题:根据动态传送带特性,以下 Smart 子组件组合错误的是(　　)。

A. 定时器及源　　B. 面传感器及定时器

C. 定时器及队列　　D. 直线移动及队列

目标 4:验证动态传送带的功能性。

问答题:应如何验证动态传送带的功能性?

3. 提高任务

岗位任务:请设计一个动态传送带(见图 5-3-28),其始端生成工件,工件沿传送带做直线匀速移动,工件到达末端后自动消失,周而复始。

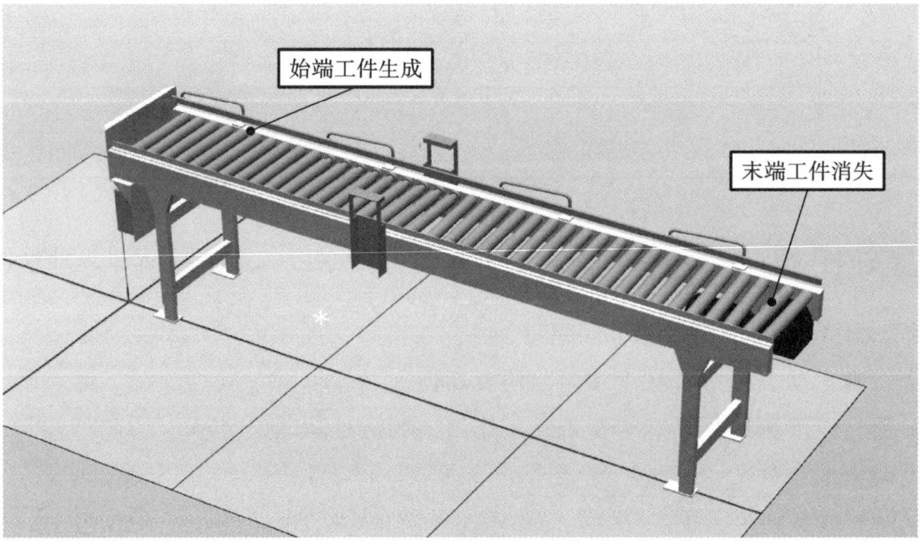

图 5-3-28　动态传送带设计示意图

4. 决策评估

方案决策单见表 5-3-3。

表 5-3-3 方案决策单

方案决策									
组别			组长			日期			
学习任务	配置动态传送带 Smart 组件								
岗位情景	正确设置并连接动态传送带的 Smart 子组件、验证动态传送带的功能性								
方案 1 描述									
方案 2 描述									
方案 3 描述									
评估决策									
序号	可行性	经济性	操作性	实施难度	方案等级评价				
方案 1	□高 □低	□好 □差	□强 □弱	□高 □低	□优	□良	□中	□差	
方案 2	□高 □低	□好 □差	□强 □弱	□高 □低	□优	□良	□中	□差	
方案 3	□高 □低	□好 □差	□强 □弱	□高 □低	□优	□良	□中	□差	
评价决策	综合评价								
	终选方案	□方案 1 □方案 2 □方案 3							

检查评价，总结反思

1. 学生自评

活动过程自评表见表 5-3-4。

表 5-3-4 活动过程自评表

班级		组名		日期	
序号	评价要素			分值	分数
1	能说出动态传送带所具备的仿真功能			10	
2	能说出动态传送带所需的 Smart 子组件			20	
3	能对动态传送带的 Smart 子组件进行正确设置及连接			40	
4	能正确验证动态传送带的功能性			30	
自评分数					
自我总结与反思					

2. 小组互评

活动过程评价小组互评表见表 5-3-5。

表 5-3-5 活动过程评价小组互评表

<table>
<tr><td>班级</td><td></td><td>被评组名</td><td></td><td>日期</td><td></td></tr>
<tr><td>序号</td><td colspan="3">评价要素</td><td>分值</td><td>分数</td></tr>
<tr><td>1</td><td colspan="3">与教师、同学之间能够保持多向、丰富、适宜的信息交流</td><td>10</td><td></td></tr>
<tr><td>2</td><td colspan="3">与教师、同学之间相互尊重、理解</td><td>10</td><td></td></tr>
<tr><td>3</td><td colspan="3">能处理好合作学习和独立思考之间的关系，做到有效学习</td><td>10</td><td></td></tr>
<tr><td>4</td><td colspan="3">能提出有意义的问题或能发表个人见解</td><td>20</td><td></td></tr>
<tr><td>5</td><td colspan="3">能按要点正确操作，能够倾听、协作、分享</td><td>20</td><td></td></tr>
<tr><td>6</td><td colspan="3">能发现问题、提出问题、分析问题、解决问题、创新问题</td><td>20</td><td></td></tr>
<tr><td>7</td><td colspan="3">能严肃、认真地对待自评，并能独立完成自测试题</td><td>10</td><td></td></tr>
<tr><td colspan="4">自评分数</td><td colspan="2"></td></tr>
<tr><td>简要评述</td><td colspan="5"></td></tr>
</table>

3. 教师评价

教师评价表见表 5-3-6。

表 5-3-6 教师评价表

<table>
<tr><td>姓名</td><td></td><td>组别</td><td></td><td>日期</td><td></td></tr>
<tr><td>序号</td><td>评分点</td><td>分值</td><td colspan="2">评分标准</td><td>得分</td></tr>
<tr><td rowspan="2">1</td><td>(1)表述仪态自然，吐字清晰</td><td rowspan="2">10</td><td colspan="2">表述仪态不自然或吐字模糊酌情扣分</td><td></td></tr>
<tr><td>(2)表述思路清晰、层次分明、准确</td><td colspan="2">表述思路模糊或层次不清酌情扣分</td><td></td></tr>
<tr><td rowspan="2">2</td><td>(1)分析动态传送带的仿真功能准确</td><td rowspan="2">10</td><td colspan="2">动态传送带仿真功能分析不准确酌情扣分</td><td></td></tr>
<tr><td>(2)完成基础任务的多选题 1</td><td colspan="2">正确得 5 分，错误得 0 分</td><td></td></tr>
</table>

续表

序号	评分点	分值	评分标准	得分
3	(1)正确分析并说出动态传送带的Smart子组件并完成所有Smart子组件的添加	10	子组件添加错误,多添加、少添加均扣5分	
	(2)完成基础任务的多选题2	10	正确得10分,错误得0分	
4	(1)正确设置动态传送带各Smart子组件属性	20	全部正确得20分,错误1处扣5分,扣完为止	
	(2)完成基础任务的单选题	10	正确得10分,错误得0分	
5	(1)正确验证动态传送带的功能性	10	正确得10分,错误得0分	
	(2)完成基础任务的问答题	10	问答题视质量给分	
6	(1)依据自评分数	5		
	(2)依据个人总结评价报告	5		
	满分	100	得分	

4. 总结反思

任务实施完成后,学生需要根据实际情况,通过指导老师对实施情况的点评来分析自身的不足之处,寻找三个关键问题进行思考,填写表5-3-7,做到及时的自查自省和总结。

表5-3-7 总结反思问题记录表

序号	任务目标	存在的问题	解决的方法
1			
2			
3			

任务四　码垛工作站的离线编程与仿真调试

情景导入，任务发布

1. 任务发布

准备工作完成后，我们进行码垛工作站的仿真调试。要求机器人在传送带指定位置夹取工件并逐一码放到托盘上，共 5 个工件(一层)，码放完毕后终止程序。

2. 任务分析

任务分析	
任务名称	码垛工作站的离线编程与仿真调试。
任务地位	本任务通过 I/O 信号和程序，使机器人与动态传送带、动态夹具进行联动，是完成工作站仿真运行的最后一步。
任务流程	(1)制定程序流程。 (2)示教目标点并编写程序。 (3)保存(工作站)状态。 (4)调试运行。

3. 目标要求

任务目标要求	
岗位要求	本任务要求工业机器人系统操作员能实现码垛程序的创建、仿真与调试。
课程目标	知识目标 能说出程序流程。 技能目标 (1)能正确编写程序。 (2)能正确示教目标点。 (3)能保存(工作站)状态。

续表

任务目标要求	
课程目标	情感目标 (1)通过最后综合性任务的发布,提升学生的总结能力。 (2)通过对整个工作站的仿真调试,培养学生精益求精的工匠精神。
证书技能要求	对应工业机器人系统操作员国家职业技能标准技能点 能进行码垛程序的创建、仿真与调试。

问题引导,自主学习

1. 引导问题

引导问题 1:如何设置工作站逻辑?

引导问题 2:如何设定工具坐标系?

引导问题 3:码垛程序大致可以分为哪几个部分?

引导问题 4:如何快速示教目标点?

引导问题 5:写出机器人程序。

引导问题 6:如何启动仿真功能?

2. 任务知识点

1)机器人、动态传送带、动态夹具三者之间的关系

工作站中,机器人等待动态传送带传送过来的工件,工件到达指定位置后,机器人控制动态夹具夹取或放置工件,即动态传送带输出与机器人输入相连,机器人输出与动态夹具输入相连。

2)机器人需要配置的 I/O 信号

机器人需要配置一个输入信号用于接收动态传送带输出信号,输出信号用于控制动态夹具。

3)码垛程序流程分析

传送带输送工件到达指定位置,然后机器人夹取工件,放置到托盘并码放好。因此码垛程序流程可划分如下:等待传送带信号,夹取工件并码放到指定位置,回到信号等待点继续等待,周而复始直至码放工件完毕。

说明，码放工件时只需码放一层，工件以两横三竖的布局放置，共 5 个工件，如图 5-4-1 所示。

图 5-4-1　托盘俯视图

4)示教目标点的相关设定

将机器人的工具坐标设定为夹具自带的工具坐标“TOOL”，示教目标点可采用捕捉中心功能，这样能对目标点进行快速示教。

3. 掌握新知

问题 1：如何设置工作站逻辑？

5-4-1　设置工作站逻辑

知识库

工作站逻辑是机器人与外围设备之间的关系，它们通过 I/O 信号相连。根据任务知识点所述，动态传送带输出与机器人输入相连、机器人输出与动态夹具输入相连。设置工作站逻辑如图 5-4-2 所示。

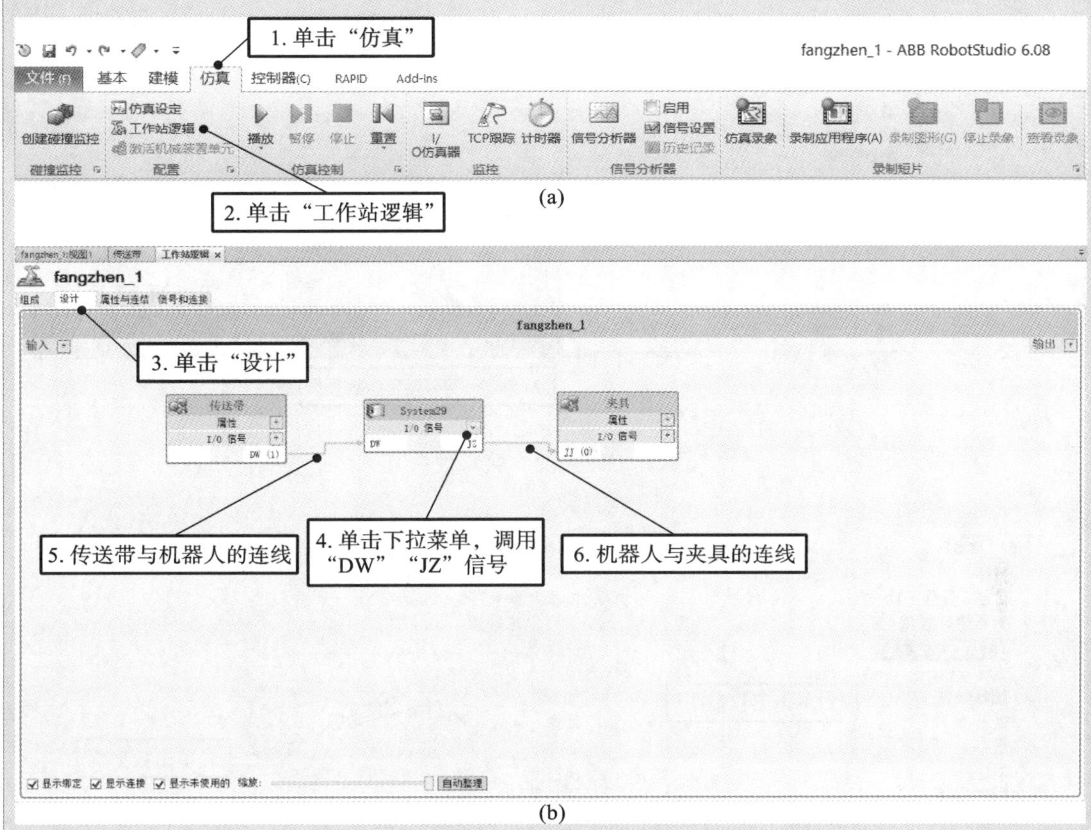

图 5-4-2　设置工作站逻辑

问题 2：如何设定工具坐标系？

5-4-2　设置工具坐标系

知识库

设定工具坐标系能快速到达工件夹取位置，方便机器人快速示教目标点，其设定过程如图 5-4-3～图 5-4-5 所示。

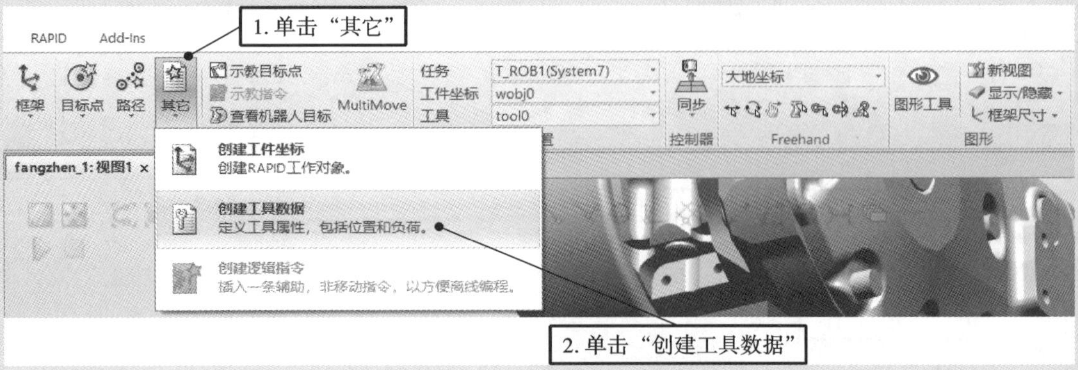

图 5-4-3　进入创建工具数据菜单

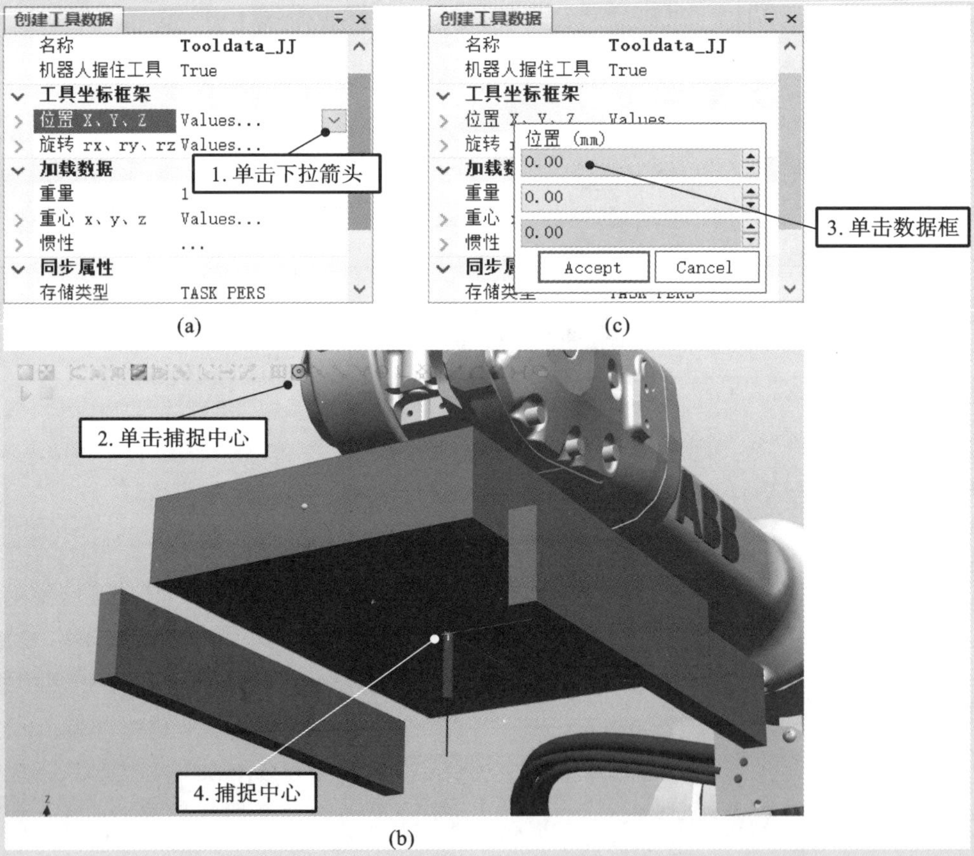

图 5-4-4　设定工具数据的操作步骤

图 5-4-5　捕捉后的数据框

问题 3：码垛程序大致可以分为哪几个部分？

问题 4：如何快速示教目标点？

5-4-3　码垛仿真工作站示教目标点

问题 5：写出机器人程序。

5-4-4　运行工业机器人码垛仿真工作站

知识库

为合理区分功能及方便程序调试，机器人程序已划分好了子程序。机器人程序如图 5-4-6～图 5-4-8 所示，仅供参考。

另外，保存好工作站仿真运行的原始状态将对后续运行调试提供便利。原始状态即机器人在原点（除 5 轴 90°外，其余各轴为 0°），夹具张开，传送带上无工件，仿真时间为 0 s。步骤如图 5-4-9 和图 5-4-10 所示。

5-4-5　保存及恢复工作站状态

```
PROC main()
    jia;
    fangzhi heng_1_1,1;
    jia;
    fangzhi heng_1_2,1;
    jia;
    fangzhi shu_1_1,1;
    jia;
    fangzhi shu_1_2,1;
    jia;
    fangzhi shu_1_3,1;
    jia;
    fangzhi shu_2_1,2;
    jia;
    fangzhi shu_2_2,2;
    jia;
    fangzhi shu_2_3,2;
    jia;
    fangzhi heng_2_1,2;
    jia;
    fangzhi heng_2_2,2;
    MoveAbsJ Home,v1000,z0,TOOL\WObj:=wobj0;
    Stop;
ENDPROC
```

图 5-4-6 main 程序(仅供参考)

```
PROC jia()
    MoveAbsJ Home,v1000,z0,TOOL\WObj:=wobj0;
    WaitUntil DW=1;
    MoveJ offs(jiaqu,0,0,50),v1000,fine,TOOL\WObj:=wobj0;
    MoveL jiaqu,v1000,fine,TOOL\WObj:=wobj0;
    Set JZ;
    WaitTime 0.5;
    MoveL offs(jiaqu,0,0,100),v1000,z0,TOOL\WObj:=wobj0;
ENDPROC
```

图 5-4-7 夹取工件子程序(仅供参考)

```
PROC fangzhi(robtarget a,num ceng)
    MoveAbsJ Home2,v1000,z100,TOOL\WObj:=wobj0;
    MoveJ offs(a,0,0,50+100*(ceng-1)),v1000,fine,TOOL\WObj:=wobj0;
    MoveL offs(a,0,0,100*(ceng-1)),v1000,fine,TOOL\WObj:=wobj0;
    Reset JZ;
    WaitTime 0.5;
    MoveL offs(a,0,0,50+100*(ceng-1)),v1000,fine,TOOL\WObj:=wobj0;
    MoveAbsJ Home2,v1000,fine,TOOL\WObj:=wobj0;
ENDPROC
```

图 5-4-8 放置工件子程序(仅供参考)

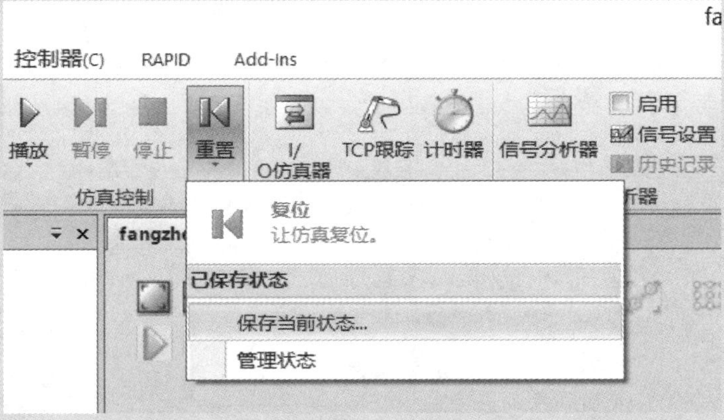

图 5-4-9　保存当前状态

图 5-4-10　全部勾选

问题 6：如何启动仿真功能？

知识库

最后一步需要启动仿真功能。具体步骤如图 5-4-11 和图 5-4-12 所示。

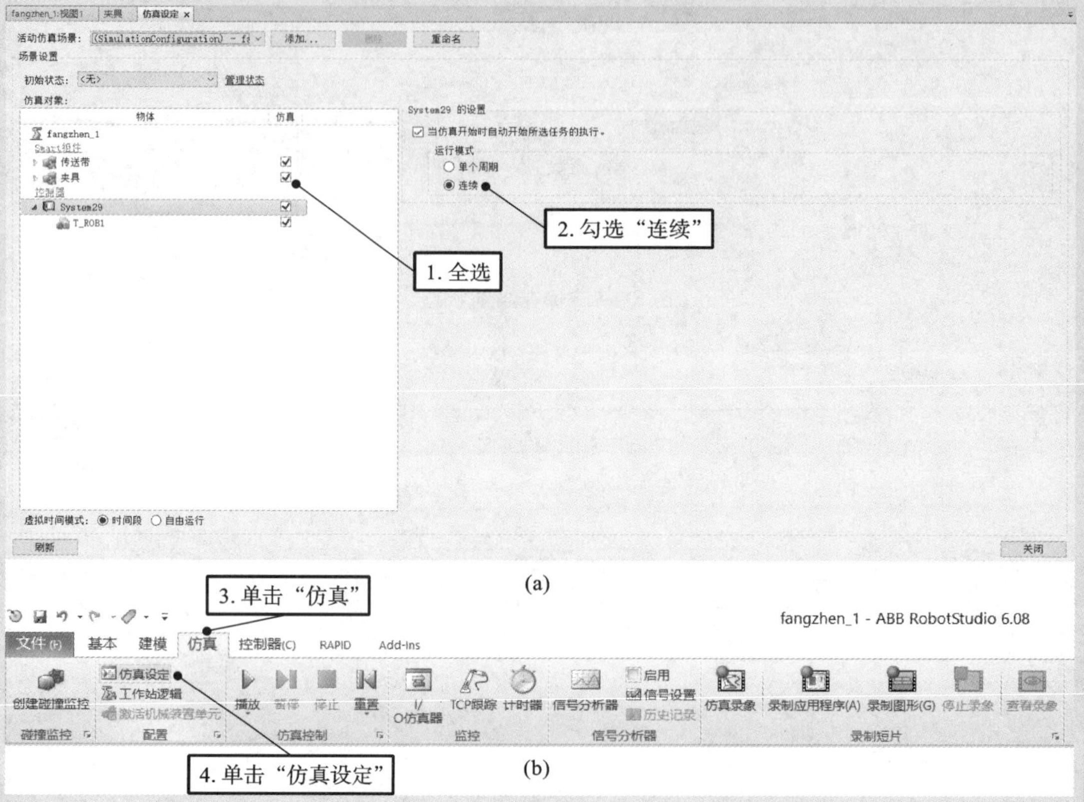

图 5-4-11　工作站仿真设定

图 5-4-12　单击“播放”

协作探究，实施展示

任务指引：开展小组内讨论，每个同学对任务四进行分析，组长综合每位同学的意见，确定小组讨论后最终答案，每组派 1 位同学展示或陈述小组结论。

1. 小组组建

小组分工表见表 5-4-1。

表 5-4-1　小组分工表

班级		组名	
组长		学号	
组员	姓名	学号	分工

2. 基础任务

任务四:创建、仿真及调试码垛程序。

目标 1:正确分析码垛程序流程。

问答题 1:请画出码垛程序流程图。

目标 2:编写程序及示教目标点。

单选题:等待传送带信号可使用以下哪个指令(　　)。

A. WaitUntil　　B. Set　　C. ReSet　　D. While

目标 3:规范机器人程序。

多选题:以下哪种做法可提高机器人程序易读性(　　)。

A. 增加注释　　B. 使用子程序

C. 把所有指令写到 Main 程序　　D. 规律命名示教点

目标 4:备份系统及保存状态。

问答题 2:为什么要备份系统及保存状态?

3. 提高任务

岗位任务：请自行导入双传送带码垛工作站（见图 5-4-13），并对其进行工作站逻辑设置（见图 5-4-14），要求先理解各部分 Smart 组件架构，完成后检查机器人是否能使用 I/O 信号控制动态夹具，并且是否能正常接收双传送带的输出信号。

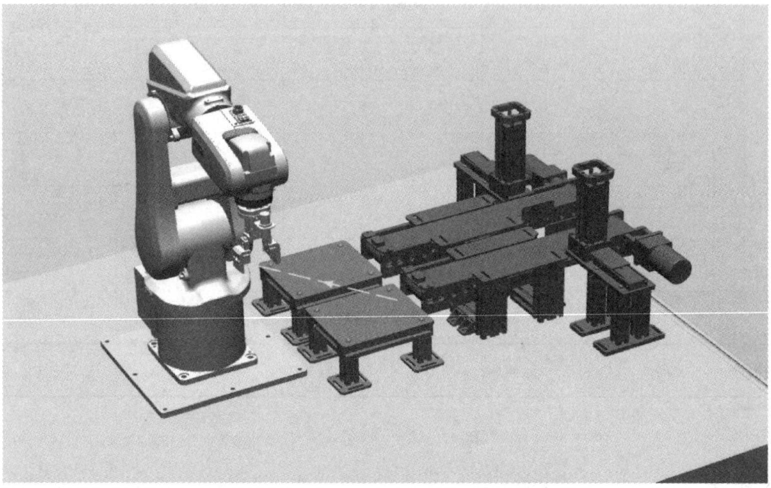

图 5-4-13　双传送带码垛工作站

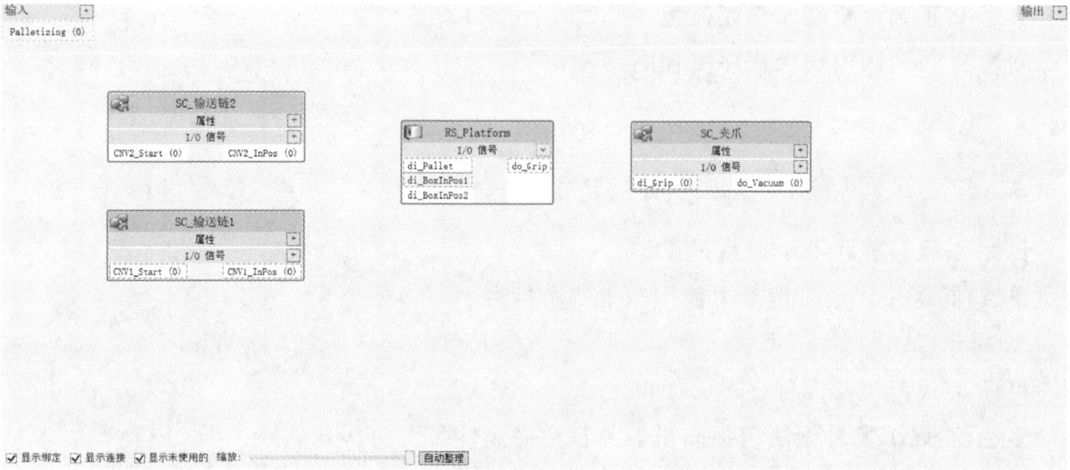

图 5-4-14　设置工作站逻辑(需自行连线补充)

4. 决策评估

方案决策单见表 5-4-2。

表 5-4-2　方案决策单

<table>
<tr><th colspan="10">方案决策</th></tr>
<tr><td>组别</td><td colspan="2"></td><td colspan="2">组长</td><td colspan="2"></td><td>日期</td><td colspan="2"></td></tr>
<tr><td>学习任务</td><td colspan="9">码垛工作站的离线编程与仿真调试</td></tr>
<tr><td>岗位情景</td><td colspan="9">正确示教目标点及编程</td></tr>
<tr><td>方案 1 描述</td><td colspan="9"></td></tr>
<tr><td>方案 2 描述</td><td colspan="9"></td></tr>
<tr><td>方案 3 描述</td><td colspan="9"></td></tr>
<tr><th colspan="10">评估决策</th></tr>
<tr><td>序号</td><td>可行性</td><td colspan="2">经济性</td><td colspan="2">操作性</td><td>实施难度</td><td colspan="3">方案等级评价</td></tr>
<tr><td>方案 1</td><td>□高　□低</td><td colspan="2">□好　□差</td><td colspan="2">□强　□弱</td><td>□高　□低</td><td colspan="3">□优　□良　□中　□差</td></tr>
<tr><td>方案 2</td><td>□高　□低</td><td colspan="2">□好　□差</td><td colspan="2">□强　□弱</td><td>□高　□低</td><td colspan="3">□优　□良　□中　□差</td></tr>
<tr><td>方案 3</td><td>□高　□低</td><td colspan="2">□好　□差</td><td colspan="2">□强　□弱</td><td>□高　□低</td><td colspan="3">□优　□良　□中　□差</td></tr>
<tr><td rowspan="2">评价决策</td><td>综合评价</td><td colspan="8"></td></tr>
<tr><td>终选方案</td><td colspan="8">□方案 1　□方案 2　□方案 3</td></tr>
</table>

检查评价，总结反思

1. 学生自评

活动过程自评表见表 5-4-3。

表 5-4-3　活动过程自评表

<table>
<tr><td>班级</td><td></td><td>组名</td><td></td><td>日期</td><td></td></tr>
<tr><th>序号</th><th colspan="3">评价要素</th><th>分值</th><th>分数</th></tr>
<tr><td>1</td><td colspan="3">能说出机器人、动态传送带、动态夹具三者之间的关系</td><td>20</td><td></td></tr>
<tr><td>2</td><td colspan="3">能说出及配置机器人所需的 I/O 信号</td><td>20</td><td></td></tr>
<tr><td>3</td><td colspan="3">能正确设置工作站逻辑</td><td>40</td><td></td></tr>
<tr><td>4</td><td colspan="3">能正确设定工具坐标系</td><td>20</td><td></td></tr>
<tr><td colspan="4">自评分数</td><td colspan="2"></td></tr>
<tr><td>自我总结与反思</td><td colspan="5"></td></tr>
</table>

2. 小组互评

活动过程评价小组互评表见表 5-4-4。

表 5-4-4 活动过程评价小组互评表

班级		被评组名		日期	
序号	评价要素			分值	分数
1	与教师、同学之间能够保持多向、丰富、适宜的信息交流			10	
2	与教师、同学之间相互尊重、理解			10	
3	能处理好合作学习和独立思考之间的关系，做到有效学习			10	
4	能提出有意义的问题或能发表个人见解			20	
5	能按要点正确操作，能够倾听、协作、分享			20	
6	能发现问题、提出问题、分析问题、解决问题、创新问题			20	
7	能严肃、认真地对待自评，并能独立完成自测试题			10	
自评分数					
简要评述					

3. 教师评价

教师评价表见表 5-4-5。

表 5-4-5 教师评价表

姓名		组别		日期	
序号	评分点		分值	评分标准	得分
1	(1)表述仪态自然，吐字清晰		10	表述仪态不自然或吐字模糊酌情扣分	
	(2)表述思路清晰、层次分明、准确			表述思路模糊或层次不清酌情扣分	
2	(1)准确分析程序流程		20	程序流程分析不准确酌情扣分	
	(2)准确回答问答题 1			问答题视质量给分	

续表

序号	评分点	分值	评分标准	得分
3	(1)正确编程及示教目标点	30	机器人没有多余动作,准确示教目标点;示教过多、过少、错误目标点,每个扣 5 分,机器人指令扣分同样适用	
	(2)完成基础任务的单选题及多选题	10	每个正确得 5 分,错误得 0 分	
4	(1)能为机器人备份系统及保存状态	10	全部正确得 10 分,错误 1 处扣 5 分,扣完为止	
	(2)完成基础任务的问答题 2	10	正确得 10 分,错误得 0 分	
5	(1)依据自评分数	5		
	(2)依据个人总结评价报告	5		
	满分	100	得分	

4. 总结反思

任务实施完成后,学生需要根据实际情况,通过指导老师对实施情况的点评来分析自身的不足之处,寻找三个关键问题进行思考,填写表 5-4-6,做到及时的自查自省和总结。

表 5-4-6　总结反思问题记录表

序号	任务目标	存在的问题	解决的方法
1			
2			
3			

任务五　码垛工作站的在线调试

情景导入，任务发布

1. 任务发布

在用仿真软件完成码垛程序的调试工作后，还需要将程序导入现场机器人系统中运行来实现功能。

在此过程中，若想修改工业机器人程序，首先要在线连接机器人，即连接 RobotStudio 软件与现场机器人系统，并在线监控机器人与示教器状态。连接机器人系统后，为提高机器人工作效率，可利用机器人的在线功能修改机器人程序。作为工业机器人调试工程师，请你在线修改机器人的运行速度等参数。

2. 任务分析

任务分析	
任务名称	码垛工作站的在线调试。
任务地位	RobotStudio 软件的在线功能是工业机器人仿真技术与工业机器人实际操作的纽带，RobotStudio 软件与机器人系统连接后即能在线修改参数。
任务流程	(1)准备网线。 (2)用网线连接装有 RobotStudio 软件的电脑与机器人控制柜。 (3)连接 RobotStudio 软件与机器人系统。 (4)获取“写权限”。 (5)在线修改机器人程序。 (6)收回“写权限”。

3. 目标要求

任务目标要求	
岗位要求	本任务要求工业机器人系统操作员能使用 RobotStudio 软件在线调试工业机器人。

续表

任务目标要求	
课程目标	知识目标 (1)能说出添加控制器命令有哪几种操作。 (2)能说出使用 RobotStudio 软件进行在线编程的步骤。 技能目标 (1)能一键连接工业机器人。 (2)能在线修改机器人程序。 情感目标 培养学生注重生产质量的职业品质及理论联系实际的工作作风。

问题引导,自主学习

1. 引导问题

引导问题 1:在 RobotStudio 6.08 中,单击“添加控制器”,可以进行几种操作?分别是哪几种?

引导问题 2:请写出使用“添加控制器...”操作连接 RobotStudio 软件与机器人系统的步骤。

引导问题 3:请写出在线编辑 RAPID 程序的步骤。

2. 任务知识点

通过单击“添加控制器”,可以连接到真实或虚拟控制器。在“添加控制器”按钮下,有四种操作。

1)一键连接:连接控制器服务端口

使用一键连接功能,可以连接到机器人控制器,即一步连接到服务端口。在使用此功能之前,需要执行以下操作。

(1)将计算机连接至控制器服务端口。

(2)确认计算机上进行了正确的网络设置。DHCP 被启用,制定了正确的 IP 地址。

2)添加控制器:添加网络上可用的控制器

(1)在“控制器”选项卡中,单击“添加控制器”打开一个对话框,其中将列出所有可用的控制器。

(2)如果该控制器未显示在列表中,则在 IP Address(IP 地址)框中输入 IP 地址,然后单击“Refresh”。

3)从设备列表添加控制器

(1)在“控制器”选项卡中,单击“添加控制器”打开一个对话框,其中将列出所有可用的控制器。

(2)如果该控制器未显示在列表中,则在远程控制器框中输入 IP 地址,然后单击“添加”。

(3)在列表中选择控制器,单击“确定”。

4)启动虚拟控制器

通过启动虚拟控制器命令,可以使用给定的系统路径启动和停止虚拟控制器,而无须工作站。

注意,要通过以太网将 RobotStudio 软件连接到真实控制器,控制器系统必须拥有 RobotWare 选项 PC 接口。在通过服务端口连接时不需要此选项。

另外,RobotStudio 软件能够在线进行工业机器人程序编写、参数设定与修改等操作。为了保证较高的安全性,在对机器人控制器数据进行写操作之前,要首先在示教器执行“请求写权限”的操作,防止在 RobotStudio 软件中错误修改数据,造成不必要的损失。获取和收回写权限的步骤如下。

(1)切换控制器状态。将工业机器人控制柜的状态钥匙开关切换到“手动”状态。

(2)获取写权限。在“控制器”选项卡中选择“请求写权限”,同时在示教器中确认,如图 5-5-1 所示。

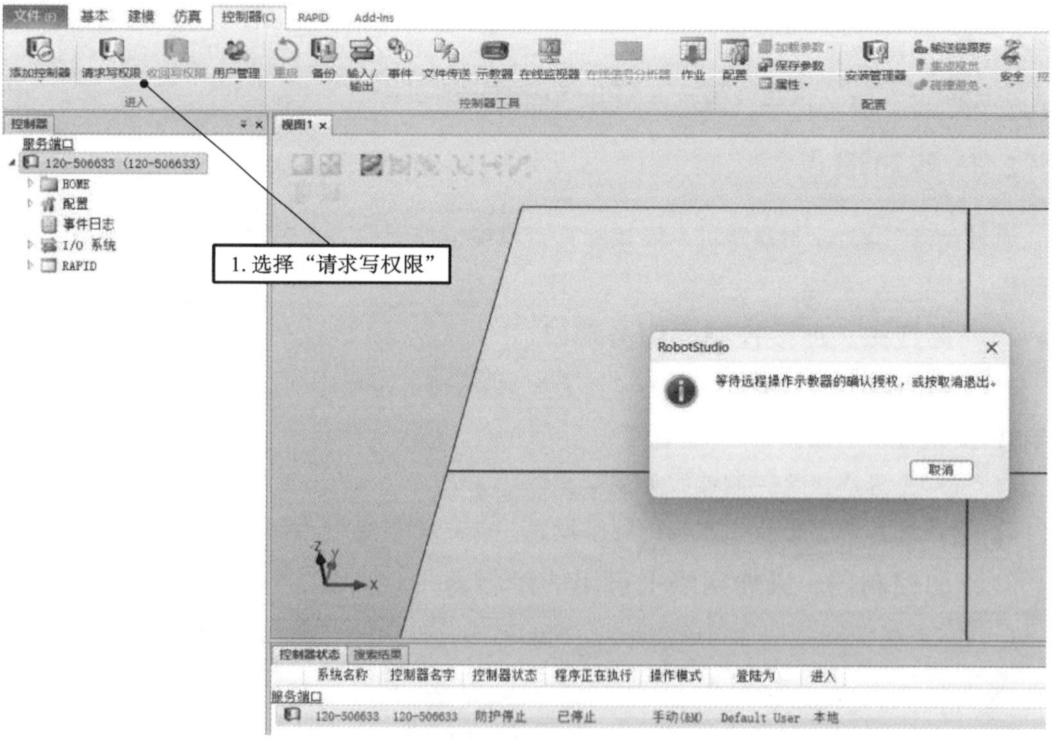

(a)

图 5-5-1　获取写权限

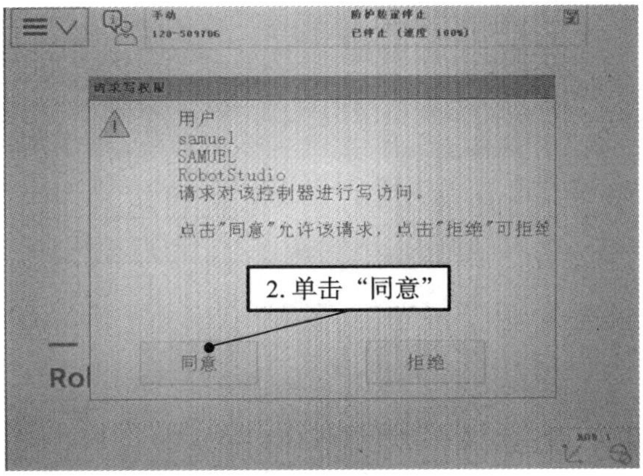

(b)

续图 5-5-1

(3)在线编辑程序。在“控制器”窗口双击“MainModule”，单击修改程序指令，如图 5-5-2 所示。注意，图片中程序仅做展示步骤使用。

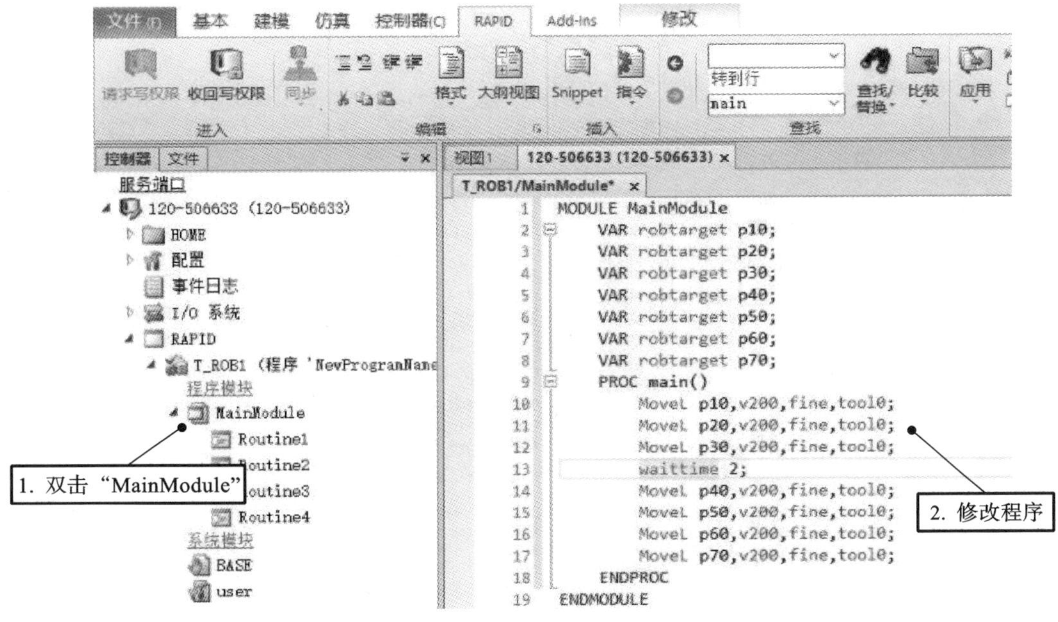

(a)

图 5-5-2　在线编辑程序

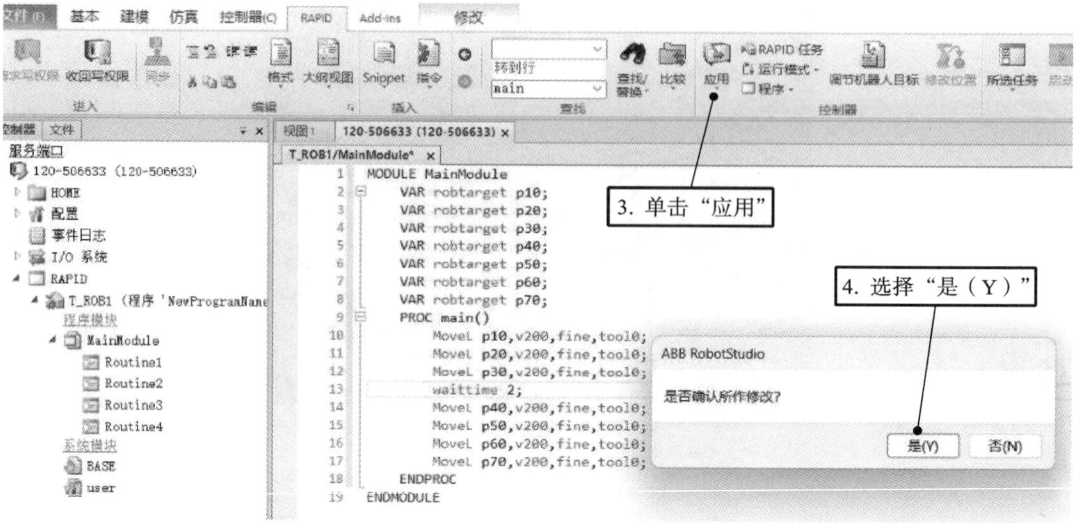

(b)

续图 5-5-2

(4)收回写权限。修改完成后,应用程序并收回写权限,如图 5-5-3 所示。

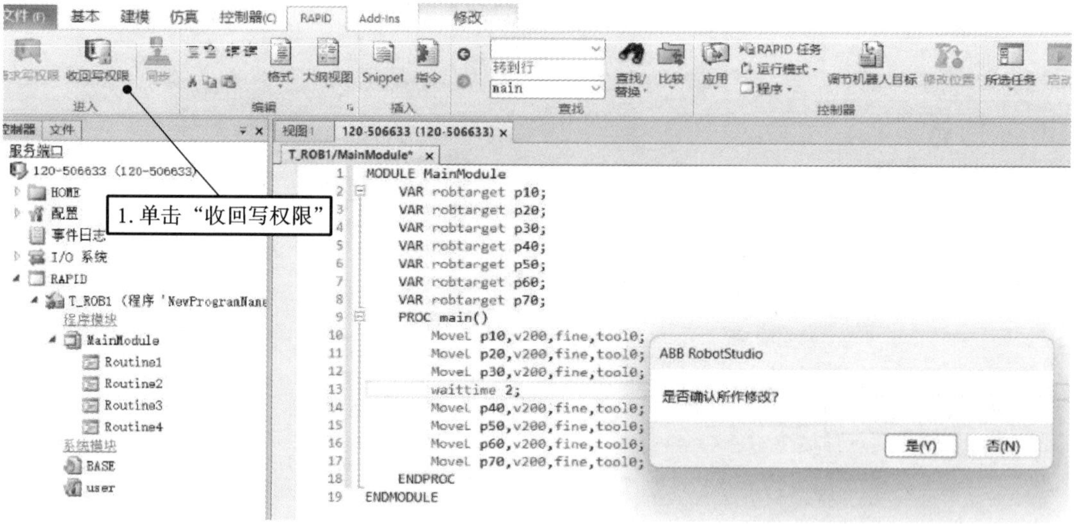

(a)

图 5-5-3　收回写权限

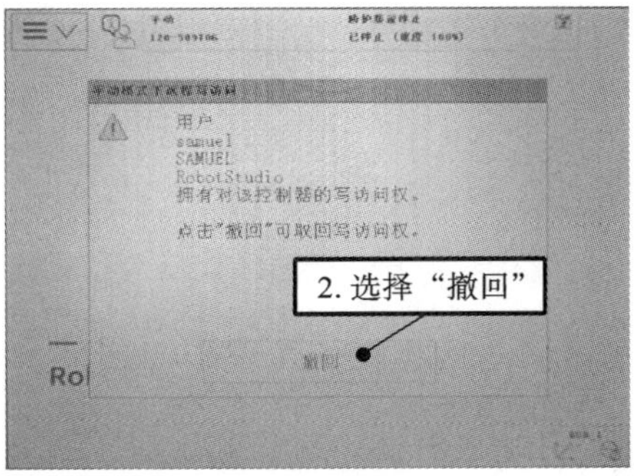
用户
samuel
SAMUEL
RobotStudio
拥有对该控制器的写访问权。
点击"撤回"可取回写访问权。
2. 选择“撤回”
撤回

(b)

续图 5-5-3

3. 掌握新知

问题 1：在 RobotStudio 6.08 中，单击“添加控制器”，可以进行几种操作？分别是哪几种？将答案填入表 5-5-1 中。

表 5-5-1　添加控制器操作明细表

序号	操作
1	
2	
3	
4	
5	
6	

问题 2：请写出使用“添加控制器...”操作连接 RobotStudio 软件与机器人系统的步骤。

知识库

※使用“添加控制器...”操作连接 RobotStudio 软件与机器人系统

(1)网络连接。将网线一端连接到计算机的网线端口,另一端与机器人的专用网线端口连接。

(2)添加控制器。连接完毕后,在 RobotStudio 软件的“控制器”选项卡中,单击“添加控制器”,选择“添加控制器...”,如图 5-5-4 所示。

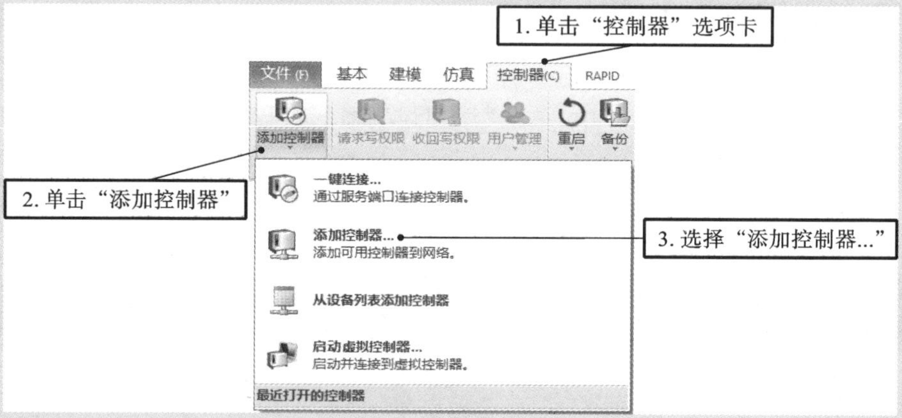

图 5-5-4 添加控制器

(3)确定机器人控制器。选中已连接上的控制器,单击“确定”,如图 5-5-5 所示。

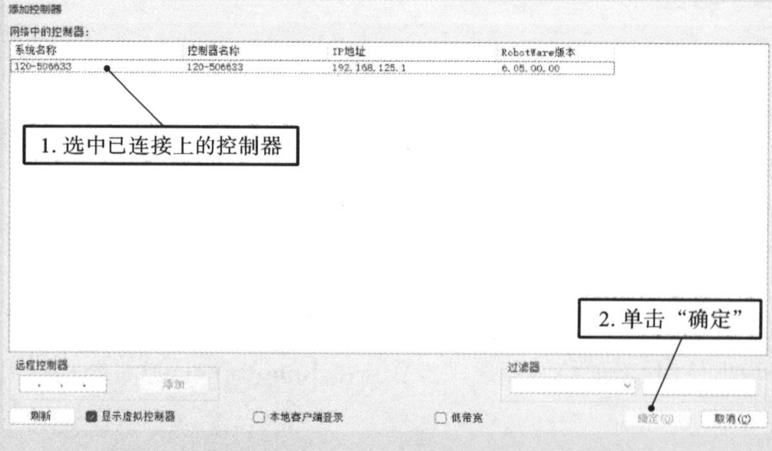

图 5-5-5 确定机器人控制器

(4)连接情况查询。单击“控制器”窗口中的项目，可以查看所需要的资料；单击“控制器状态”标签，可以查看当前连接控制器的情况，如图 5-5-6 所示。

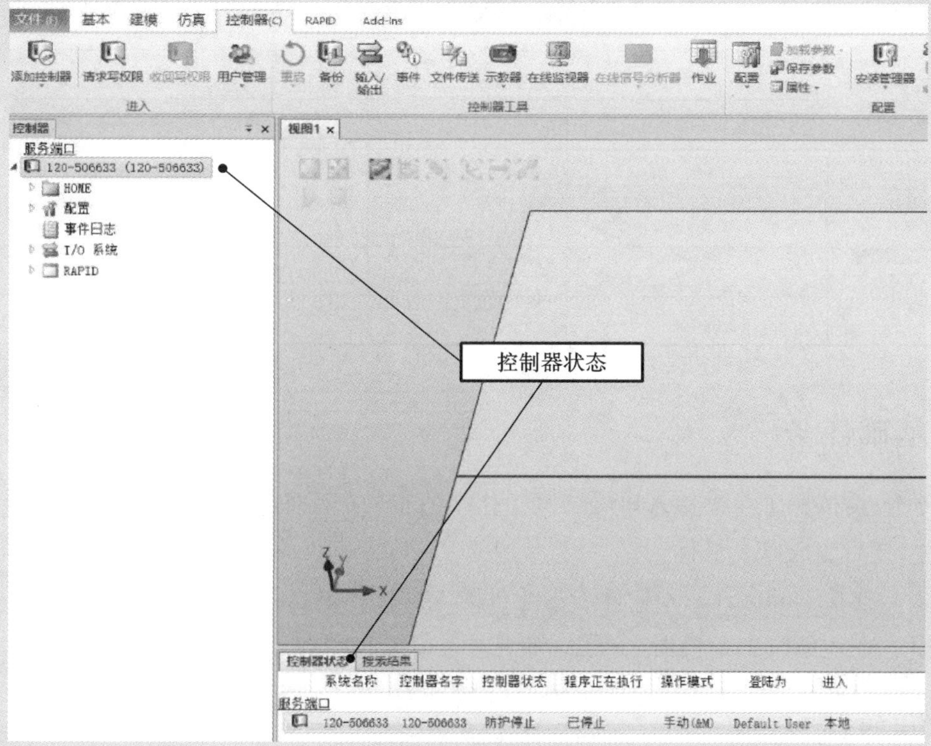

图 5-5-6　查看控制器

问题 3：请写出在线编辑 RAPID 程序的步骤。

协作探究，实施展示

任务指引：开展小组内讨论，每个同学对任务五进行分析，组长综合每位同学的意见，确定小组讨论后最终答案，每组派 1 位同学展示或陈述小组结论。

1. 小组组建

小组分工表见表 5-5-2。

表 5-5-2 小组分工表

班级		组名	
组长		学号	
组员	姓名	学号	分工

2. 基础任务

任务五：请按照工业机器人码垛仿真工作站的布局搭建实际工作站，并将程序导入实际工作站中，然后完成以下目标。

目标 1：连接 RobotStudio 软件与工业机器人系统。

目标 2：在线编辑工业机器人程序，将机器人运行速度全部修改为 100 mm/s。

3. 提高任务

岗位任务：为了将工业机器人码垛仿真工作站中机器人的最高运行速度限制为 1000 mm/s，请在线编辑程序，在运动指令开始位置之前添加一条速度设定指令 VelSet。

4. 决策评估

方案决策单见表 5-5-3。

表 5-5-3 方案决策单

方案决策					
组别		组长		日期	
学习任务	码垛工作站的在线调试				
岗位情景	在线连接机器人系统并修改参数				
方案 1 描述					
方案 2 描述					
方案 3 描述					

续表

评估决策					
序号	可行性	经济性	操作性	实施难度	方案等级评价
方案 1	□高 □低	□好 □差	□强 □弱	□高 □低	□优 □良 □中 □差
方案 2	□高 □低	□好 □差	□强 □弱	□高 □低	□优 □良 □中 □差
方案 3	□高 □低	□好 □差	□强 □弱	□高 □低	□优 □良 □中 □差
评价决策	综合评价				
	终选方案	□方案 1 □方案 2 □方案 3			

检查评价，总结反思

1. 学生自评

活动过程自评表见表 5-5-4。

表 5-5-4 活动过程自评表

班级		组名		日期	
序号	评价要素			分值	分数
1	能准备合适的网线			10	
2	能使用网线连接电脑与机器人控制柜			10	
3	能了解 RobotStudio 软件与机器人系统连接的两种方式			20	
4	能在 RobotStudio 软件中建立与机器人系统的连接			10	
5	能在线修改 RAPID 程序			20	
6	能在线添加 RAPID 程序指令			20	
7	能应用修改并收回控制权限			10	
自评分数					
自我总结与反思					

2. 小组互评

活动过程评价小组互评表见表 5-5-5 。

表 5-5-5　活动过程评价小组互评表

班级		被评组名		日期	
序号	评价要素			分值	分数
1	与教师、同学之间能够保持多向、丰富、适宜的信息交流			10	
2	与教师、同学之间相互尊重、理解			10	
3	能处理好合作学习和独立思考之间的关系，做到有效学习			10	
4	能提出有意义的问题或能发表个人见解			20	
5	能按要点正确操作，能够倾听、协作、分享			20	
6	能发现问题、提出问题、分析问题、解决问题、创新问题			20	
7	能严肃、认真地对待自评，并能独立完成自测试题			10	
自评分数					
简要评述					

3. 教师评价

教师评价表见表 5-5-6。

表 5-5-6　教师评价表

姓名		组别		日期	
序号	评分点	分值	评分标准		得分
1	（1）表述仪态自然，吐字清晰	10	表述仪态不自然或吐字模糊酌情扣分		
	（2）表述思路清晰、层次分明、准确		表述思路模糊或层次不清酌情扣分		
2	（1）分析在线编辑 RAPID 程序的操作步骤关键点准确	10	在线编辑 RAPID 程序的操作步骤分析不准确酌情扣分		
	（2）理论知识回顾完整、分组分工明确		知识不完整、分工不明确酌情扣分		
3	（1）建立 RobotStudio 软件与机器人的硬件及软件的连接	10	正确得 10 分，错误得 0 分		
	（2）获取 RobotStudio 软件在线控制权限	10	正确得 10 分，错误得 0 分		

续表

序号	评分点	分值	评分标准	得分
4	(1)能够在线编辑并应用RAPID程序	20	正确编辑得10分，正确应用得10分，错误得0分	
	(2)完成基础任务	10	每错一项扣1分，扣完为止	
	(3)完成提高任务	10	正确得10分，错误得0分	
	(4)在任务完成过程中纪律良好	10	根据课堂表现酌情扣分	
5	(1)依据自评分数	5		
	(2)依据个人总结评价报告	5		
	满分	100	得分	

4. 总结反思

任务实施完成后，学生需要根据实际情况，通过指导老师对实施情况的点评来分析自身的不足之处，寻找三个关键问题进行思考，填写表5-5-7，做到及时的自查自省和总结。

表5-5-7　总结反思问题记录表

序号	任务目标	存在的问题	解决的方法
1			
2			
3			

项目总结

本项目为工业机器人码垛仿真工作站，包括五个任务。任务一为搭建工业机器人码垛实训工作站，涵盖工作站组成部分搭建等内容。任务二为配置动态夹具Smart组件，涵盖添加动态夹具所需Smart子组件、正确设置及连接动态夹具各Smart子组件、验证动态夹具的功能性等内容。任务三为配置动态传送带Smart组件，涵盖添加动态传送带所需Smart子组件、正确设置及连接动态传送带各Smart子组件、验证动态传送带的功能性等内容。任务四为码垛工作站的离线编程与仿真调试，涵盖 I/O 配置、工作站逻辑设置、工具坐标系设定、(工作站)状态保存、示教及编程、仿真调试等内容。任务五为码垛工作站的在线调试，涵盖连接 RobotStudio 软件与机器人系统、在线修改机器人程序等内容。

项目五　拓展升华

参 考 文 献

[1] 叶晖，等. 工业机器人工程应用虚拟仿真教程[M]. 2 版. 北京：机械工业出版社，2021.

[2] 刘天宋，张俊. 工业机器人虚拟仿真实用教程（配视频）[M]. 北京：化学工业出版社，2021.

[3] 陈瞭，肖步崧，肖辉. ABB 工业机器人二次开发与应用[M]. 北京：电子工业出版社，2021.

[4] 智通教育教材编写组. ABB 工业机器人虚拟仿真与离线编程[M]. 北京：机械工业出版社，2020.

[5] 陈铭钊，范邓楠，裘浙东. 工业机器人仿真[M]. 哈尔滨：哈尔滨工程大学出版社，2021

[6] 赵鹏举，田小静. 工业机器人虚拟仿真[M]. 西安：西安电子科技大学出版社，2021.

[7] 余志鹏. 工业机器人仿真实训指导[M]. 北京：电子工业出版社，2020.

[8] 郇极. 工业机器人仿真与编程技术基础[M]. 北京：机械工业出版社，2021.

[9] 韩鸿鸾，时秀波，毕美晨. 工业机器人离线编程与仿真一体化教程[M]. 西安：西安电子科技大学出版社，2020.

[10] 姚屏. 工业机器人技术基础[M]. 北京：机械工业出版社，2020.